fy nodiadau **ad⏻lygu**

# CBAC TGAU

# DYLUNIO A THECHNOLEG

Ian Fawcett
Jacqui Howells
Andy Knight
Chris Walker

HODDER EDUCATION
AN HACHETTE UK COMPANY

*Fy Nodiadau Adolygu CBAC TGAU Dylunio a Thechnoleg*
Addasiad Cymraeg o *My Revision Notes WJEC GCSE Design and Technology*
a gyhoeddwyd yn 2019 gan Hodder Education

**Cyhoeddwyd dan nawdd Cynllun Adnoddau Addysgu a Dysgu CBAC**

Archebion: cysylltwch â Hachette UK Distribution, Hely Hutchinson Centre, Milton Road, Didcot, Oxon OX11 7HH. Ffôn: +44 (0)1235 827827. E-bost: education@hachette.co.uk Mae'r llinellau ar agor rhwng 9.00 a 17.00 o ddydd Llun i ddydd Gwener. Gallwch hefyd archebu trwy wefan Hodder Education: www.hoddereducation.co.uk

ISBN: 978 1 3983 2393 3

Cyhoeddwyd gyntaf yn 2021 gan
Hodder Education,
Un o gwmnïau Hachette UK
Carmelite House
50 Victoria Embankment
London EC4Y 0DZ

www.hoddereducation.co.uk.

Rhif argraffiad          10 9 8 7 6 5 4 3 2 1

Blwyddyn          2025 2024 2023 2022 2021

Llun y clawr © Shining Black – stock.adobe.com

Teiposodwyd yn India.

Argraffwyd yn y DU.

Mae cofnod catalog y teitl hwn ar gael gan y Llyfrgell Brydeinig.

# Gwneud y gorau o'r llyfr hwn

Rhaid i bawb benderfynu ar ei strategaeth adolygu ei hun, ond mae'n hanfodol edrych eto ar eich gwaith, ei ddysgu a phrofi eich dealltwriaeth. Bydd y Nodiadau Adolygu hyn yn eich helpu chi i wneud hynny mewn ffordd drefnus, fesul testun. Defnyddiwch y llyfr hwn fel conglfaen i'ch adolygu, ac ewch ati i ysgrifennu nodiadau ynddo: gallwch chi bersonoli eich nodiadau a marcio eich cynnydd drwy roi tic ym mhob adran wrth i chi adolygu.

## Ticio i dracio eich cynnydd

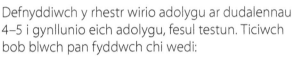

Defnyddiwch y rhestr wirio adolygu ar dudalennau 4–5 i gynllunio eich adolygu, fesul testun. Ticiwch bob blwch pan fyddwch chi wedi:

- adolygu a deall testun
- profi eich hun
- ymarfer y cwestiynau arholiad a gwirio eich atebion.

Gallwch chi hefyd ddilyn hynt eich adolygu drwy dicio pob pennawd testun yn y llyfr. Efallai y bydd yn ddefnyddiol i chi wneud eich nodiadau eich hun wrth i chi weithio drwy bob testun.

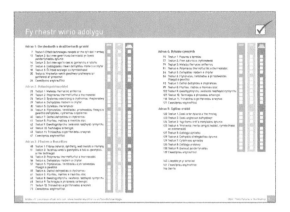

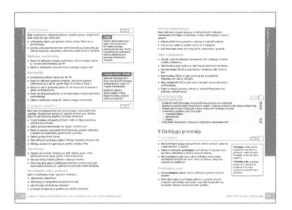

# Nodweddion i'ch helpu chi i lwyddo

### Cyngor

Rydyn ni'n rhoi cyngor gan arbenigwyr drwy'r llyfr cyfan i'ch helpu chi i wella eich techneg arholiad er mwyn rhoi'r cyfle gorau posibl i chi yn yr arholiad.

### Camgymeriadau cyffredin

Mae'r awduron yn nodi'r camgymeriadau nodweddiadol mae disgyblion yn eu gwneud ac yn esbonio sut gallwch chi eu hosgoi nhw.

### Geiriau allweddol

Rydyn ni'n rhoi diffiniadau clir a chryno o dermau allweddol hanfodol pan fyddan nhw'n ymddangos am y tro cyntaf a hefyd yn yr Eirfa yng nghefn y llyfr.

### Profi eich hun

Cwestiynau byr sy'n gofyn am wybodaeth yw'r rhain, a dyma'r cam cyntaf i brofi beth rydych chi wedi'i ddysgu. Mae'r atebion ar gael ar-lein yn www.hoddereducation.co.uk/fynodiadauadolygu.

### Cwestiynau enghreifftiol

Rydyn ni'n rhoi cwestiynau ymarfer ar gyfer pob testun. Defnyddiwch nhw i atgyfnerthu eich gwaith adolygu ac i ymarfer eich sgiliau arholiad.

# Fy rhestr wirio adolygu

## Adran 4: Dylunio cynnyrch

## Adran 5: Sgiliau craidd

# Y cyfnod cyn yr arholiadau

## 6–8 wythnos i fynd

- Dechreuwch drwy edrych ar y fanyleb – gwnewch yn siŵr eich bod chi'n gwybod yn union pa ddeunydd mae angen i chi ei adolygu a beth yw arddull yr arholiad. Defnyddiwch y rhestr wirio adolygu ar dudalennau 4 a 5 i ymgyfarwyddo â'r testunau.
- Trefnwch eich nodiadau, gan wneud yn siŵr eich bod chi wedi cynnwys popeth ar y fanyleb. Bydd y rhestr wirio adolygu'n eich helpu chi i grwpio eich nodiadau fesul testun.
- Lluniwch gynllun adolygu realistig sy'n rhoi amser i chi i ymlacio. Dewiswch ddyddiau ac amseroedd ar gyfer pob pwnc mae angen i chi ei astudio, a chadwch at eich amserlen.
- Rhowch dargedau call i chi eich hun. Rhannwch eich adolygu'n sesiynau dwys o tua 40 munud, ac egwyl ar ôl pob sesiwn. Mae'r Nodiadau Adolygu hyn yn trefnu'r ffeithiau sylfaenol mewn adrannau byr, cofiadwy i wneud adolygu'n haws.

ADOLYGU ☐

## 2–6 wythnos i fynd

- Darllenwch drwy'r rhannau perthnasol o'r llyfr hwn gan gyfeirio at y Cyngor, y Crynodebau, y Camgymeriadau Cyffredin a'r Termau Allweddol. Ticiwch y testunau pan fyddwch chi'n teimlo'n hyderus amdanynt. Amlygwch y testunau sy'n anodd i chi er mwyn edrych yn fanwl arnynt eto.
- Profwch eich dealltwriaeth o bob testun drwy weithio drwy'r cwestiynau 'Profi eich hun' yn y llyfr. Mae'r atebion ar gael ar-lein yn **www.hoddereducation.co.uk/fynodiadauadolygu**
- Nodwch unrhyw faes sy'n broblem wrth i chi adolygu, a gofynnwch i'ch athro/athrawes roi sylw i'r rhain yn y dosbarth.
- Edrychwch ar gyn-bapurau. Maen nhw'n un o'r ffyrdd gorau o adolygu ac ymarfer eich sgiliau arholiad. Ysgrifennwch neu paratowch gynlluniau o atebion i'r Cwestiynau Enghreifftiol sydd yn y llyfr hwn. Ewch i'r wefan ganlynol i wirio eich atebion: **www.hoddereducation.co.uk/fynodiadauadolygu**
- Defnyddiwch y gweithgareddau adolygu i roi cynnig ar wahanol ddulliau adolygu. Er enghraifft, gallwch chi ddefnyddio mapiau meddwl, diagramau corryn neu gardiau fflach i wneud nodiadau.
- Defnyddiwch y rhestr wirio adolygu i dracio eich cynnydd a gwobrwywch eich hun ar ôl cyflawni eich targed.

ADOLYGU ☐

## Wythnos i fynd

- Ceisiwch ymarfer cyn-bapur cyfan, wedi'i amseru, o leiaf unwaith eto a gofynnwch i'ch athro/athrawes am adborth. Cymharwch eich gwaith yn agos â'r cynllun marcio.
- Gwiriwch y rhestr cynllunio adolygu i wneud yn siŵr nad ydych chi wedi methu unrhyw destunau. Ewch dros y meysydd sy'n anodd i chi drwy siarad amdanyn nhw â ffrind neu gael help gan eich athro/athrawes.
- Ewch i unrhyw ddosbarthiadau adolygu y bydd eich athro/athrawes yn eu cynnal. Cofiwch, mae ef neu hi'n arbenigwr o ran paratoi pobl ar gyfer arholiadau.

ADOLYGU ☐

## Y diwrnod cyn yr arholiad

- Ewch drwy'r Nodiadau Adolygu hyn yn gyflym i'ch atgoffa eich hun o bethau defnyddiol, er enghraifft y Cyngor, y Crynodebau, y Camgymeriadau Cyffredin a'r Termau Allweddol.
- Gwiriwch amser a lleoliad eich arholiad.
- Gwnewch yn siŵr bod gennych chi bopeth sydd ei angen – beiros a phensiliau ychwanegol, hancesi papur, oriawr, potel o ddŵr, losin.
- Gadewch rywfaint o amser i ymlacio ac ewch i'r gwely'n gynnar i sicrhau eich bod chi'n ffres ac yn effro yn yr arholiadau.

ADOLYGU ☐

## Fy arholiad

**Uned 1: Dylunio a Thechnoleg yn yr 21ain Ganrif**

Dyddiad:

Amser: ................................................................

Lleoliad: ..............................................................

# 1 Gwybodaeth a dealltwriaeth graidd

## 1 Effaith technolegau newydd a'r rhai sy'n dod i'r amlwg

Isod mae enghreifftiau o sut mae technolegau newydd a'r rhai sy'n dechrau dod i'r amlwg wedi newid diwydiant a menter.

- Ar ôl y Chwyldro Diwydiannol, roedd defnyddio ager i ddarparu pŵer yn ein galluogi ni i ddatblygu peiriannau ac offer gweithgynhyrchu arloesol, gan olygu ein bod ni'n gallu cynhyrchu cynhyrchion yn gyflymach ac yn fwy effeithlon.
- Drwy ddefnyddio trydan i bweru peiriannau mawr, gallwn ni **fasgynhyrchu** cynhyrchion ar **linellau cydosod**.
- Mae ffatrïoedd modern yn defnyddio mwy a mwy o **gynhyrchu awtomataidd**. Caiff robotau eu defnyddio i wneud rhai o'r tasgau ailadroddus ac undonog roedd pobl yn arfer eu gwneud. Mae cynhyrchedd ac ansawdd cynhyrchion wedi gwella o ganlyniad i **awtomeiddio**.

**Ffigur 1.1 Defnyddio robotau i gynhyrchu byrddau cylched brintiedig**

> **Masgynhyrchu:** cynhyrchu cannoedd neu filoedd o gynhyrchion unfath ar linell gynhyrchu.
>
> **Llinell gydosod:** llinell o gyfarpar/peiriannau a gweithwyr yn gweithio arni. Mae cynnyrch yn cael ei gydosod yn raddol wrth iddo symud ar hyd y llinell.
>
> **Cynhyrchu awtomataidd:** defnyddio cyfarpar neu beiriannau wedi'u rheoli gan gyfrifiadur ar gyfer gweithgynhyrchu.
>
> **Awtomeiddio:** defnyddio cyfarpar awtomatig ar gyfer gweithgynhyrchu.

### Tyniad y farchnad a gwthiad technoleg

ADOLYGU ☐

Caiff rhai cynhyrchion eu datblygu o ganlyniad i ymchwil marchnata, sy'n canfod angen am gynnyrch newydd neu alwad gan ddefnyddwyr i wella cynnyrch sy'n bodoli. **Tyniad y farchnad** yw hyn.

Mae datblygiadau technolegol mewn defnyddiau, cydrannau neu ddulliau gweithgynhyrchu'n arwain at ddatblygu cynhyrchion newydd neu well. **Gwthiad technoleg** sy'n arwain at y cynhyrchion newydd hyn. Er enghraifft:

- mae datblygu'r defnydd graffen wedi arwain at fodolaeth llawer o ddyfeisiau sgrin gyffwrdd
- mae'r dechnoleg nawr yn bodoli i wehyddu edafedd **dargludol** yn ddi-dor i mewn i ffabrig dillad, a bydd y rhain yn rhyngweithio'n uniongyrchol â'r gwisgwr.

> **Tyniad y farchnad:** datblygu cynnyrch newydd fel ymateb i alw gan y farchnad neu ddefnyddwyr.
>
> **Gwthiad technoleg:** datblygu cynhyrchion o ganlyniad i dechnoleg newydd.
>
> **Dargludol:** y gallu i drawsyrru gwres neu drydan.

### Dewis y defnyddwyr

- Mae dylunwyr a gwneuthurwyr yn ymateb i ddewis y cwsmeriaid drwy ddatblygu cynhyrchion sy'n diwallu anghenion penodol defnyddwyr.
- Mae'r dechnoleg ddiweddaraf yn dylanwadu ar lawer o bobl, gan wneud iddyn nhw deimlo bod rhaid i unrhyw gynhyrchion maen nhw'n eu prynu gynnwys y dechnoleg ddiweddaraf hon. Mae pobl yn newid llawer o gynhyrchion fel ffonau symudol wrth i gynhyrchion â'r dechnoleg ddiweddaraf gael eu rhyddhau.

## Cylchred oes cynnyrch

Strategaeth farchnata yw **cylchred oes** cynnyrch sy'n edrych ar bedwar prif gyfnod cynnyrch o'i gyflwyno i'r farchnad i'w ddirywiad o ran gwerthiant.

**Tabl 1.1 Pedwar prif gyfnod cylchred oes cynnyrch**

| | |
|---|---|
| **Cyflwyno** | Ar ôl ymgyrch hysbysebu, caiff y cynnyrch newydd ei gyflwyno i'r farchnad |
| **Tyfu** | Bydd gwerthiant yn cynyddu wrth i ddefnyddwyr glywed am y cynnyrch a'i brynu |
| **Aeddfedu** | Mae gwerthiant ar ei uchaf, a chwmnïau'n gobeithio gwerthu cymaint â phosibl o'r cynnyrch |
| **Dirywio** | Mae gwerthiant yn dechrau gostwng; naill ai mae'r rhan fwyaf o ddefnyddwyr sydd â diddordeb wedi prynu'r cynnyrch neu mae cynnyrch newydd wedi cymryd ei le |

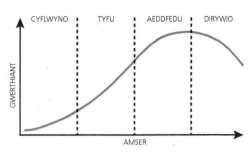

**Ffigur 1.2 Cylchred oes cynnyrch**

Bydd hyd cylchred oes cynnyrch yn dibynnu ar y cynnyrch. Er enghraifft, mae steiliau ffasiwn clasurol yn dal i werthu'n dda am flynyddoedd lawer, ond mae **cynhyrchion chwiw** ffasiwn yn mynd yn boblogaidd yn gyflym iawn, a'r gwerthiant yn tyfu'n gyflym, ond yna'n dirywio yr un mor gyflym wrth i steiliau newydd gael eu cyflwyno. Mae bandiau gwŷdd a throellwyr bodio yn enghreifftiau o gynhyrchion chwiw.

> **Cynnyrch chwiw:** cynnyrch sy'n boblogaidd iawn am gyfnod byr iawn yn unig.

## Pobl, diwylliant a chymdeithas

ADOLYGU

### Cynhyrchu byd-eang a'i effeithiau ar bobl a diwylliant

- Mae datblygiadau cludiant yn ei gwneud hi'n haws i wneuthurwyr gludo defnyddiau, cydrannau a chynhyrchion dros y byd i gyd.
- Mae'r economi fyd-eang yn caniatáu i ddefnyddiau a chydrannau gael eu cyrchu mewn un wlad a chynhyrchion neu ddarnau o gynhyrchion gael eu cynhyrchu mewn gwlad arall, cyn eu danfon o gwmpas y byd.
- Mae awtomeiddio'n gallu lleihau costau gweithgynhyrchu.
- Mae datblygiadau technoleg symudol a'r rhyngrwyd yn ei gwneud hi'n haws i ni gyfathrebu â phobl dros y byd i gyd. Mae hyn yn arwain at fwy o gystadleuaeth rhwng gwneuthurwyr, sydd yn ei dro'n cadw prisiau'n isel.

Fodd bynnag, mae anfanteision i'r gymdeithas fyd-eang hon sy'n effeithio'n uniongyrchol ar weithwyr:

- Mae angen i ddylunwyr fod ymwybodol ac yn sensitif tuag at wahaniaethau diwylliannol rhwng cymdeithasau. Gall rhywbeth fod yn dderbyniol mewn un wlad ond yn anweddus mewn un arall. Dylid parchu gwerthoedd, credoau ac arferion diwylliannau gwahanol.
- Mae cynhyrchu byd-eang yn fygythiad i ddiwydiannau, sgiliau a thechnegau traddodiadol rhai gwledydd sy'n datblygu:
  ○ Mae mewnforio cynhyrchion rhad o dramor yn hytrach na phrynu cynhyrchion sydd wedi'u cynhyrchu'n lleol yn gallu arwain at golli swyddi yn ein cymdeithas ni.
  ○ Mae defnyddio awtomeiddio mewn gweithgynhyrchu'n arwain at golli swyddi. Mae angen llai o bobl mewn ffatrïoedd.
  ○ Yn aml, caiff cyflogau isel eu talu i weithwyr dramor i geisio cadw costau i lawr a chynyddu elw'r gwneuthurwr.
  ○ Mae defnyddio technoleg symudol yn gallu gwneud i bobl deimlo'n unig gan fod llai o gyfleoedd i ryngweithio wyneb yn wyneb.

Atebion i'r cwestiynau Profi eich hun: **www.hoddereducation.co.uk/fynodiadauadolygu**

## Deddfwriaeth

- Mae'r gyfraith yn dweud bod rhaid i bob cynnyrch sy'n cael ei werthu i ddefnyddwyr fod yn ddiogel ac mai gwneuthurwyr, cynhyrchwyr, dosbarthwyr ac adwerthwyr sy'n gyfrifol am ddiogelwch.
- Gall methu â chydymffurfio â gofynion cyfreithiol arwain at ddirwy neu hyd yn oed at garchariad.
- Mae'n rhaid i gynhyrchwyr rybuddio defnyddwyr am unrhyw risgiau posibl sy'n gysylltiedig â defnyddio cynnyrch.

## Sefydliad Safonau Prydeinig (BSI: *British Standards Institute*)

- Mae'r BSI yn gosod safonau a manylebau diogelwch ar gyfer amrywiaeth o gynhyrchion.
- Caiff cynhyrchion eu profi a'u harchwilio'n fanwl, ac os ydynt yn bodloni'r safonau gofynnol, byddant yn cael y nod barcud BSI i ddangos eu bod nhw'n ddiogel ac o ansawdd da.

## Sefydliad Safoni Rhyngwladol (ISO: *International Organization for Standardization*)

- Mae'r ISO yn datblygu ac yn cyhoeddi safonau rhyngwladol ar gyfer defnyddiau, cynhyrchion, prosesau a gwasanaethau, gan ganolbwyntio ar heriau cyffredin ac ar bethau sy'n bwysig i ddefnyddwyr.
- Mae grŵp o arbenigwyr a rhanddeiliaid rhyngwladol yn trafod beth yw'r safon ofynnol ac ar ôl dod i gytundeb maen nhw'n cyhoeddi manylion y safon honno.
- Mae pob safon yn cael ei rhif ISO ei hun. Mae mwy na 22,000 o safonau rhyngwladol.

## Hawliau defnyddwyr

- Mae Deddf Hawliau Defnyddwyr 2015 yn diogelu defnyddwyr sydd wedi prynu nwyddau neu wedi derbyn gwasanaethau sydd ddim fel y disgwyl.
- Mae'r Ddeddf hefyd yn rhoi sylw i gynhyrchion digidol a phrynu ar-lein, yn ogystal â chontractau fel contractau ffonau symudol.
- Mae'r gyfraith yn datgan y dylai pob nwydd fod fel y cafodd ei ddisgrifio neu ei weld ar adeg ei brynu, ac yn addas i'r pwrpas.
- Mae'r Ddeddf yn diogelu defnyddwyr rhag nwyddau diffygiol neu **ffug** a rhag gwasanaeth gwael neu broblemau gydag adeiladwyr er enghraifft. Mae hyn yn cynnwys masnachwyr twyllodrus.
- Gall defnyddwyr ofyn am ad-daliad, gwaith atgyweirio neu nwydd newydd os ydynt wedi prynu nwyddau sydd ddim yn bodloni safonau penodol. Dylai cynhyrchion fodloni'r meini prawf canlynol:
  - gweithio yn ôl eu bwriad
  - bod o ansawdd boddhaol
  - bod fel y disgrifiad gafodd ei roi ar adeg ei brynu.
- Os nad yw gwasanaeth a ddarperir yn bodloni disgwyliadau ac os nad yw ad-daliad llawn neu amnewid yn bosibl, mae'r gyfraith yn dweud bod rhaid i'r darparwr gynnig rhyw fath o **iawndal**.

> **Ffugiad:** dynwarediad o rywbeth, sy'n cael ei werthu â'r bwriad o dwyllo rhywun.
>
> **Iawndal:** taliad sy'n cael ei roi i rywun o ganlyniad i golled.

## Deddf Disgrifiadau Masnach 1988

- Mae'r Ddeddf hon yn ei gwneud hi'n anghyfreithlon rhoi disgrifiad masnach ffug o nwyddau a gwasanaethau. Mae hyn yn cynnwys:
  - y defnyddiau sy'n cael eu defnyddio i wneud cynnyrch
  - maint y cynnyrch

    o  pa mor addas i'w ddiben yw'r cynnyrch

    o  nodweddion perfformiad gan gynnwys gwybodaeth am brofi cynhyrchion.

- Awdurdodau Safonau Masnach lleol sy'n gorfodi'r Ddeddf hon, a gall honiadau ffug am gynnyrch neu wasanaeth arwain at achos troseddol.

## Materion moesol a moesegol

- Mae marchnad fyd-eang yn caniatáu masnachu digyfyngiad. Mae llawer o bobl yn gallu tyfu eu busnesau, gwneud elw a gwella bywydau eu gweithwyr drwy gynnig cyflogaeth reolaidd ac incwm.

- Mewn economi byd-eang, nid yw pawb yn cael eu trin yn deg. Does dim byd i ddweud bod rhaid i gwmnïau wella bywydau eu gweithwyr. Mae rhai cwmnïau'n blaenoriaethu elw dros bopeth arall, gan dalu cyflogau isel a chynnig amodau gwaith gwael.

- Mae rhai cwmnïau'n masnachu mewn modd mwy moesegol. Maen nhw'n canolbwyntio ar nwyddau a gwasanaethau sydd o fudd i ddefnyddwyr, yn dangos eu bod nhw'n gymdeithasol gyfrifol drwy drin eu gweithwyr yn deg â chyflogau derbyniol ac amodau gwaith da, ac yn cefnogi achosion amgylcheddol.

- Mae masnachwyr moesegol yn agored a thryloyw am gostau. Mae'n bwysig iddyn nhw bod masnach yn ymddangos yn deg.

- Mae rhai cwmnïau'n dewis peidio datgelu eu costau gan y gallai hynny ddangos cyflogau neu amodau gwaith gwael os caiff elw mawr ei ddatgelu. Mae hyn yn arbennig o wir yn y diwydiant tecstilau.

## Cynaliadwyedd a'r amgylchedd

ADOLYGU

- Mae dylunwyr, gwneuthurwyr a defnyddwyr wedi dod yn fwy ymwybodol o'r ffaith bod technolegau newydd a datblygu a gwaredu cynhyrchion yn cael effaith negyddol ar yr amgylchedd.

- Mae **cynaliadwyedd** yn golygu bodloni anghenion heddiw heb beryglu anghenion cenedlaethau'r dyfodol.

- Mae'n bwysig edrych ar ffyrdd o leihau'r effaith amgylcheddol.

- Mae ceir hybrid sy'n defnyddio modur trydanol yn ogystal â diesel neu betrol yn defnyddio llai o danwydd, ac yn allyrru llai o garbon deuocsid ($CO_2$). Mae hyn yn welliant sylweddol i'r amgylchedd. Mae llawer o bobl yn credu mai ceir cwbl drydanol yw'r ffordd ymlaen.

- Mae datblygiadau egni adnewyddadwy yn ein galluogi ni i ddefnyddio ffynonellau egni amgen yn well ac felly ddibynnu llai ar **danwyddau ffosil cyfyngedig** fel glo neu olew.

- Mae llawer o bolymerau'n anodd eu hailgylchu. Mae technoleg newydd yn cael ei datblygu i'n galluogi ni i ddadelfennu'r polymerau hyn yn fwy effeithiol a diogel, er mwyn gallu eu hailgylchu nhw.

> **Cynaliadwyedd:** bodloni anghenion heddiw heb beryglu anghenion cenedlaethau'r dyfodol.
>
> **Tanwyddau ffosil cyfyngedig:** swm penodol o adnoddau a does dim modd cael mwy ohonynt.

## Dylunio drwy gymorth cyfrifiadur
## (CAD: *Computer-aided design*)

- Mae datblygiadau technolegol mewn pecynnau CAD wedi newid y ffordd mae dylunwyr yn gweithio. Gellir gwneud pob agwedd ar ddatblygu syniadau dylunio, hyd at fodelau 3D, ar y cyfrifiadur.

- Mae pecynnau CAD yn ein galluogi ni i wneud newidiadau neu gywiro camgymeriadau.

- Mae modelau CAD yn galluogi dylunwyr a gwneuthurwyr i efelychu sut bydd cynhyrchion yn edrych ac yn perfformio mewn gwahanol sefyllfaoedd.

- Mae **technoleg yn y cwmwl** yn beth newydd sy'n caniatáu cydweithio – gall dylunwyr rannu projectau dros y rhyngrwyd yn y cwmwl. Mae'r cydweithio hwn yn gallu bod ar raddfa fyd-eang, gan olygu bod llai o angen teithio.
- Mae **dylunio cynhyrchiol** yn ddatblygiad newydd sy'n defnyddio **algorithmau** mathemategol yn seiliedig ar baramedrau neu ofynion dylunio penodol.
- Mae anfanteision CAD yn cynnwys costau uchel i'w sefydlu i ddechrau, fel hyfforddi gweithwyr, a'r posibilrwydd o golli gwaith oherwydd methiant neu firws cyfrifiadurol.

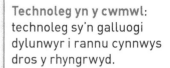

> **Technoleg yn y cwmwl:** technoleg sy'n galluogi dylunwyr i rannu cynnwys dros y rhyngrwyd.
>
> **Dylunio cynhyrchiol:** proses ddylunio ailadroddus ar gyfrifiadur sy'n cynhyrchu nifer o bosibiliadau sy'n bodloni cyfyngiadau penodol, gan gynnwys dyluniadau posibl na fyddai neb wedi meddwl amdanynt o'r blaen.
>
> **Algorithm:** trefn resymegol ar gyfrifiadur i ddatrys problem.

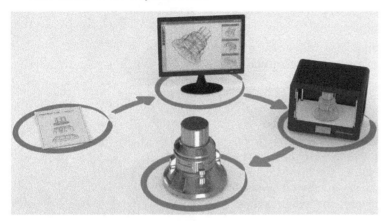

**Ffigur 1.3** Camau datblygu cynnyrch – braslun cychwynnol, lluniad CAD, prototeip wedi'i argraffu mewn 3D a'r cynnyrch terfynol

## Gweithgynhyrchu drwy gymorth cyfrifiadur (CAM: *Computer-aided manufacture*)

- Mae peiriannau gweithgynhyrchu drwy gymorth cyfrifiadur (CAM) yn gallu cynhyrchu cynhyrchion a chydrannau yn uniongyrchol o luniadau CAD.
- Mewn diwydiant, yn aml caiff peiriannau CAM eu defnyddio pan fydd angen symiau mawr o gynhyrchion unfath o safon uchel gyson.
- Mae costau sefydlu cychwynnol y peiriannau hyn yn gallu bod yn uchel ond maen nhw'n cael eu hystyried yn fwy effeithlon yn y tymor hir gan eu bod nhw'n gallu gweithio am gyfnodau hir heb egwyliau.
- Mae anfanteision CAM yn cynnwys costau uchel i'w sefydlu, yr effaith ar y gweithlu oherwydd colli swyddi, methiant technolegol a chostau cynnal a chadw parhaus.

### Defnyddio offer CAM

Tabl 1.2 Mathau o gyfarpar CAM

| Peiriant Brodio CNC | Mae'n bosibl brodio dyluniadau yn uniongyrchol ar amrywiaeth o ffabrigau tecstilau |
| --- | --- |
| | Gallwn ni gadw dyluniadau ac yna eu hailadrodd nhw lawer gwaith â'r un gorffeniad o ansawdd da |
| Torwyr finyl | Gallwn ni dorri patrwm sy'n seiliedig ar luniad CAD o rolyn o finyl gludiog |
| | Mae'r llythrennau ar arwyddion yn aml yn cael eu torri ar dorrwr finyl; mae'r lliw'n dibynnu ar y finyl |
| Rhigolydd CNC | Mae torrwr rhigolydd sy'n cylchdroi yn dilyn lluniad CAD i dorri llwybr neu siâp |
| | Mae offer torri gwahanol yn gallu addasu proffil y toriad |
| | Mae dyfnder y toriad yn dibynnu ar y lluniadau CAD |

**Ffigur 1.4** Printio 3D neu gynhyrchu adiol

| Torrwr laser | Mae torwyr laser yn defnyddio paladr laser i dorri drwy ddefnydd (neu ei anweddu); gallwn ni hefyd ysgythru defnydd |
| --- | --- |
| | Gallwn ni dorri patrymau manwl o amrywiaeth o ddefnyddiau. Fodd bynnag, allwn ni ddim torri pob defnydd oherwydd bydd rhai, fel neilon a PVC, yn llosgi neu'n toddi |
| Argraffydd 3D | Enw arall ar argraffu 3D yw **cynhyrchu adiol**. Mae'n defnyddio rholyn o bolymer thermoffurfiol neu sbŵl o ffilament sy'n cael ei wresogi, yna ei allwthio drwy ben i ffurfio haen. Yna, mae'r gwely'n symud i lawr yn barod i argraffu'r haen nesaf |
| | Mae cryfder y cynnyrch yn dibynnu ar ddyluniad mewnol y print a'r defnydd sy'n cael ei ddefnyddio |

**Cynhyrchu adiol:** cynhyrchu gwrthrych 3D dan reolaeth cyfrifiadur drwy adio defnyddiau at ei gilydd fesul haen.

**Ffigur 1.5 Patrwm manwl torrwr laser ar ffrog ddylunydd**

### Camgymeriad cyffredin

Pan fydd cwestiwn yn gofyn am un o fanteision CAD neu CAM, gwnewch yn siŵr eich bod chi'n esbonio eich ateb yn llawn. Nid yw'n ddigon dweud bod CAD a CAM yn gyflymach, yn haws, neu ynghynt os nad ydych chi'n eu cymharu nhw â dull arall. Er enghraifft, os yw dylunydd yn dymuno cyflwyno syniadau mewn gwahanol liwiau, gallech egluro bod CAD yn gwneud hyn yn hawdd, ond byddai angen lluniadu braslun llaw lawer gwaith, sy'n cymryd llawer o amser.

# 2 Sut mae gwerthusiad beirniadol yn llywio penderfyniadau dylunio

## Cynaliadwyedd a materion amgylcheddol wrth ddylunio a gwneud

ADOLYGU

Mae'n bwysig bod dylunwyr yn ystyried yr amgylchedd wrth wneud penderfyniadau dylunio. Er enghraifft:

- dewis defnyddiau sy'n fwy ecogyfeillgar
- gweithgynhyrchu cynhyrchion gan ddefnyddio dulliau effeithlon, rhad ar egni
- sicrhau gwell ansawdd adeiladu mewn cynhyrchion fel eu bod nhw'n para'n hirach
- defnyddio llai o ddefnydd pecynnu neu ei osgoi'n llwyr, neu ddefnyddio defnydd pecynnu wedi'i ailgylchu
- lleihau cludiant drwy ddefnyddio gwneuthurwyr lleol a defnyddiau o ffynonellau lleol
- defnyddio goleuadau LED yn lle lampau ffilament
- dylunio cynhyrchion i bara am gyfnod hir ac osgoi rhai â chylchred oes fyr
- ystyried beth sy'n digwydd i gynhyrchion pan nad oes eu hangen nhw mwyach; ei gwneud hi'n haws ailgylchu cynhyrchion
- ystyried cynhyrchion Masnach Deg, lle caiff pawb yn y gadwyn gyflenwi ei drin yn deg.

Mae cyfarwyddebau (deddfau) amgylcheddol, sy'n dod gan yr Undeb Ewropeaidd neu sefydliadau fel Cyngor Egni'r Byd, yn set o dargedau i lywodraethau ym mhob gwlad weithio tuag atynt mewn ymdrech i ddefnyddio llai o egni, lleihau llygredd ac osgoi gwaredu gwastraff peryglus i mewn i'r amgylchedd. Mae'r cyfarwyddebau hyn hefyd yn rhoi sylw i newid hinsawdd, llygredd aer a gwarchod bywyd gwyllt.

## Cyfrifoldebau cymdeithasol, diwylliannol, economaidd ac amgylcheddol

- Mae angen i ddylunwyr a gwneuthurwyr ystyried barn defnyddwyr – mae'r galw am gynhyrchion mwy ecogyfeillgar yn cynyddu.
- Mewn ymdrech i helpu pobl i ddefnyddio llai o egni, mae label sgôr egni yn cael ei roi ar offer domestig fel yr un yn Ffigur 1.6. A+++ yw'r mwyaf effeithlon, a G yw'r lleiaf effeithlon. Bydd y cynhyrchion mwyaf effeithlon hefyd yn helpu i leihau biliau egni'r cartref.

**Ffigur 1.6 Label sgôr egni ar beiriant golchi**

## Economi llinol a chylchol

Tabl 1.3 **Economi llinol a chylchol**

| | |
|---|---|
|  | Cymryd ac echdynnu adnoddau o'r Ddaear |
| | Gwneud cynhyrchion mor rhad â phosibl a'u gwerthu nhw |
| | Gwaredu cynhyrchion pan na fydd eu hangen nhw mwyach |
| | Mae llawer o brosesau'n cael effaith niweidiol ar yr amgylchedd, bywyd gwyllt a'r hinsawdd |
|  | Ceisio defnyddio cyn lleied o adnoddau â phosibl gan ailddefnyddio neu ailgylchu darnau pan na fydd angen y cynnyrch mwyach |
| | Echdynnu cymaint â phosibl o'r adnoddau sy'n cael eu defnyddio drwy eu defnyddio nhw am gyfnod mor hir â phosibl |
| | Mae pa mor hawdd yw atgyweirio cynhyrchion yn ffactor bwysig |
| | Mae adnoddau'n aros yn y gylchred am gyfnod mor hir â phosibl, ac ychydig iawn o adnoddau y mae'n rhaid eu taflu |

- Mae mwy a mwy o ddefnyddwyr yn dewis peidio prynu cynhyrchion sydd ddim yn ecogyfeillgar.
- Mae gwneuthurwyr yn gorfod ailfeddwl am y ffordd maen nhw'n cyrchu, cynhyrchu a phecynnu cynhyrchion.
- Mae deddfau ar waith i ymwneud â llygredd a sut i waredu gwastraff.
- Mae cynhyrchu o'r crud i'r crud yn gysylltiedig â'r economi cylchol – o ffynhonnell y defnyddiau i ailenedigaeth cynnyrch fel cynnyrch newydd, does dim neu brin ddim gwastraff.
- Mae cynhyrchu o'r crud i'r bedd yn cynnwys ystyried sut i waredu'r cynnyrch yn y pen draw.

## Dadansoddiad cylchred oes

- Mae dadansoddiad cylchred oes ar gyfer cynnyrch yn edrych ar ei effaith amgylcheddol drwy gydol ei oes, o gyrchu'r defnyddiau a drwy gydol ei oes ddefnyddiol nes iddo gael ei waredu yn y pen draw ac efallai ei aileni fel cynnyrch newydd.
- Mewn dadansoddiad cylchred oes, dylid ystyried y ffactorau canlynol: cyrchu defnyddiau crai, prosesu defnyddiau, gweithgynhyrchu, defnyddio, diwedd oes a chludo, gan gynnwys yr egni sy'n cael ei ddefnyddio ar wahanol adegau yn ystod y gylchred oes.

> **Camgymeriad cyffredin**
>
> Peidiwch â chymysgu dadansoddiad cylchred oes â chylchred oes cynnyrch. Mae dadansoddiad cylchred oes yn edrych ar effaith amgylcheddol cynnyrch dros ei oes gyfan. Strategaeth farchnata yw cylchred oes cynnyrch sy'n edrych ar werthiant cynhyrchion.

### Darfodiad dylunio

- Mae rhai cynhyrchion yn cael eu dylunio neu eu cynhyrchu mewn ffordd sy'n rhoi cyfyngiad ar eu cylchred oes. Enw'r broses o wneud hyn yw darfodiad bwriadus.
- Er enghraifft, efallai y caiff model mwy newydd o ffôn symudol ei ddylunio â chysylltydd gwahanol fel nad yw hi'n bosibl defnyddio'r hen gebl gwefru.
- Mantais darfodiad i ddylunydd ac i wneuthurwr yw y bydd galw'n parhau am gynhyrchion newydd, hyd yn oed gan gwsmeriaid sydd eisoes yn berchen ar y cynnyrch, oherwydd bydd angen iddyn nhw gyfnewid eu hen fodel am fersiwn mwy newydd.
- Yr anfantais yw bod rhaid i ddylunwyr ddod o hyd i ffyrdd newydd o gadw ar y blaen i'r gystadleuaeth, sy'n golygu bod angen ymchwilio a gallu rhagweld tueddiadau.

### Ôl troed carbon

- Mae ôl troed carbon yn ffordd o fesur cyfanswm y nwyon tŷ gwydr sy'n cael eu cynhyrchu o ganlyniad i weithgareddau pobl, ac mae hyn yn cynnwys cynhyrchu cynhyrchion.
- Fel arfer, byddwn ni'n mesur nwyon tŷ gwydr mewn unedau carbon deuocsid, ac yn dweud mai'r rhain sy'n achosi cynhesu byd-eang.
- Bob tro rydyn ni'n defnyddio egni o danwyddau ffosil, rydyn ni'n ychwanegu at ein hôl troed carbon – er enghraifft, mae gwresogi ein cartrefi neu ein gweithleoedd â nwy, glo neu olew yn allyrru $CO_2$ i'r atmosffer.
- Mae cludo cynhyrchion neu deithio mewn car neu awyren yn defnyddio egni sy'n dod o danwyddau ffosil, gan ychwanegu at ein hôl troed carbon.
- Gall dylunwyr leihau ôl troed carbon cynnyrch drwy fabwysiadu dulliau dylunio mwy cynaliadwy, er enghraifft defnyddio defnyddiau o ffynonellau lleol, sy'n golygu llai o waith cludo defnyddiau crai.

## 3 Sut caiff egni ei gynhyrchu a'i storio

### Egni

ADOLYGU

Mae angen egni i wneud y canlynol:

- gweithgynhyrchu cynhyrchion a phweru cynhyrchion a systemau
- achosi i rywbeth symud, gwresogi rhywbeth a chreu golau a sain
- prosesu defnyddiau: echdynnu, mowldio, plygu, torri, drilio, printio ac uno defnyddiau.

Tabl 1.4 Mathau o ffynonellau egni adnewyddadwy ac anadnewyddadwy

| Ffynonellau egni adnewyddadwy | |
|---|---|
| **Ffynhonnell** | **Esboniad** |
| Gwynt | Mae tyrbin gwynt yn echdynnu egni o'r gwynt. Mae'r llafnau wedi'u cysylltu â generadur sy'n cynhyrchu trydan |
| Solar | Bydd paneli ffotofoltaidd (PV) yn cynhyrchu trydan pan fydd golau haul yn eu taro nhw |
| Geothermol | Mae dŵr oer yn cael ei bwmpio o dan ddaear, ac mae gwres y Ddaear yn ei wresogi. Gallwn ni ei ddefnyddio i wresogi cartrefi neu mewn gorsafoedd trydan a'i drawsnewid yn drydan |
| Trydan dŵr | Mae argaeau, sydd â thyrbinau mawr ynddyn nhw, yn cael eu hadeiladu i ddal dŵr. Pan gaiff y dŵr ei ryddhau, mae'r gwasgedd yn troi'r tyrbinau, sy'n cynhyrchu trydan |
| Pren/ biomas | Mae coed sydd ddim yn cael eu defnyddio yn y diwydiant pren yn cael eu sglodi a'u defnyddio fel tanwydd yn lle llosgi glo. Mae hyn yn gallu gwresogi tai neu gael ei ddefnyddio i gynhyrchu trydan |
| | Mewn rhai cynlluniau biomas, mae planhigion fel soia yn cael eu tyfu i gynhyrchu defnyddiau i'w prosesu i greu biodanwyddau |

| Ffynonellau egni adnewyddadwy | |
|---|---|
| Tonnau | Gallwn ni gael egni o donnau ar y môr, ond mae hyn yn anghyffredin. Yn y dyfodol, mae pŵer llanw'n cynnig y posibilrwydd o echdynnu egni wrth i'r llanw godi a gostwng |

| Ffynonellau egni anadnewyddadwy | |
|---|---|
| **Ffynhonnell** | **Esboniad** |
| Glo | Rydyn ni'n cloddio glo o'r ddaear ac yn ei losgi mewn gorsafoedd trydan i gynhyrchu trydan |
| Olew | Rydyn ni'n echdynnu olew crai o'r Ddaear ac yn ei buro i greu tanwyddau hylifol fel petrol. Gallwn ni ei ddefnyddio hefyd i gynhyrchu trydan mewn gorsafoedd trydan |
| Nwy | Rydyn ni'n echdynnu nwy drwy ddrilio, ac mae'n mynd drwy bibellau'r grid cenedlaethol i dai a ffatrïoedd. Gallwn ni ei ddefnyddio hefyd i gynhyrchu trydan mewn gorsafoedd trydan |
| Niwclear | Rydyn ni'n cloddio mwyn wraniwm o'r Ddaear ac yn ei drawsnewid yn danwydd niwclear. Caiff hwn ei ddefnyddio mewn generadur niwclear i gynhyrchu gwres ac yna ei drawsnewid yn drydan |

## Problemau sy'n gysylltiedig â defnyddio tanwyddau ffosil

ADOLYGU

- Caiff gwastraff fel $CO_2$ a llygryddion fel sylffwr deuocsid eu hallyrru i'r atmosffer wrth losgi tanwyddau ffosil. Gall hyn achosi problemau anadlu ac mae hefyd yn cyfrannu at gynhesu byd-eang.
- Allwn ni ddim cael mwy o danwyddau ffosil a byddan nhw'n rhedeg allan yn y pen draw.
- Mae gan danwyddau ffosil ddwysedd egni uchel – mae pob cilogram o danwydd yn dal llawer o egni cemegol, sy'n eu gwneud nhw'n ddelfrydol i'w cludo. Mae batrïau, fel y rhai rydyn ni'n eu defnyddio mewn ceir trydanol, yn drwm, yn methu â mynd â'r car yn bell iawn ac yn cymryd gormod o amser i'w gwefru. Ar hyn o bryd, allan nhw ddim cystadlu â chyfleustra defnyddio petrol.

## Manteision ac anfanteision ffynonellau egni adnewyddadwy

- Nid yw ffynonellau egni adnewyddadwy yn achosi llygredd ac rydyn ni'n dweud eu bod nhw'n well i'r amgylchedd.
- Er bod tanwyddau biomas yn rhyddhau $CO_2$ wrth losgi, rydyn ni'n plannu mwy o goed sy'n amsugno $CO_2$ wrth dyfu. Rydyn ni'n dweud bod y broses yn **garbon niwtral**.
- Mae'r gwariant cychwynnol ar y cyfarpar sydd ei angen i echdynnu egni adnewyddadwy yn ddrud. Fodd bynnag, ar ôl ei osod, mae'n cynhyrchu egni am ddim.
- Mae pŵer gwynt a solar yn dibynnu ar amodau tywydd, felly allwn ni ddim dibynnu arnynt. Mae rhai pobl yn gweld ffermydd gwynt a phaneli solar yn hyll.
- Er mwyn adeiladu'r argaeau sy'n cael eu defnyddio i gynhyrchu pŵer trydan dŵr, rydyn ni'n boddi dyffrynnoedd mewn ardaloedd gwledig. Gall hyn niweidio cynefin naturiol bywyd gwyllt.
- Mae unedau egni geothermol yn ddrud ac mae angen creigiau tanddaearol poeth yn agos at yr arwyneb.
- Mae mwy a mwy o wneuthurwyr yn buddsoddi mewn egni adnewyddadwy i bweru eu ffatrïoedd ac yn gosod cyfarpar i adennill egni gwastraff o wahanol brosesau i wresogi eu swyddfeydd. Bydd hyn yn lleihau biliau egni ac mae'n dangos agwedd fwy moesegol at weithgynhyrchu.

> **Carbon niwtral:** dim carbon deuocsid net yn cael ei ryddhau i'r atmosffer – mae carbon yn cael ei wrthbwyso.

## Ffynonellau egni adnewyddadwy ar gyfer cynhyrchion

Gallwn ni ddefnyddio ffynonellau egni adnewyddadwy cryno mewn rhai cynhyrchion:

● Gall paneli solar PV bach gynhyrchu cerrynt bach i ailwefru batri. Gallwn ni osod paneli solar PV hyblyg sy'n gallu gwefru ffôn symudol ar ddillad a bagiau.
● Gallwn ni wefru cynhyrchion pŵer isel â generadur gwynt bach.
● Yn aml, caiff arwyddion electronig ar ochr ffyrdd eu pweru gan banel solar PV.
● Mae mecanwaith weindio cloc hefyd yn gallu darparu pŵer dros dro i gynhyrchion mecanyddol neu electronig.

## Cynhyrchu a storio egni mewn amrywiaeth o gyd-destunau

### Cerbydau modur

● Mae ceir trydanol yn defnyddio batrïau fel ffynhonnell egni; rydyn ni'n eu hailwefru nhw drwy eu plygio nhw i mewn i ffynhonnell trydan.
● Nid yw ceir trydanol yn cynhyrchu unrhyw allyriadau, ond mae'r pŵer i'w gwefru nhw'n dod o danwyddau ffosil.
● Mae batrïau'n cymryd oriau i ailwefru'n llawn, ac nid yw' car yn gallu teithio'n bell iawn.
● Mae ceir trydanol yn effeithlon; gallwn ni hefyd adennill rhywfaint o egni cinetig wrth i'r gyrrwr ddefnyddio'r brêc. Yna, gall y batri storio'r egni hwn.
● Mae ceir trydanol yn mynd yn fwy poblogaidd gan eu bod nhw'n rhad i'w cynnal ac yn fwy ecogyfeillgar.
● Mae ceir hybrid ailwefradwy'n gallu teithio'n bellach, a hefyd yn rhoi allyriadau is.

### Cynhyrchion sy'n cael eu pweru gan y prif gyflenwad

● Caiff llawer o gynhyrchion fel offer cartref eu gwefru â thrydan y prif gyflenwad.
● Mae gadael cynhyrchion yn y modd segur yn rhywbeth sy'n peri pryder, oherwydd maen nhw'n dal i ddefnyddio trydan hyd yn oed pan nad ydyn ni'n eu defnyddio nhw.

### Cynhyrchion sy'n cael eu pweru gan fatrïau

● Caiff egni ei storio yn y batrïau ailwefradwy mewn llawer o gynhyrchion, fel ffonau symudol, tabledi a chynhyrchion di-wifr.
● Mae paneli solar yn amsugno egni o'r haul yn ystod oriau golau dydd, gan drosglwyddo'r pŵer i fatri ar ffurf gwefr drydanol. Gallwn ni ddefnyddio hwn i bweru cynhyrchion fel goleuadau yn yr ardd.
● Mae rhai cynhyrchion fel tortshys neu reolyddion pell teledu yn cael eu pweru gan fatrïau anadnewyddadwy, felly bydd angen eu newid nhw.
● Gan fod batrïau'n cynnwys cemegion, dylid eu gwaredu nhw'n ddoeth drwy ddefnyddio cynlluniau ailgylchu priodol.

**Ffigur 1.7 Arwydd ffordd electronig wedi'i bweru gan egni solar**

## Profi eich hun

PROFI

1 Esboniwch sut mae awtomeiddio mewn diwydiant yn newid y ffordd rydyn ni'n cynhyrchu cynhyrchion. [4]
2 Disgrifiwch sefyllfa lle byddai gan ddefnyddiwr hawl i gael iawndal gan ddarparwr gwasanaeth. [2]
3 Rydyn ni'n dweud bod tanwyddau biomas yn garbon niwtral. Esboniwch ystyr y term hwn. [2]
4 Disgrifiwch yn fanwl un fantais ac un anfantais i bŵer gwynt. 2 × [2]
5 Esboniwch fanteision yr 'economi cylchol' i'r amgylchedd. [3]

# 4 Datblygiadau mewn defnyddiau modern a chlyfar

## Defnyddiau clyfar

ADOLYGU

Mae defnyddiau clyfar yn newid neu'n ymateb i newid yn eu hamgylchedd fel tymheredd, golau, gwasgedd neu fewnbwn trydanol. Mae'r ymatebion hyn yn cynnwys newid lliw, siâp neu wrthiant.

### Aloion sy'n cofio siâp

- Mae aloion sy'n cofio siâp yn dychwelyd i'w siâp gwreiddiol wrth gael eu gwresogi.
- Mae ffyrdd posibl o'u defnyddio nhw'n cynnwys cymwysiadau meddygol fel ffasnyddion meddygol sy'n cael eu defnyddio ar esgyrn wedi torri.

### Polymorff

- Polymer thermoffurfiol yw polymorff, ac mae'n cael ei gyflenwi ar ffurf ronynnog. Wrth gael ei wresogi mewn dŵr i 62 °C, mae'n troi'n feddal ac yn ffurfio cyfaint o ddefnydd sy'n hawdd ei fowldio a'i siapio.
- Mae'n ymsolido wrth oeri a gallwn ni ei fodelu a'i siapio ag offer llaw neu beiriannau.
- Os caiff ei wresogi eto mewn dŵr, bydd yn troi'n feddal unwaith eto.
- Mae polymorff yn ddefnydd defnyddiol i wneud modelau a phrototeipiau, ac mae'n ddelfrydol i brojectau ysgol.

### Pigment ffotocromig

- Mae pigmentau neu lifynnau ffotocromig yn newid lliw fel ymateb i newidiadau golau. Er enghraifft, mae sbectol haul yn gallu newid lliw fel ymateb i belydriad UV.

### Pigment thermocromig

- Mae pigmentau neu lifynnau thermocromig yn newid lliw fel ymateb i newid gwres a gallwn ni eu peiriannu nhw ar gyfer amrediadau gwres penodol.
- Gallwn ni ddefnyddio llifynnau thermocromig mewn poteli babanod i ddangos tymheredd y llaeth.

### Microfewngapsiwleiddio

- **Mae microfewngapsiwleiddio** yn broses o roi capsiwlau microsgopig mewn ffibrau, ffabrigau, papur a cherdyn.
- Mae'r capsiwlau hyn yn gallu cynnwys fitaminau, olewau therapiwtig, lleithyddion, antiseptigion a chemegion gwrthfacteria, sy'n cael eu rhyddhau drwy gyfrwng ffrithiant.

### Bioddynwarededd

- Mae **bioddynwarededd** yn golygu bod yr ysbrydoliaeth ar gyfer defnyddiau, adeiledau a systemau newydd yn dod o'r byd naturiol.
- Mae Fastskin®, datblygiad gan Speedo, yn dynwared croen naturiol siarc, sy'n debyg i bapur tywod, er mwyn lleihau llusgiad yn y dŵr. Mae'n cael ei defnyddio i wneud dillad nofio sy'n gwella perfformiad.

> **Microfewngapsiwleiddio**: rhoi defnynnau microsgopig bach iawn sy'n cynnwys gwahanol sylweddau ar ffibrau, edafedd a defnyddiau, gan gynnwys papur a cherdyn.
>
> **Bioddynwarededd**: cymryd syniadau o fyd natur a dynwared ei nodweddion.

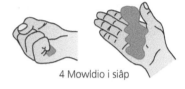

1 Gronigion polymorff  2 Ychwanegu dŵr poeth  3 Eu tynnu nhw allan o'r dŵr pan maen nhw'n feddal

4 Mowldio i siâp

**Ffigur 1.8 Pedwar cam polymorff**

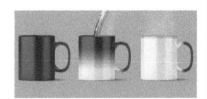

**Ffigur 1.9** Mae mwg thermocromig yn newid lliw wrth i ddŵr berw gael ei arllwys i mewn i'r mwg

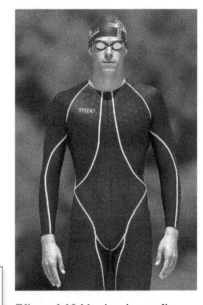

**Ffigur 1.10** Mae'r wisg nofio Fastskin yn enghraifft o fioddynwarededd

# 5 Ôl troed ecolegol a chymdeithasol

## Newid barn cymdeithas am wastraff

- Yn raddol, mae dylunwyr yn cael eu gorfodi i gynhyrchu cynhyrchion sy'n cael cyn lleied â phosibl o effaith ar y Ddaear, gan fod defnyddwyr yn dod i wybod mwy, drwy gyfrwng y teledu a'r rhyngrwyd, am y problemau sy'n cael eu hachosi gan **gymdeithas daflu i ffwrdd**.
- Mae'r ffocws yn cynyddu ar ddefnyddio polymerau mewn cynhyrchion a defnydd pecynnu. Mae ymdrech wedi bod i ddefnyddio llai o bolymerau, er enghraifft drwy gyflwyno tâl am ddefnyddio bagiau siopa plastig. Cymru oedd un o'r gwledydd cyntaf i gyflwyno'r taliadau hyn.
- Mae cynhyrchion electronig a mecanyddol yn gallu cynnwys cannoedd o wahanol gydrannau o amrywiaeth eang o ddefnyddiau crai, gan gynnwys defnyddiau gwenwynig fel plwm, cadmiwm, mercwri, asid sylffwrig a sylweddau ymbelydrol.

> **Cymdeithas daflu i ffwrdd:** cymdeithas sy'n defnyddio ac yn gwastraffu gormod o adnoddau.

Os caiff cynhyrchion eu gwaredu'n anghywir:
- gallan nhw fynd i **safle tirlenwi**
- gall defnyddiau peryglus ollwng allan ohonyn nhw i'r amgylchedd, a mynd i'r system dŵr ac achosi problemau iechyd difrifol.

Mae'r gyfarwyddeb Cyfarpar Trydanol ac Electronig Gwastraff (*Waste Electrical and Electronic Equipment*: WEEE) yn helpu i leihau'r difrod mae cynhyrchion gwastraff yn ei achosi drwy wneud y canlynol:
- gwneud i wneuthurwyr a chynhyrchwyr gymryd cyfrifoldeb am yr hyn sy'n digwydd i'w cynhyrchion ar ddiwedd oes y cynhyrchion
- mynnu bod adwerthwyr yn cynnig gwasanaeth di-dâl i gymryd hen gynhyrchion yn ôl, ac yna'n eu gwaredu nhw mewn cyfleuster cymeradwy
- ei gwneud yn ofynnol i gynghorau lleol ddarparu cyfleusterau i ailgylchu cynhyrchion electronig.

Dyma rai materion eraill sy'n berthnasol i ailgylchu cynhyrchion electronig:
- sylwi y gallwn ni adennill rhai defnyddiau gwerthfawr, fel copr ac aur
- dylunio'r cynnyrch fel ei bod hi'n hawdd ei wahanu i'w ddefnyddiau cydrannol
- derbyn bod ailddylunio cynhyrchion i'w gwneud nhw'n haws eu hailgylchu'n gallu cynyddu costau cychwynnol.

Mae pwysau gan ddefnyddwyr a chystadleuaeth y farchnad yn debygol o orfodi dylunwyr a gwneuthurwyr i gynhyrchu cynhyrchion mwy ecogyfeillgar.

## Ôl troed ecolegol

- Ffordd o fesur effaith gweithgareddau dynol ar yr amgylchedd yw'r **ôl troed ecolegol** – yn syml, y galw gan bobl ar adnoddau naturiol y byd.
- Rydyn ni'n dibynnu ar adnoddau naturiol y byd a'i dir cynhyrchiol er mwyn gallu cynhyrchu'r nwyddau a'r gwasanaethau sy'n cynnal y rhan fwyaf o ffyrdd modern o fyw.
- Mae'r cynhyrchion a'r dillad rydyn ni'n eu defnyddio bob dydd, y bwyd rydyn ni'n ei fwyta, y gwastraff rydyn ni'n ei gynhyrchu a'r ffordd rydyn ni'n byw i gyd yn cyfrannu at ein hôl troed ecolegol.
- Mae tir biolegol gynhyrchiol yn cael ei glirio drwy'r amser i gynnal ein ffyrdd o fyw a phoblogaeth fyd-eang sy'n cynyddu.
- Ar hyn o bryd mae ôl troed ecolegol dynoliaeth yn gywerth ag 1.7 Daear.
- Os ydyn ni'n parhau i ddefnyddio adnoddau naturiol y byd yn gyflymach nag mae natur yn gallu eu hadnewyddu nhw, byddwn ni'n creu **diffyg ecolegol**.

Atebion i'r cwestiynau Profi eich hun: **www.hoddereducation.co.uk/fynodiadauadolygu**

Mae Tabl 1.5 yn amlinellu'r mathau o gwestiynau gallai dylunydd eu gofyn gyda golwg ar leihau effaith amgylcheddol cynnyrch.

**Tabl 1.5 Cwestiynau gallai dylunydd eu gofyn wrth ystyried cynaliadwyedd**

| | |
|---|---|
| **Ailfeddwl** | Oes ffordd well o wneud y cynnyrch sy'n llai niweidiol i'r amgylchedd? Allwn ni symleiddio'r dyluniad i wneud y broses weithgynhyrchu'n haws? |
| **Ailgylchu** | Ydy hi'n hawdd ailgylchu'r cynnyrch pan nad oes ei angen mwyach? Ydy hi'n hawdd gwahanu'r cydrannau a'r defnyddiau? Allwn ni ddefnyddio defnyddiau wedi'u hailgylchu? |
| **Atgyweirio** | Ydy hi'n hawdd atgyweirio'r cynnyrch os yw'n torri? Ydy hi'n hawdd cael darnau cydrannol newydd? |
| **Gwrthod** | Efallai y bydd defnyddwyr yn dewis peidio prynu cynnyrch sydd ddim yn ecogyfeillgar. Ble caiff ei wneud, a beth yw'r amodau i'r gweithwyr? Ydy'r cynnyrch yn anfoesegol? |
| **Lleihau** | Allwn ni leihau nifer y darnau cydrannol neu'r defnyddiau newydd? Allwn ni ddefnyddio llai o ddefnydd pecynnu? Allwn ni symleiddio'r broses weithgynhyrchu i ddefnyddio llai o egni? |
| **Ailddefnyddio** | Allwn ni ailddefnyddio unrhyw ddarnau pan nad oes eu hangen mwyach? Fyddai hi'n bosibl ailddefnyddio'r cynnyrch ar gyfer rhywbeth arall ar ôl gorffen ei ddefnyddio at ei brif ddiben? |

## Byw mewn byd mwy gwyrdd

- I ddiogelu'r amgylchedd drwy gynhyrchu llai o nwyon tŷ gwydr a drwy gynhyrchu llai o lygredd a gwastraff yn gyffredinol, mae angen i bob gwlad weithio gyda'i gilydd.
- Gall defnyddwyr gael effaith drwy newid eu hymddygiad, er enghraifft drwy ddefnyddio egni'n fwy effeithlon, prynu cynhyrchion gan gynhyrchwyr sydd wedi ymroi i wneud cynhyrchion gwyrdd, ac ailgylchu gwastraff y cartref.
- Mae cyfarwyddebau'r llywodraeth hefyd yn gallu cael effaith – er enghraifft, ers i gostau gael eu cyflwyno am fagiau siopa plastig, mae pobl yn defnyddio 83 y cant yn llai o fagiau.
- Mae angen i ddylunwyr cynhyrchion ddod o hyd i ffyrdd o wneud cynhyrchion yn fwy effeithlon. Er enghraifft, mae datblygiadau goleuo newydd fel datblygu goleuadau LED mwy effeithlon a defnyddio synwyryddion ac amseryddion i reoli goleuadau mewn ysgolion a swyddfeydd yn arwain at arbedion o ran defnyddio egni.
- Gallwn ni reoli systemau gwresogi clyfar o ffôn clyfar, ac maen nhw'n gallu addasu i ffordd o fyw'r defnyddiwr – enghraifft arall o sut gall datblygiadau newydd arbed adnoddau.

## Masnach Deg

- Mae Masnach Deg yn sefydlu cynlluniau partneriaeth rhwng cynhyrchwyr, busnesau a defnyddwyr er mwyn cynnig dull gwell i bawb. Mae'n gosod safonau cymdeithasol, economaidd ac amgylcheddol i'r holl gwmnïau, cynhyrchwyr a gweithwyr sy'n rhan o'r gadwyn gyflenwi.
- Drwy greu amodau masnachu mwy teg, gan adael i weithwyr rannu'r elw neu ennill cyflog mwy teg, caiff gweithwyr fywydau gwell a gallwn ni helpu i drechu tlodi.
- Mae'n rhaid i amodau i weithwyr fodloni safon benodol, ni ddylid **ecsbloetio** neb ac mae'n rhaid diogelu hawliau gweithwyr.
- Pan fydd defnyddwyr yn prynu cynhyrchion gyda'r nod Masnach Deg arnyn nhw, gallan nhw fod yn fodlon eu bod nhw'n gwneud rhywbeth i gefnogi gweithwyr a chynhyrchwyr dan anfantais mewn gwledydd sy'n datblygu.

# 6 Ymchwilio i waith gweithwyr proffesiynol o'r gorffennol a'r presennol

## Dylunio peirianyddol

### Apple

- Mae llawer o lwyddiant Apple o ganlyniad i bwyslais y cwmni ar arloesi a dylunio.
- Roedd Apple yn arloeswyr o ran defnyddio rhyngwynebau defnyddiwr graffigol (GUIs: *graphical user interfaces*).
- Yn 1983, y cyfrifiadur Apple Lisa oedd y cyfrifiadur bwrdd gwaith cyntaf i ddefnyddio eiconau neu luniau bach i gynrychioli ffeiliau, ffolderi a disgiau, a chyrchwr wedi'i reoli gan lygoden. Mae'r system cyrchwr a llygoden yn dal i gael ei defnyddio heddiw, er bod technoleg sgriniau cyffwrdd wedi'i chyflwyno.
- Mae cynhyrchion Apple yn hawdd eu hadnabod oherwydd eu dyluniad graenus a'u siapiau, lliwiau a defnyddiau cyson.
- Y dylunydd diwydiannol o Brydain Jonathan Ive oedd yn gyfrifol am steilio'r iPod cyntaf a'r iMac cyntaf. Roedd estheteg a phrofiad y defnyddiwr yn ganolog i athroniaeth dylunio Apple.
- Mae Apple yn cael eu beirniadu'n aml am ddatblygu eu cynhyrchion â **darfodiad** bwriadus. Mae'r cwmni hefyd wedi cael eu beirniadu am ddiweddariadau meddalwedd sydd ddim yn gweithio ar gynhyrchion hŷn ac am ddatblygu eu pyrth eu hunain i gysylltu â dyfeisiau eraill.

> **Darfodiad:** pan fydd cynnyrch yn hen neu pan nad oes modd ei ddefnyddio mwyach.

### James Dyson

Gweler 'Dylunio cynnyrch' ar dudalen 23.

### Shigeru Miyamoto

- Yn wreiddiol, cafodd Shigeru Miyamoto ei hyfforddi fel dylunydd diwydiannol, ond ar ôl dechrau gweithio yn Nintendo® fe greodd rai o'r cymeriadau gemau cyfrifiadurol enwocaf, gan gynnwys Mario a Luigi a Donkey Kong.
- Roedd am greu profiad y gallai defnyddwyr ymgolli ynddo a chael mwy o ddewis dros y llwybr roedd eu cymeriad yn ei ddilyn, ac arweiniodd hyn at gemau fel cyfres *The Legend of Zelda*.
- Roedd Miyamoto hefyd yn ymwneud â'r ffordd roedd y defnyddiwr yn rhyngweithio ag amgylchedd y gêm, ac ef oedd yn gyfrifol am ddatblygiadau rheolyddion fel y botymau ysgwydd ar reolydd y NES, y ffon fawd ar reolydd yr N64 a'r dechnoleg setiau llaw modiwlaidd ar y Nintendo Switch™.
- Mae dulliau dylunio Miyamoto yn seiliedig ar ei brofiad o chwarae'r gêm a chael adborth gan gynulleidfa eang yn hytrach na dim ond chwaraewyr profiadol.
- Yn y blynyddoedd diwethaf, mae Miyamoto wedi ymwneud llai â gemau unigol i gymryd rôl yn goruchwylio holl feysydd datblygu Nintendo a'u hamrywiaeth o gynhyrchion.

## Laura Ashley

- Cafodd Laura Ashley ei sefydlu gan fenyw o'r enw Laura Ashley, a anwyd ym Merthyr, a'i gŵr Bernard.
- I ddechrau, roedd Laura yn dylunio napcynnau, matiau bwrdd a llieiniau sychu llestri. Roedd hi eisiau gwneud cwiltiau clytwaith ond yn methu dod o hyd i ffabrig printiedig addas, felly dyluniodd Bernard broses brintio i'w galluogi hi i brintio ei dyluniadau ei hun.
- Enillodd y brand ei blwyf drwy werthu pensgarffiau, fel y rhai roedd Laura wedi gweld merched yn eu gwisgo yn yr Eidal, a daeth y rhain yn boblogaidd ar ôl i'r actores Audrey Hepburn eu gwisgo nhw yn y ffilm *Roman Holiday*.
- Tyfodd y busnes yn gyflym, a daeth y siop gyntaf ym Machynlleth a'r ffatri gyntaf yng Ngharno, Sir Drefaldwyn, yn ganolfan i fusnes amlwladol.
- Dechreuodd Laura ddylunio ffrogiau i'w gwisgo'n gymdeithasol yn lle i'r gwaith tua diwedd yr 1960au, ac roedd ei silwét hir Fictoraidd yn boblogaidd iawn a chafodd yr enw 'edrychiad Laura Ashley'.
- Ehangodd y busnes i wneud dodrefn cartref a ffabrigau fforddiadwy, er mwyn i gwsmeriaid allu cydlynu eu cartrefi.
- Rhan o ethos y cwmni oedd defnyddio defnyddiau naturiol fel cotwm pur i wneud dillad a dodrefn cartref, papur wedi'i ailgylchu i wneud papur wal, a phren cyfeillgar i'r coedwigoedd glaw i wneud dodrefn pren.

## Stella McCartney

- Mae Stella McCartney yn ddylunydd ag enw da byd-eang am ddylunio ffasiynol.
- Ar ôl prentisiaeth gyda'r teiliwr Savile Row, Edward Sexton a graddio o Central Saint Martins, agorodd McCartney ei siop ei hun yn Llundain i werthu ffrogiau slip sidan. Daeth y rhain yn ddyluniad nodweddiadol iddi.
- Cafodd ei phenodi'n ddylunydd yn y tŷ ffasiwn Chloé ym Mharis, yn y gobaith y byddai hi'n denu cwsmeriaid iau. Yn fuan, cafodd hi ei phenodi'n gyfarwyddwr creadigol ac yn 2000 enillodd hi wobr dylunydd y flwyddyn Gwobrau Ffasiwn VH1/Vogue. Yna sefydlodd McCartney ei busnes ei hun.
- Mae ei steil nodweddiadol yn cynnwys eitemau teilwredig a dillad benywaidd iawn wedi'u hysbrydoli gan lingerie. Mae'n bwysig i McCartney bod menywod yn teimlo'n gyfforddus yn ei dillad a'u bod nhw'n hawdd eu gwisgo.
- Mae hi'n ymwybodol o faterion gwyrdd ac yn gwrthod defnyddio lledr na ffwr yn ei chasgliadau, gan ddefnyddio defnyddiau eraill fel:
  - polyester wedi'i ailgylchu ar gyfer ei bag Falabella
  - cashmir wedi'i ailbeiriannu
  - sidan gan gyflenwyr sydd ddim yn ecsbloetio pryfed sidan
  - egni adnewyddadwy i bweru ei siopau a darparu bagiau siopa wedi'u hailgylchu.

### Orla Kiely

- Mae Orla Kiely yn ddylunydd ag amrywiaeth eang o ddylanwadau, o'r cypyrddau Formica gwyrdd a'r nenfydau oren yng nghegin ei chartref pan oedd hi'n blentyn i eithin melyn a blodau gwyllt.
- Ar ôl graddio mewn Dyluniad Print a Graffeg ac yna mewn Dylunio Gweuwaith, arddangosodd gasgliad o hetiau wedi'u gwneud o ffibrau gwlân lliwgar wedi'u pwnsio â nodwydd i mewn i gingham, a chafodd y casgliad hwn ei brynu gan Harrods.
- Yn 2000, creodd Kiely ei dyluniad print eiconig Stem. Mae ganddo gryfder graffig syml a swyn. Fe wnaeth y bagiau Stem wedi'u printio sefydlu arddull nodweddiadol Orla Kiely – glân, syml, cyson a chryf.
- Cafodd y dyluniad hwn ei ddatblygu mewn gwahanol gyfresi lliw, ei brintio ar ffabrig cotwm laminedig a'i ddefnyddio ar gyfer bagiau, gan ddechrau ffasiwn o gynhyrchion gwydn sy'n hawdd eu sychu'n lân.
- Fe wnaeth Orla Kiely groesawu technoleg yn gynnar yn ei gyrfa, gan weld manteision gallu trin a golygu ei dyluniadau a newid eu lliwiau a'u maint. Fodd bynnag, mae'n well ganddi hi fraslunio ei syniadau cychwynnol cyn eu trosglwyddo nhw i gyfrifiadur.

**Ffigur 1.11 Fersiwn o ddyluniad Stem Orla Kiely**

## Dylunio cynnyrch

ADOLYGU

### Airbus

- Cwmni Ewropeaidd yw Airbus. Mae'n fwyaf adnabyddus am ei awyrennau, ond mae gan y cwmni hefyd adrannau sy'n canolbwyntio ar hofrenyddion, cyfarpar milwrol a theithio i'r gofod.
- Yr Airbus A380 yw'r awyren cludo teithwyr fwyaf yn y byd; mae'n gallu cludo hyd at 800 o deithwyr.
- Fe wnaeth peirianwyr oresgyn problemau â maint a phwysau'r awyren A380 drwy wneud y canlynol:
  - defnyddio defnyddiau cyfansawdd ysgafn i leihau cyfanswm y pwysau
  - edrych ar fioddynwarededd i gael ysbrydoliaeth, yn enwedig siâp ac adeiledd adenydd eryr i oresgyn problemau â lled yr adenydd. Fe wnaethon nhw osod blaenau adenydd ar adenydd yr A380; heb y rhain, byddai lled adenydd yr awyren yn rhy fawr i'r rhan fwyaf o feysydd awyr.
- **Mae dylunio cynhyrchiol** yn cael ei ddefnyddio i optimeiddio'r cydrannau neu'r darnau i leihau'r pwysau ond cadw cryfder.
- Mae Airbus yn defnyddio technoleg CAD drwy gydol eu prosesau datblygu, gan gynnwys argraffu cydrannau mewn 3D o amrywiaeth o ddefnyddiau, yn enwedig titaniwm oherwydd ei gymhareb cryfder-i-bwysau ragorol.
- Mae Airbus yn gwmni byd-eang: mae'r adenydd yn cael eu cynhyrchu ym Mhrydain, rhan ôl y corff yn Ffrainc a rhan flaen y corff yn yr Almaen.
- Yr Airbus Beluga yw uwch-gludydd y cwmni; mae cludo darnau'n hanfodol i lwyddiant y cwmni. Mae cynhwysedd enfawr y Beluga yn lleihau'r effaith amgylcheddol gan fod angen llai o deithiau i gludo darnau.

Atebion i'r cwestiynau Profi eich hun: **www.hoddereducation.co.uk/fynodiadauadolygu**

## James Dyson

- Mae James Dyson yn adnabyddus am greu cynhyrchion arloesol sy'n defnyddio technoleg ac egwyddorion peirianneg newydd, ac sy'n well na chynhyrchion sy'n bodoli eisoes.

- Un o'i gynhyrchion cynnar oedd berfa bêl, amrywiad ar y ferfa draddodiadol. Roedd y ferfa bêl yn gwasgaru'r llwyth, gan ei gwneud hi'n haws ei gwthio ar dir meddal, ac yn haws ei rheoli.

- Roedd sugnwyr llwch yn arfer dibynnu ar fagiau i ddal y llwch oedd wedi'i gasglu; sylwodd Dyson fod lefelau sugnedd yn gostwng wrth i'r bagiau lenwi, gan wneud y sugnwr llwch yn llai effeithiol. Roedd y sugnwr llwch DC01 yn defnyddio technoleg seiclon i gasglu llwch heb fod angen bag.

- Aeth Dyson drwy 5127 o ailadroddiadau o'r cynnyrch DC01 dros ddeng mlynedd cyn ennyn diddordeb y farchnad a chael llwyddiant yn y pen draw.

- Mae cynhyrchion eraill sy'n cael eu datblygu o dan enw Dyson yn cynnwys peiriannau golchi, gwyntyllau, sychwyr dwylo a sychwyr gwallt. Mae'r cynhyrchion hyn i gyd yn wynebu profion trwyadl ac estynedig cyn cael eu lansio.

Ffigur 1.12 **Berfa bêl Dyson**

## Bethan Gray

- Mae Bethan Gray yn ddylunydd dodrefn o Gymru sydd wedi dylunio i gwmnïau sy'n cynnwys Habitat, John Lewis a Harrods, yn ogystal â chynnal ei stiwdio ei hun yn cynhyrchu dodrefn moethus.

- Cafodd hi hyfforddiant Dylunio 3D cyn i bennaeth dylunio Habitat sylwi ar waith ei gradd, ac o ganlyniad i hyn cafodd hi ei phenodi'n gyfarwyddwr dylunio'r cwmni. Yn Habitat, cafodd hi gyfoeth o brofiad o ddylunio dodrefn ac adwerthu.

- Yna, sefydlodd Gray ei chwmni ei hun, a daeth hi'n adnabyddus am ddefnyddio defnyddiau moethus fel pres, marmor, pren solet a lledr, ac am ddefnyddio amrywiaeth o sgiliau crefft traddodiadol medrus iawn a thechnegau cynhyrchu modern.

- Mae llawer o'i dylanwadau'n dod o'r ffurfiau a'r siapiau pensaernïol mae hi wedi'u gweld wrth deithio o gwmpas y byd. O ganlyniad i'w gwerthfawrogiad i ffurfiau ac estheteg Islamaidd, roedd hi'n un o'r partneriaid a sefydlodd y Ruby Tree Collection, sy'n ceisio dal gafael ar sgiliau crefft a defnyddiau traddodiadol Islamaidd.

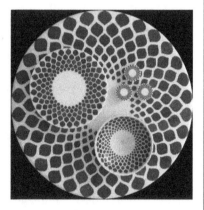

Ffigur 1.13 **Petals: darnau o'r Ruby Tree Collection**

---

**Cyngor**

Darllenwch gwestiynau arholiad yn ofalus i wneud yn siŵr eich bod chi'n deall yn iawn beth mae'r cwestiwn yn ei ofyn cyn rhoi cynnig ar yr ateb. Tanlinellwch neu amlygwch eiriau allweddol i'ch helpu chi i ganolbwyntio ar y pethau pwysig.

---

**Camgymeriad cyffredin**

Peidiwch ag ysgrifennu manylion personol neu fywgraffiadol am y dylunwyr rydych chi wedi'u hastudio. Chewch chi ddim marciau am hyn mewn arholiad. Bydd y cwestiynau'n profi eich gwybodaeth a'ch dealltwriaeth ynglŷn â gwaith y dylunwyr – eu syniadau dylunio, yr ysbrydoliaeth y tu ôl i'w gwaith ac unrhyw ddylanwad sydd ganddynt ar ddylunio a chynhyrchu cynhyrchion.

## Profi eich hun

1 Esboniwch sut mae microfewngapsiwleiddio, wrth gael ei ddefnyddio mewn gorchuddion meddygol, yn fuddiol i glaf. [2]
2 Trafodwch ddefnyddio polymorff fel cyfrwng modelu ar gyfer dylunwyr cynhyrchion. [4]
3 Esboniwch sut roedd bioddynwarededd yn ysbrydoliaeth i beirianwyr wrth ddatblygu'r Airbus A380. [2]
4 Disgrifiwch y nodweddion sy'n gwneud cynhyrchion Apple yn hawdd eu hadnabod. [3]
5 Disgrifiwch effaith y sugnwr llwch Dyson DC01 ar ddyluniad sugnwyr llwch eraill. [3]
6 Esboniwch sut mae gwaith Miyamoto wedi cael effaith hirhoedlog ar y byd gemau cyfrifiadurol mae llawer o chwaraewyr yn ei fwynhau heddiw. [4]
7 Mae dewis ffabrigau'n bwysig i etheg ddylunio Stella McCartney. Disgrifiwch dri ffabrig sydd wedi cael eu datblygu o ganlyniad uniongyrchol i'w 'gwerthoedd gwyrdd'. 3 × [2]
8 Disgrifiwch arddull gwaith Orla Kiely ac esboniwch sut gwnaeth ei phlentyndod ddylanwadu ar ei hethos dylunio. [4]
9 Esboniwch beth yw ystyr 'edrychiad Laura Ashley'. [3]
10 Rhestrwch dair o nodweddion allweddol gwaith Bethan Gray. [3]

## Cwestiynau enghreifftiol

1 (a) Mae cynhyrchion newydd yn cael eu dylunio a'u datblygu o ganlyniad i dyniad y farchnad a gwthiad technoleg.
Esboniwch sut mae tyniad y farchnad a gwthiad technoleg wedi effeithio ar ddylunio a datblygu dyfeisiau tracio ffitrwydd. [4]
(b) Disgrifiwch sut mae astudio cylchred oes cynnyrch o fantais i wneuthurwr. [3]
2 Mae cynaliadwyedd a materion amgylcheddol yn bethau pwysig i'w hystyried wrth ddatblygu cynhyrchion newydd.
(a) Diffiniwch y term 'dylunio cynaliadwy'. [2]
(b) Esboniwch sut mae'r economi cylchol o fantais i'r amgylchedd. [4]
3 Mae defnyddiau clyfar yn gallu newid eu priodweddau neu eu golwg fel ymateb i symbyliadau allanol.
(a) Nodwch beth sy'n gwneud aloion sy'n cofio siâp yn wahanol i fetelau eraill. [1]
(b) Enwch a disgrifiwch gynnyrch sy'n defnyddio pigment thermocromig i roi mantais i'r defnyddiwr. [3]
4 Gallwn ni fewnblannu dyfeisiau a chylchedau electronig mewn ffabrigau tecstilau ar gyfer dillad.
(a) Gallwn ni fewnblannu monitorau cyfradd curiad y galon mewn ffabrig. Disgrifiwch sut byddai hyn o fudd i ddefnyddiwr â chyflwr calon. [2]
(b) Mae microfewngapsiwleiddio yn cael ei ddefnyddio'n aml mewn tecstilau meddygol. Rhowch ddwy enghraifft o'i ddefnyddio mewn meddygaeth ac esboniwch y fantais i'r claf. [2 × 3]
5 Mae profi a modelu'n strategaethau hanfodol yn y broses ailadroddus o ddylunio a datblygu cynhyrchion newydd. Esboniwch sut mae Dyson yn rhoi enghraifft dda o'r broses hon wrth ddylunio a datblygu cynhyrchion newydd. [5]

AR LEIN

# 2 Dylunio peirianyddol

## 1 Metelau fferrus ac anfferrus

Gweler Adran 4, Testun 3 am fanylion dosbarthiad a phriodweddau metelau fferrus ac anfferrus. Gweler Adran 4, Testun 6 am fanylion eu ffynhonnell, eu tarddiad a'u priodweddau gweithio.

## 2 Polymerau thermoffurfiol a thermosodol

Gweler Adran 4, Testun 4 am fanylion priodweddau gweithio polymerau thermoffurfiol a thermosodol. Gweler Adran 4, Testun 6 am fanylion eu priodweddau ffisegol a mecanyddol.

## 3 Systemau electronig a chydrannau rhaglenadwy

- Rydyn ni'n defnyddio **systemau** electronig i ddarparu ymarferoldeb i gynhyrchion a phrosesau.
- Gallwn ni rannu systemau electronig yn **is-systemau**, a gallwn ni ddosbarthu'r rhain yn fewnbynnau, prosesau neu allbynnau.
- Mae diagram system (sydd weithiau'n cael ei alw'n ddiagram blociau) yn dangos sut mae'r is-systemau wedi'u cysylltu a sut mae'r signalau'n llifo o un i'r llall.
- Mae signalau'n gallu bod yn ddigidol neu'n analog.

> **System**: set o ddarnau sy'n gweithio gyda'i gilydd i roi ymarferoldeb i gynnyrch.
>
> **Is-system**: y rhannau rhyng-gysylltiedig mewn system.
>
> **Microreolydd**: cyfrifiadur bach sydd wedi'i raglennu i gyflawni tasg benodol a'i fewnblannu mewn cynnyrch.
>
> **Cylched gyfannol (IC)**: cylched fach ond cymhleth iawn o fewn un gydran.

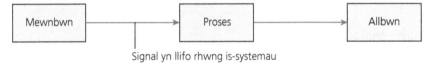

Signal yn llifo rhwng is-systemau

**Ffigur 2.1 System electronig generig**

- Mae is-system y broses yn derbyn signalau o'r mewnbynnau ac yn ymateb mewn ffordd benodol er mwyn rheoli'r allbynnau. Mae'r ffordd mae'n ymateb yn dibynnu ar anghenion y cynnyrch.
- Gallwn ni wneud is-systemau proses o ddyfeisiau lled-ddargludydd fel **microreolydd**, microbrosesydd neu gyfrifiadur.
- Cyfrifiadur bach sydd wedi'i raglennu i gyflawni tasg benodol yw microreolydd.
- Mae microreolydd yn enghraifft o **gylched gyfannol** (IC: *integrated circuit*). Mae IC yn gylched fach ond cymhleth iawn o fewn un gydran.

**Tabl 2.1 Dyfeisiau proses**

| Mae dyfeisiau proses yn gallu cyflawni swyddogaethau fel: | Enghraifft o gymhwysiad |
|---|---|
| Cyfrif | Bwrdd sgorio chwaraeon, cloc digidol, pedomedr |
| Switsio | Golau nos, tegell trydanol, drws awtomatig |
| Amseru | Golau diogelwch, larwm lladron, amserydd coginio |

## Mewnbynnau

- Mae mewnbynnau'n cynnwys synwyryddion, sy'n gallu monitro a mesur amrywiaeth o fesurau ffisegol.
- Mae synhwyrydd yn cynhyrchu signal trydanol sy'n gallu bod yn ddigidol neu'n analog.
- Mae **synhwyrydd digidol** yn canfod sefyllfa ie/na, fel 'ydy'r botwm yn cael ei bwyso?'.
- Mae switsh yn synhwyrydd digidol, ac mae llawer o fathau o switshys ar gael i'w defnyddio mewn cynhyrchion.
- Mae **synhwyrydd analog** yn gallu mesur pa mor fawr yw mesur, fel 'pa mor ddisglair yw'r golau?' neu 'beth yw'r tymheredd?'.

> **Synhwyrydd digidol:** synhwyrydd i ganfod sefyllfa ie/na neu ymlaen/i ffwrdd.
>
> **Synhwyrydd analog:** synhwyrydd i fesur pa mor fawr yw mesur ffisegol.
>
> **LDR:** gwrthydd golau-ddibynnol. Cydran analog i synhwyro lefel y golau.
>
> **Thermistor:** cydran analog i synhwyro tymheredd.

### Gwrthydd golau-ddibynnol (LDR: *light-dependent resistor*)

- Mae **LDR** yn synhwyrydd analog sy'n synhwyro golau.
- Mae ei wrthiant yn gostwng wrth i lefel y golau gynyddu.
- Rydyn ni'n defnyddio synwyryddion LDR mewn lampau stryd, goleuadau nos, clociau digidol (i reoli disgleirdeb y dangosydd), camerâu cylch cyfyng (i droi i'r modd gweld yn y nos), ac ati.

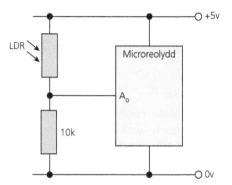

**Ffigur 2.2 LDR wedi'i gysylltu â mewnbwn analog microreolydd**

### Thermistor

- Mae **thermistor** yn synhwyrydd analog sy'n synhwyro tymheredd.
- Mae ei wrthiant yn gostwng wrth i'r tymheredd gynyddu.
- Rydyn ni'n defnyddio thermistorau mewn ffyrnau, thermostatau ystafell, gwresogyddion trydanol, injans ceir, ac ati.

## Allbynnau

- Mae is-system allbwn yn trawsnewid signal trydanol i swyddogaeth benodol.
- Mae swnyn yn cynhyrchu allbwn sain. Mae swnwyr yn ddefnyddiol i roi adborth bod defnyddiwr wedi pwyso botwm. Maen nhw mewn llawer o gynhyrchion, gan gynnwys larymau lladron, ffyrnau microdon, peiriannau golchi llestri, amseryddion cegin, ac ati.

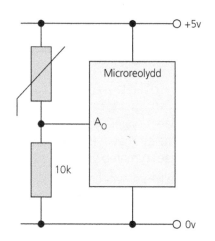

**Ffigur 2.3 Thermistor yn darparu signal mewnbwn i ficroreolydd**

- Mae deuod allyrru golau (*light-emitting diode*: LED) yn cynhyrchu allbwn golau.
- Mae LEDs ar gael mewn amrywiaeth o liwiau, meintiau a siapiau.
- Gallwn ni ddefnyddio LED fel dangosydd, er enghraifft fel golau 'pŵer ymlaen'.
- Gallwn ni ddefnyddio LED i oleuo pethau, er enghraifft mewn tortsh.
- Mae'n rhaid defnyddio gwrthydd gydag LED i gyfyngu'r cerrynt sy'n llifo, neu bydd yr LED yn llosgi.

### Adborth mewn systemau rheoli

- Mae **adborth** mewn system yn golygu cymryd signal o'r allbwn a'i fwydo'n ôl i fewnbwn yr is-system proses.
- Mae adborth yn caniatáu i ficroreolydd fonitro effaith y newidiadau mae'n eu gwneud i'w ddyfeisiau allbwn.
- Mae adborth yn galluogi system i reoli pethau'n fanwl.
- Mae system rheoli ffwrn drydanol yn enghraifft o adborth.

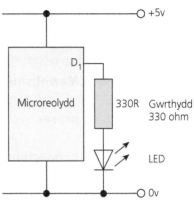

**Ffigur 2.4 Defnyddio LED fel allbwn o ficroreolydd**

> **Adborth**: sicrhau rheolaeth fanwl drwy fwydo gwybodaeth o allbwn yn ôl i mewn i fewnbwn system reoli.

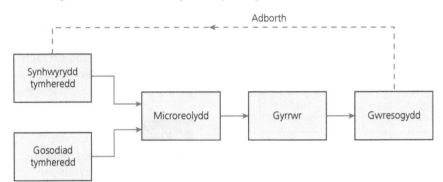

**Ffigur 2.5 System rheoli ffwrn, lle caiff signal o'r allbwn ei fwydo'n ôl i'r mewnbwn**

## Systemau rhaglenadwy

ADOLYGU

### Microreolyddion

- Caiff microreolydd wedi'i raglennu ei fewnblannu mewn cynnyrch i ddarparu ymarferoldeb ac i wella perfformiad y cynnyrch.
- Gallwn ni ail-raglennu microreolyddion yn gyflym, sy'n ddefnyddiol wrth ddatblygu cynhyrchion neu uwchraddio cynhyrchion.
- Mae microreolyddion mewn llawer o gynhyrchion, gan gynnwys tostwyr, setiau teledu, ffyrnau microdon, systemau hi-fi, ceir, ac ati.
- Gallwn ni ryngwynebu microreolyddion ag amrywiaeth eang o ddyfeisiau mewnbynnu ac allbynnu digidol ac analog.
- Mae angen gyrrwr ar rai dyfeisiau allbynnu i atgyfnerthu'r signal allbwn o'r microreolydd.
- Mae **rheolydd rhyngwyneb rhaglenadwy (*programmable interface controller:* PIC)** yn fath poblogaidd o IC microreolydd. Caiff rheolyddion PIC eu defnyddio mewn llawer o brojectau TGAU.

### Rhaglenni siart llif

- Mae **rhaglen** microreolydd yn gyfres o gyfarwyddiadau sy'n dweud wrth y microreolydd beth i'w wneud.
- Pan gaiff rhaglen ei rhedeg, bydd y microreolydd yn gweithredu'r cyfarwyddiadau'n gyflym iawn.

> **Rheolydd rhyngwyneb rhaglenadwy (PIC)**: Cylched gyfannol microreolydd sy'n cael ei defnyddio mewn llawer o gynhyrchion.
>
> **Rhaglen**: cyfres o gyfarwyddiadau sy'n dweud wrth y microreolydd beth i'w wneud.

- Mae **siart llif** yn ffordd graffigol o ddangos rhaglen.
- Mae rhaglenni siart llif yn defnyddio symbolau safonol.

Dyma rai enghreifftiau o orchmynion siart llif:

- **Gorchmynion Mewnbwn/Allbwn**: 'Darllen y synhwyrydd tymheredd', 'Troi'r LED ymlaen', 'Troi'r swnyn i ffwrdd', ac ati.
- **Gorchmynion proses**: 'Aros 2 eiliad', 'Ychwanegu 1 at werth newidyn A', ac ati.
- **Gorchmynion penderfynu**: 'Ydy'r tymheredd wedi gostwng o dan 5 °C?', 'Ydy'r botwm wedi'i bwyso?', 'Ydy A>45?'.

## Is-reolweithiau

- Gallwn ni ddefnyddio **is-reolweithiau** (enw arall ar y rhain yw 'macros') i helpu i symleiddio strwythur rhaglen gymhleth.
- Cyfres o gyfarwyddiadau rhaglen sy'n cyflawni tasg benodol yw is-reolwaith, e.e. 'fflachio LED bum gwaith' neu 'mesur am ba mor hir mae defnyddiwr yn dal i bwyso botwm'.
- Caiff is-reolweithiau eu galw o'r brif raglen gan ddefnyddio gorchymyn **Galw**.
- Mae gorchymyn **Dychwelyd** ar ddiwedd yr is-reolwaith yn dychwelyd y llif yn ôl i'r brif raglen.

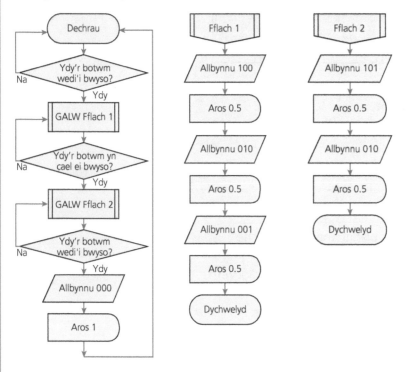

**Ffigur 2.7 Rhaglen siart llif yn defnyddio dwy is-reolwaith**

| Symbol | Enw |
|---|---|
| | Dechrau/diwedd |
| → | Saethau |
| | Mewnbwn/Allbwn |
| | Proses |
| | Penderfyniad |

**Ffigur 2.6 Symbolau siart llif**

**Siart llif**: cynrychioliad graffigol o raglen.

**Is-reolwaith**: is-raglen fach o fewn rhaglen fwy.

### Cyngor

Efallai y bydd cwestiynau'n gofyn i chi enwi dyfeisiau mewnbynnu/allbynnu addas ar gyfer cymhwysiad penodol, neu ddosbarthu dyfeisiau yn ôl mathau digidol ac analog. Efallai y bydd angen i chi gwblhau diagram system ar gyfer cymhwysiad penodol, felly dylech chi ymarfer lluniadu diagramau system ar gyfer llawer o gynhyrchion cyfarwydd, gan gynnwys systemau ag adborth.

Efallai y bydd cwestiynau am ddyfeisiau rhaglenadwy'n gofyn i chi luniadu (neu gwblhau) rhaglen siart llif, felly dysgwch y symbolau siart llif ac ymarferwch luniadu siartiau llif i reoli cynhyrchion cyfarwydd.

### Camgymeriadau cyffredin

Mae cymysgu rhwng synwyryddion a signalau digidol ac analog yn gamgymeriad cyffredin. Gwnewch yn siŵr eich bod chi'n gwybod pa synhwyrydd sy'n perthyn i ba gategori.

Mae camgymeriadau eraill yn cynnwys rhoi disgrifiadau anghywir o sut mae gwrthiant LDR a thermistor yn newid gyda golau a thymheredd, anghofio defnyddio gwrthydd gydag LED, a defnyddio'r symbolau siart llif anghywir ar gyfer gorchmynion mewnbwn/allbwn, proses a phenderfyniad.

## Profi eich hun

1 Enwch a lluniadwch symbolau cylched dwy gydran synhwyro mewnbwn. [4]
2 Disgrifiwch y gwahaniaeth rhwng signal mewnbwn digidol ac analog. [2]
3 Esboniwch beth yw ystyr 'mewnblannu microreolydd mewn cynnyrch'. [3]
4 Lluniadwch ddiagram system ar gyfer larwm lladrad beic, gan ddefnyddio microreolydd fel is-system y broses. Esboniwch sut mae'r synhwyrydd/synwyryddion rydych chi wedi'u dewis yn gweithio yn y cymhwysiad hwn. [6]
5 Lluniadwch raglen siart llif, gan ddefnyddio symbolau safonol, ar gyfer golau diogelwch sy'n dod ymlaen am 30 eiliad os yw'n canfod symudiad. [4]

# 4 Defnyddiau modern a chlyfar

## Defnyddiau clyfar

### Defnydd electro-ymoleuol

- Mae gwifren electro-ymoleuol (*electroluminescent*: EL) wedi'i gwneud o graidd o wifren gopr denau sydd wedi'i gorchuddio â phowdr ffosffor. Mae'n goleuo'n ddisglair pan mae **cerrynt** trydanol eiledol yn mynd drwyddi.

- Mae technoleg electro-ymoleuol hefyd yn bodoli ar ffurf ffilmiau hyblyg neu baneli tenau. Mae'r ffosffor sy'n allyrru golau wedi'i ddal rhwng pâr o electrodau dargludol ac mae cerrynt eiledol yn mynd drwyddo i greu golau. Mae disgleirdeb y golau'n dibynnu ar y **foltedd** sy'n cael ei roi.

- Mae ffilmiau EL yn cymryd lle dangosyddion LCD traddodiadol yn araf am eu bod nhw'n hyblyg, ddim yn cynhyrchu gwres, ac yn fwy dibynadwy a gwydn.

### Defnydd cyfansawdd twnelu cwantwm

- Mae **defnyddiau cyfansawdd twnelu cwantwm (QTCs:** *quantum tunnelling composites*) yn bolymerau hyblyg sy'n cynnwys gronynnau nicel dargludol sy'n gallu naill ai dargludo trydan neu ynysu.

- Mae'r gronynnau nicel yn dod i gysylltiad â'i gilydd ac yn cael eu cywasgu wrth i rym gael ei roi, gan gynyddu'r dargludedd. Pan gaiff y grym ei dynnu i ffwrdd, mae'r defnydd yn mynd yn ôl i'w gyflwr gwreiddiol ac yn troi'n ynysydd trydanol.

### Polymerau dargludol

- Yn gyffredinol, mae polymerau'n gwrthsefyll dargludiad trydanol, sy'n eu gwneud nhw'n ddelfrydol i'w defnyddio mewn casinau cynhyrchion trydanol.

- Mae polymerau dargludol yn cael eu datblygu i weithredu fel dargludydd trydanol. Mae hyn yn golygu y gallwn ni eu defnyddio nhw yn lle gwydr a metel mewn cynhyrchion sy'n cynnwys cydrannau electronig fel LED, sgriniau teledu OLED a ffenestri clyfar.

- Mae polymerau dargludol yn rhatach, yn ysgafn ac yn hyblyg, felly gallwn ni eu defnyddio nhw ar gyfer cymwysiadau fyddai'n arfer bod yn anodd eu cynhyrchu.

> **Electro-ymoleuol:** defnyddiau sy'n darparu golau pan maen nhw mewn cerrynt.
>
> **Cerrynt:** mesur y trydan sy'n llifo mewn gwirionedd, mewn amperau (A).
>
> **Foltedd:** y 'gwasgedd' trydanol mewn pwynt mewn cylched, mewn foltiau (V).

**Ffigur 2.8 Mae'r Groclock yn defnyddio technoleg electro-ymoleuol**

> **Defnyddiau cyfansawdd twnelu cwantwm:** defnyddiau sy'n gallu troi o fod yn ddargludyddion i fod yn ynysyddion pan maen nhw dan wasgedd.

# 5 Dyfeisiau mecanyddol

## Mathau o fudiant

ADOLYGU

Mae pedwar math o **fudiant**:

- **Mudiant cylchdro**: symudiad mewn llwybr crwn, e.e. olwynion, modur trydanol.
- **Mudiant llinol**: symudiad mewn llinell syth, e.e. car, cludfelt.
- **Mudiant osgiliadol**: symudiad yn ôl ac ymlaen ar lwybr crwn, e.e. pen brwsh dannedd trydanol, pendil.
- **Mudiant cilyddol**: mudiant yn ôl ac ymlaen mewn llinell syth, e.e. nodwydd ar beiriant gwnïo, llafn herclif.

---

**Mudiant cylchdro:**

$$\text{Buanedd cylchdro} = \frac{\text{nifer y cylchdroeon}}{\text{amser a gymerwyd}}$$

**Mudiant llinol:**

$$\text{Buanedd} = \frac{\text{pellter teithio}}{\text{amser a gymerwyd}}$$

**Mudiant osgiliadol a chilyddol:**

$$\text{Amledd (buanedd osgiliadu)} \frac{\text{nifer yr osgiliadau}}{\text{amser a gymerwyd}}$$

---

- Rydyn ni'n aml yn mesur buanedd cylchdro mewn unedau 'cylchdroeon y funud (c.y.f.)' neu, weithiau, 'cylchdroeon yr eiliad' (c.y.e.). I drawsnewid cylchdroeon yr eiliad i rpm, mae angen lluosi â 60.
- Mae amryw o unedau i fesur buanedd, felly mae angen edrych yn ofalus ar yr unedau sy'n cael eu rhoi mewn cwestiwn arholiad. Rhai unedau nodweddiadol yw metrau yr eiliad (ms$^{-1}$), cilometrau yr awr (km h$^{-1}$) neu filimetrau yr eiliad (mm s$^{-1}$).
- I drawsnewid o mm s$^{-1}$ i ms$^{-1}$, mae angen rhannu â 1000.

> **Mudiant:** pan fydd safle gwrthrych yn symud dros amser.
>
> **Mudiant cylchdro:** symudiad mewn llwybr crwn.
>
> **Mudiant llinol:** symudiad mewn llinell syth.
>
> **Mudiant osgiliadol:** symudiad yn ôl ac ymlaen ar lwybr crwn.
>
> **Mudiant cilyddol:** symudiad yn ôl ac ymlaen mewn llinell syth.
>
> **Amledd:** nifer y curiadau sy'n cael eu cynhyrchu bob eiliad, mewn hertz (Hz).

## Systemau mecanyddol

ADOLYGU

- Mae systemau mecanyddol yn gallu cynhyrchu gwahanol fathau o symudiad.
- Mae systemau mecanyddol yn gallu newid maint a chyfeiriad grymoedd a mudiant.
- Bydd system fecanyddol yn cymryd **grym** (neu fudiant) mewnbwn ac yn ei brosesu i gynhyrchu grym (neu fudiant) allbwn.
- Mae grym yn wthiad, yn dyniad neu'n dro.
- Mae **mecanwaith** syml yn cyfaddawdu rhwng grymoedd a phellteroedd symud. Os yw un yn cynyddu, mae'n rhaid i'r llall leihau.

> **Mecanwaith:** cyfres o ddarnau sy'n gweithio gyda'i gilydd i reoli grymoedd a mudiant.
>
> **Grym:** gwthiad, tyniad neu dro.

### Cydrannau mecanyddol

#### Liferi

- Bar **anhyblyg** sy'n colynnu ar **ffwlcrwm** yw **lifer**. Mae'r grym mewnbwn yn cael ei alw'n **ymdrech** a'r grym allbwn yn cael ei alw'n **llwyth**.
- Hyd braich lifer yw'r pellter rhwng y grym a'r ffwlcrwm.
- Os yw'r hyd braich mewnbwn yn fwy na'r hyd braich allbwn, bydd y lifer yn cynyddu'r grym sy'n cael ei roi ond yn lleihau'r pellter mae'r grym yn ei symud. Mewn geiriau eraill, bydd y llwyth yn fwy na'r ymdrech.

> **Anhyblyg:** ddim yn plygu, stiff.
>
> **Lifer:** bar anhyblyg sy'n colynnu ar ffwlcrwm.
>
> **Ffwlcrwm:** y pwynt colyn ar lifer.
>
> **Ymdrech:** y grym mewnbwn ar lifer.
>
> **Llwyth:** y grym allbwn o lifer.

- Mae hyd braich y lifer mewn cyfrannedd gwrthdro â'r grym. Os yw'r fraich allbwn yn hanner hyd y fraich mewnbwn, bydd y grym allbwn yn ddwywaith maint y grym mewnbwn.

$$\frac{\text{Llwyth}}{\text{Ymdrech}} = \frac{\text{hyd braich mewnbwn}}{\text{hyd braich allbwn}}$$

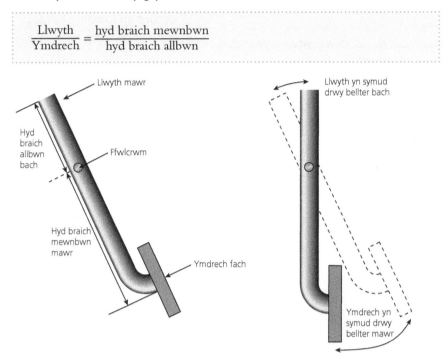

**Ffigur 2.9 Mae pedal brêc yn lifer**

## Cysyllteddau

- Rydyn ni'n defnyddio **cysylltedd** i gyfeirio grymoedd a symudiad i lle mae eu hangen nhw.
- Rydyn ni'n defnyddio pwli syml i newid cyfeiriad mudiant cortyn.
- Bydd cysylltedd cildroi mudiant yn cildroi cyfeiriad mudiant mewnbwn.
- Bydd cranc cloch yn trosglwyddo mudiant o gwmpas cornel.
- Mae peg a slot yn trawsnewid mudiant cylchdro yn fudiant osgiliadol.
- Mae cranc a llithrydd yn trawsnewid mudiant cylchdro yn fudiant cilyddol.

> **Cysylltedd:** cydran sy'n cyfeirio grymoedd a symudiad i'r lle mae eu hangen.

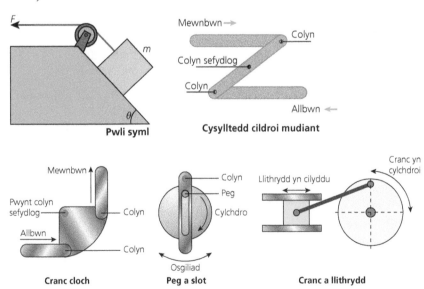

**Ffigur 2.10 Enghreifftiau o gysylltteddau**

## Camau

- Mae **cam** a dilynwr yn trawsnewid mudiant cylchdro yn fudiant cilyddol.
- Mae cam malwen yn achosi i'r dilynwr godi'n raddol cyn gostwng yn sydyn.
- Mae cam siâp gellygen yn gwneud i'r dilynwr godi a gostwng yn sydyn, cyn cyfnod hir pan nad yw'r dilynwr yn symud.
- Mae'r cam echreiddig yn creu mudiant codi a gostwng esmwyth drwy gydol ei gylchdro.
- Rydyn ni'n defnyddio camau mewn teganau, peiriannau ac injans.

> **Cam**: cydran sy'n cael ei defnyddio gyda dilynwr i drawsnewid mudiant cylchdro yn fudiant cilyddol.

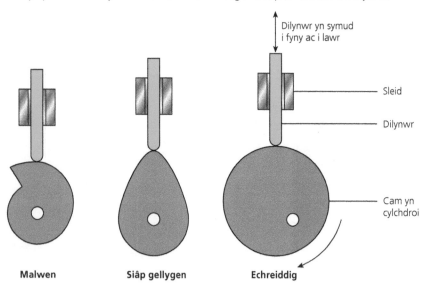

Ffigur 2.11 **Tri math o gam**

Malwen   Siâp gellygen   Echreiddig

## Gerau

- Mae systemau gerau'n trosglwyddo mudiant cylchdro.
- Mae **trên gêr syml** yn cynnwys dau **gêr sbardun**, sef olwynion sy'n cydgloi â dannedd o gwmpas eu hymyl.
- Enw'r gêr fewnbynnu yw'r **gêr gyrru**. Enw'r gêr allbynnu yw'r **gêr gyredig**.
- Mae **piniwn** yn enw arall ar y gyrrwr os mai hwn yw'r gêr lleiaf.
- Bydd y ddau gêr yn cylchdroi i ddau gyfeiriad dirgroes.
- Bydd y gêr lleiaf yn cylchdroi'n gyflymach na'r gêr mwyaf.
- Mae nifer y dannedd ar y gêr mewn cyfrannedd gwrthdro â'i fuanedd cylchdroi. Bydd gêr â dwywaith nifer y dannedd yn cylchdroi ar hanner y buanedd.
- Rydyn ni'n defnyddio systemau gerau mewn driliau di-wifr, clociau, winshys a cheir.

> **Trên gêr syml**: dau gêr sbardun wedi'u cysylltu â'i gilydd.
>
> **Gêr sbardun**: olwyn gêr a dannedd o gwmpas ei hymyl.
>
> **Gêr gyrrwr**: y gêr fewnbynnu ar drên gêr.
>
> **Gêr gyredig**: y gêr allbynnu o drên gêr.

$$\frac{\text{Buanedd gêr fewnbynnu}}{\text{Buanedd gêr allbynnu}} = \frac{\text{nifer dannedd y gêr gyredig}}{\text{nifer dannedd y gêr gyrrwr}}$$

Atebion i'r cwestiynau Profi eich hun: **www.hoddereducation.co.uk/fynodiadauadolygu**

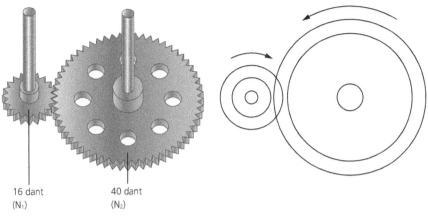

16 dant (N₁)　　40 dant (N₂)

Ffigur 2.12 **Trên gêr syml**

## Gyriannau belt

- Mae gyriant **pwli a belt** yn trosglwyddo mudiant cylchdro, fel system gerau.
- Gallwn ni roi pellter mawr rhwng y pwlïau fewnbynnu ac allbynnu drwy ddefnyddio belt hir.
- Bydd y pwli lleiaf yn cylchdroi'n gyflymach na'r pwli mwyaf.
- Mae'r pwlïau mewnbynnu ac allbynnu yn cylchdroi i'r un cyfeiriad.
- Rydyn ni'n defnyddio gyriannau belt mewn peiriannau golchi, drilïau mainc gweithdy ac injans ceir.

## Rac a phiniwn

- Mae rac a phiniwn yn trawsnewid mudiant cylchdro yn fudiant llinol.
- Rhai enghreifftiau o ddefnyddio mecanweithiau rac a phiniwn yw cadeiriau esgyn a drysau llithro.

Ffigur 2.13 **Gyriant belt mewn peiriant golchi**

Ffigur 2.14 **Rac a phiniwn**

### Camgymeriad cyffredin

Un camgymeriad cyffredin yw drysu rhwng y cyfeiriadau symud mewn systemau liferi a threnau gêr syml, a drysu ynghylch ydy'r systemau hyn yn cynyddu neu'n lleihau maint y grymoedd a'r symudiad.

### Profi eich hun　　　　　　　　　　PROFI ☐

1　Disgrifiwch ddwy o fanteision defnyddio defnydd electro-ymoleuol mewn cynnyrch fel lamp.　[2]
2　Enwch y pedwar math o fudiant, gan roi enghraifft o bob math.　[4]
3　Mae olwyn yn cylchdroi ar 300 c.y.f. Cyfrifwch nifer y cylchdroeon mae'n eu gwneud mewn 10 s.　[2]
4　Mae robot yn teithio ymlaen ar fuanedd o 0.8 ms⁻¹. Cyfrifwch yr amser mae'n ei gymryd i deithio 5 m.　[3]
5　Lluniadwch ddiagram o lifer sy'n dyblu maint grym ymdrech sy'n cael ei roi. Labelwch yr ymdrech, y llwyth a'r ffwlcrwm.　[3]
6　Lluniadwch frasluniau wedi'u labelu o'r mecanweithiau canlynol ac enwch y trawsnewidiad mudiant sy'n digwydd ym mhob un:
　(a)　Cranc a llithrydd
　(b)　Rac a phiniwn
　(c)　Cranc cloch.　[6]
7　Nodwch ddau debygrwydd gweithredol a dau wahaniaeth gweithredol rhwng trên gêr syml a system gyriad belt a phwli.　[4]

### Cyngor

Efallai y bydd cwestiynau'n gofyn i chi fraslunio enghreifftiau o fecanweithiau, gan ddefnyddio saethau i ddangos symudiad, felly ymarferwch fraslunio amrywiaeth o fecanweithiau a chydrannau mecanyddol.

Gwnewch yn siŵr eich bod chi'n gallu defnyddio, ac aildrefnu, y fformiwla buanedd – pellter – amser.

Efallai y bydd cwestiynau'n profi eich gwybodaeth a'ch dealltwriaeth ynglŷn â sut mae cysyllteddau a mecanweithiau'n newid y math o fudiant, a sut maen nhw'n newid maint a chyfeiriad grymoedd, felly gwnewch yn siŵr eich bod chi'n deall hyn ar gyfer y gwahanol fecanweithiau.

# 6 Ffynonellau, tarddiadau, priodweddau ffisegol a gweithio defnyddiau, cydrannau a systemau

## Mwyaduron gweithredol

### Mwyhadur foltedd

- Mae **mwyhadur** yn troi signal bach ($V_{mewn}$) yn signal mwy ($V_{allan}$).
- Enw'r ffactor mwyhau yw'r **cynnydd mewn foltedd**.

$$\text{Cynnydd mewn foltedd} = \frac{V_{allan}}{V_{mewn}}$$

- Gallwn ni wneud mwyhadur foltedd gan ddefnyddio **mwyhadur gweithredol**.
- Mae mwyaduron yn cael eu defnyddio mewn systemau adloniant sain.

> Mae dau wrthydd yn rheoli cynnydd cylched y mwyhadur foltedd.
>
> $$\text{Cynnydd mewn foltedd} = 1 + \frac{Rf}{Ra}$$

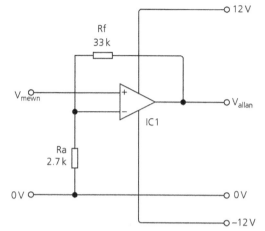

**Ffigur 2.15 Mwyhadur foltedd yn defnyddio cylched gyfannol mwyhadur gweithredol**

### Adwyon rhesymeg

- Cydrannau digidol yw adwyon rhesymeg.
- Maen nhw'n prosesu signalau sydd naill ai'n rhesymeg 1 (uchel/ymlaen) neu'n rhesymeg 0 (isel/i ffwrdd).
- Mae allbwn adwy resymeg yn dibynnu ar gyflwr rhesymeg ei mewnbynnau.
- Mae angen i chi wybod am chwe gwahanol adwy: NID, AC, NEU, NIAC, NIEU a NEUA.
- Mae gan bob adwy wirlen sy'n esbonio sut mae'r adwy'n ymddwyn. Mae angen i chi ddysgu'r gwirlenni a'r symbolau adwyon rhesymeg yn Ffigur 2.16.

> **Mwyhadur:** is-system i gynyddu osgled signal analog.
>
> **Cynnydd foltedd:** ffactor mwyhau is-system mwyhadur.
>
> **Mwyhadur gweithredol (op-amp):** cydran mwyhadur arbenigol mewn cylched gyfannol.

| A | Q |
|---|---|
| 0 | 1 |
| 1 | 0 |

NID

NIAC

| A | B | Q |
|---|---|---|
| 0 | 0 | 1 |
| 0 | 1 | 1 |
| 1 | 0 | 1 |
| 1 | 1 | 0 |

| A | B | Q |
|---|---|---|
| 0 | 0 | 0 |
| 0 | 1 | 0 |
| 1 | 0 | 0 |
| 1 | 1 | 1 |

AC

NIEU

| A | B | Q |
|---|---|---|
| 0 | 0 | 1 |
| 0 | 1 | 0 |
| 1 | 0 | 0 |
| 1 | 1 | 0 |

| A | B | Q |
|---|---|---|
| 0 | 0 | 0 |
| 0 | 1 | 1 |
| 1 | 0 | 1 |
| 1 | 1 | 1 |

NEU

NEUA

| A | B | Q |
|---|---|---|
| 0 | 0 | 0 |
| 0 | 1 | 1 |
| 1 | 0 | 1 |
| 1 | 1 | 0 |

**Ffigur 2.16 Adwyon rhesymeg a'u gwirlenni**

Atebion i'r cwestiynau Profi eich hun: **www.hoddereducation.co.uk/fynodiadauadolygu**

# Cydrannau allbwn

## Allbynnu golau

- Mae LEDs ar gael mewn amrywiaeth o feintiau, siapiau a lliwiau.
- Rydyn ni'n defnyddio LEDs disgleirdeb safonol fel dangosyddion, e.e. golau 'ymlaen'.
- Rydyn ni'n defnyddio LEDs disgleirdeb uchel yn lle bylbiau golau i oleuo ystafelloedd.
- Mae gan LEDs derfynell bositif (yr anod) a therfynell negatif (y catod).
- Fel arfer, gwifren y catod yw'r wifren fyrraf, ac mae'n aml wedi'i marcio â man gwastad ar y cas.
- Mae'n rhaid rhoi gwrthydd mewn cyfres gydag LED i gyfyngu'r cerrynt sy'n llifo.

Gallwn ni ddefnyddio fersiwn wedi'i addasu o fformiwla deddf Ohm i gyfrifo gwerth y gwrthydd:

$$R = \frac{V_S - V_{LED}}{I}$$

lle $V_S$ yw foltedd y cyflenwad pŴer, $V_{LED}$ yw'r gostyngiad mewn foltedd ar draws yr LED, ac I yw'r cerrynt sy'n llifo drwy'r LED.

## Allbynnu sain

- Mae swnyn yn cynhyrchu tôn pan fydd yn derbyn pŵer.
- Swnyn sy'n gwneud sain arbennig o uchel neu amlwg yw seiren.
- Rydyn ni'n defnyddio seinydd i gynhyrchu sain allbwn ar ffurf cerddoriaeth neu lais. Mae'n rhaid i seinydd dderbyn tonffurf sain er mwyn cynhyrchu sain.
- Mae pieso-seinydd yn seinydd bach, sy'n cael ei ddefnyddio'n aml i gynhyrchu tonau 'bîp' syml.

## Allbynnu symudiad

- Cydrannau sy'n cynhyrchu mudiant cylchdro yw moduron trydanol.
- Mae angen **gyrrwr** MOSFET (transistor) er mwyn i is-system proses allu rheoli modur.
- Mae angen deuod **ôl-rym electromotif** wrth ddefnyddio MOSFET i yrru modur (neu solenoid neu relái). Mae'r deuod yn amddiffyn y MOSFET drwy gael gwared ar yr ôl-rym electromotif mae'r modur yn ei gynhyrchu.

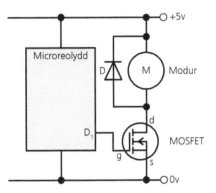

**Ffigur 2.18** Defnyddio MOSFET a deuod ac ôl-rym electromotif i yrru modur

**Ffigur 2.17** Symbol cylched LED

---

**Camgymeriad cyffredin**

Wrth luniadu diagramau cylched, peidiwch ag anghofio lluniadu gwrthydd mewn cyfres ag LED.

Dylech chi ymarfer defnyddio'r fformiwla i gyfrifo'r gwerth gwrthydd ar gyfer LED. Un camgymeriad cyffredin yw anghofio cyfrifo $(V_s - V_{LED})$ a dim ond rhoi $V_{LED}$ neu $V_s$ yn yr hafaliad.

---

**Camgymeriad cyffredin**

Peidiwch â drysu rhwng swnwyr a seinyddion. Dim ond gwneud sŵn mae swnyn. Mae'n rhaid i seinydd dderbyn tonffurf sain, e.e. cerddoriaeth, er mwyn cynhyrchu sain.

---

**Gyrrwr:** is-system sy'n cyfnerthu signal er mwyn iddo allu gweithredu dyfais allbwn.

**Ôl-rym electromotif:** pigyn o foltedd uchel sy'n cael ei gynhyrchu wrth ddefnyddio moduron, solenoidau neu releiau.

- Mae solenoid yn gallu darparu grym tynnu neu wthio pan fydd yn derbyn pŵer. Mae'n cynhyrchu mudiant cilyddol byr.
- Rydyn ni'n defnyddio solenoidau mewn cloeon drws electronig ac mewn falfiau ar gyfer hylifau neu nwyon.

### Relái

- Switsh yw relái (y 'cysylltau') sy'n cael ei reoli gan electromagnet (y 'coil').
- Mae releiau'n gadael i ni reoli trawsddygiadur allbwn foltedd uchel (neu gerrynt uchel) o gylched foltedd isel (neu gerrynt isel).
- Yn aml, bydd coiliau releiau wedi'u dylunio i weithio ar 6 V neu 12 V.
- Yn aml, switshys SPDT neu DPDT fydd cysylltau releiau, a bydd gan y rhain gyfraddiad uchafswm foltedd a cherrynt, e.e. 230 V, 10 A.

> **Cyngor**
>
> Peidiwch ag anghofio defnyddio MOSFET a deuod g.e.m. ôl wrth luniadu cylchedau sy'n dangos moduron, solenoidau neu releiau fel dyfeisiau allbynnu. Dylech chi ymarfer lluniadu'r cylchedau hyn gan fod y symbolau'n eithaf cymhleth.

## Sut mae dyfeisiau/systemau mecanyddol yn gweithio

ADOLYGU

### Systemau mudiant cylchdro

- Rydyn ni'n mesur **cyflymder cylchdro** mewn cylchdroeon y munud, neu gylchdroeon yr eiliad.
- Grym troi yw **trorym**.
- Mewn unrhyw fecanwaith syml, mae angen cyfaddawdu rhwng cyflymder cylchdro a throrym.
- Mae mecanwaith cylchdro'n gallu cynyddu'r trorym ond lleihau'r cyflymder cylchdro, neu leihau'r trorym ond cynyddu'r cyflymder cylchdro.

> **Cyflymder cylchdro:** nifer y cylchdroeon y munud (c.y.f.) neu yr eiliad (c.y.e.).
>
> **Trorym:** grym troi.

### Trên gêr syml

Mae trên gêr syml yn cynnwys dau gêr sbardun yn cydgloi. Gweler Adran 2, Testun 5 am wybodaeth sylfaenol am drenau gêr syml.

- Mae'r ddau gêr yn cylchdroi i ddau gyfeiriad dirgroes.
- Mae'r gêr lleiaf yn cylchdroi'n gyflymach na'r gêr mwyaf.

### Cymhareb cyflymder

Y ffactor mae system fecanyddol yn ei defnyddio i leihau'r cyflymder cylchdro yw'r **gymhareb cyflymder**.

$$\text{Cymhareb cyflymder} = \frac{\text{cyflymder cylchdro'r mewnbwn}}{\text{cyflymder cylchdro allbwn}}$$

$$= \frac{\text{nifer y dannedd ar y gêr allbynnu (gyredig)}}{\text{nifer y dannedd y gêr fewnbynnu (gyrrwr)}}$$

Gallwn ni ailysgrifennu'r hafaliad hwn fel:

**(RV mewnbwn) × (nifer y dannedd ar y gêr fewnbynnu)** = **(CC allbwn) × (nifer y dannedd ar yr gêr allbynnu)**

> **Cymhareb cyflymder:** y ffactor mae system fecanyddol yn ei defnyddio i leihau'r cyflymder cylchdro.
>
> **Trên gêr cyfansawdd:** mwy nag un cam trên gêr yn gweithio gyda'i gilydd i gyflawni cymhareb cyflymder uchel.

### Trên gêr cyfansawdd

- Mae dwy neu fwy o setiau o drenau gêr syml yn gallu gweithio gyda'i gilydd i ffurfio **trên gêr cyfansawdd**.
- Rydyn ni'n canfod cyfanswm y gymhareb cyflymder drwy luosi cymarebau cyflymder pob cam â'i gilydd.

Atebion i'r cwestiynau Profi eich hun: **www.hoddereducation.co.uk/fynodiadauadolygu**

Ar gyfer trên gêr cyfansawdd dau gam:

**Cymhareb cyflymder gyffredinol = (cymhareb cyflymder cam 1) ×**
**(cymhareb cyflymder cam 2)**

- Mae pob cam mewn trên gêr cyfansawdd yn cildroi cyfeiriad y mudiant; felly, ar gyfer trên gêr cyfansawdd dau gam, mae'r gêr fewnbynnu a'r gêr allbynnu yn cylchdroi i'r un cyfeiriad.
- Rydyn ni'n defnyddio trenau gêr cyfansawdd pan mae angen cymhareb cyflymder fawr mewn system fecanyddol.

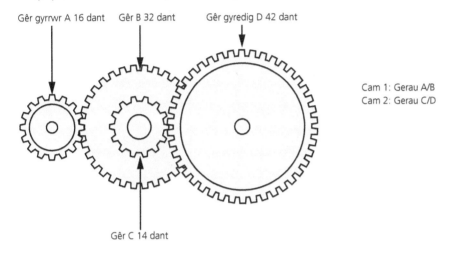

Gêr gyrrwr A 16 dant    Gêr B 32 dant    Gêr gyredig D 42 dant

Cam 1: Gerau A/B
Cam 2: Gerau C/D

Gêr C 14 dant

Mae gerau B ac C wedi'u cloi gyda'i gilydd

**Ffigur 2.19 Trên gêr cyfansawdd**

## Gyriant pwli a belt

Mae system gyriant pwli a belt yn debyg i drên gêr syml, ond gyda'r gwahaniaethau canlynol:

- Mae systemau pwli a belt yn trosglwyddo mudiant cylchdro rhwng dwy siafft sy'n gallu bod gryn bellter oddi wrth ei gilydd.
- Mae'r pwlïau mewnbynnu ac allbynnu yn cylchdroi i'r un cyfeiriad.
- Maen nhw'n dawelach wrth redeg na system gerau.

Mae'r pwli llai'n cylchdroi'n gyflymach na'r pwli mwy, yr un fath â thrên gêr syml.

At ddibenion gwneud cyfrifiadau, diamedrau'r pwlïau sy'n pennu'r gymhareb cyflymder.

$$\text{Cymhareb cyflymder} = \frac{\text{diamedr y pwli allbynnu (gyredig)}}{\text{diamedr y pwli mewnbynnu (gyrrwr)}}$$

Rydyn ni'n ysgrifennu'r hafaliad allweddol fel hyn:

**(CC mewnbwn) × (diamedr     =     (CC allbwn) × (diamedr pwli**
**pwli mewnbwn)                              allbwn)**

## System pwli gyfansawdd

● Mae systemau pwli cyfansawdd yn ymddwyn fel trenau gêr cyfansawdd; rydyn ni'n canfod cyfanswm y gymhareb cyflymder drwy luosi cymhareb cyflymder pob cam â'i gilydd.

● Mewn system pwli gyfansawdd, mae'r pwli mewnbynnu a'r pwli allbynnu yn cylchdroi i'r un cyfeiriad, faint bynnag o gamau sydd.

## Gyriant cripian

● Mae **gyriant cripian** yn cynnwys sgriw gripian (y gêr mewnbynnu) ac olwyn gripian (y gêr allbynnu).

● Mae gyriannau cripian yn cyrraedd cymhareb cyflymder uchel iawn.

● Yn syml, mae'r gymhareb cyflymder yn hafal i nifer y dannedd ar yr olwyn gripian (ar gyfer sgriw gripian cychwyniad sengl).

● Mae cyfeiriad y mudiant yn cael ei drosglwyddo drwy 90°.

● Maen nhw'n hunan-gloi, sy'n golygu bod y sgriw gripian yn gallu gyrru'r olwyn gripian, ond bod yr olwyn gripian yn methu gyrru'r sgriw.

● Rydyn ni'n defnyddio gyriannau cripian mewn winshys a llifftiau lle mae'r gymhareb cyflymder uchel a'r nodwedd hunan-gloi yn arbennig o ddefnyddiol.

## Gerau befel

● Mae **gerau befel** yn trosglwyddo mudiant cylchdro drwy 90°.

● Rydyn ni'n cyfrifo'r gymhareb cyflymder yn yr un ffordd yn union ag ar gyfer trên gêr syml.

> **Gyriant cripian:** system gêr gryno sy'n cyflawni cymhareb cyflymder uchel iawn.
>
> **Gerau befel:** system i drosglwyddo'r cyfeiriad cylchdroi drwy 90°.

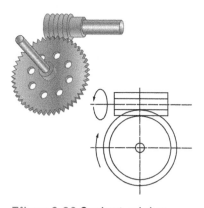

**Ffigur 2.20 Gyriant cripian**

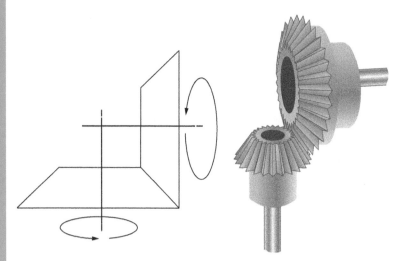

**Ffigur 2.21 Gerau befel**

## Liferi

Mecanwaith syml yw lifer sy'n cael ei ddefnyddio i newid grymoedd a mudiant. Gweler Adran 2, Testun 5 am wybodaeth sylfaenol am liferi.

● Mae lifer yn gallu mwyhau grym neu fwyhau pellter symud, ond nid yw'n gallu gwneud y ddau beth ar yr un pryd. Os yw lifer yn mwyhau'r grym, bydd yn lleihau'r pellter symud, ac i'r gwrthwyneb.

● Yr **ymdrech** yw'r grym mewnbwn a'r **llwyth** yw'r grym allbwn.

● Mae dosbarth y lifer yn dibynnu ar safleoedd cymharol yr ymdrech, y llwyth a'r **ffwlcrwm**.

Atebion i'r cwestiynau Profi eich hun: **www.hoddereducation.co.uk/fynodiadauadolygu**

Mewn lifer dosbarth cyntaf:
- mae'r ffwlcrwm rhwng yr ymdrech a'r llwyth
- mae'r ymdrech a'r llwyth yn symud i'r ddau gyfeiriad dirgroes
- union safle'r ffwlcrwm sy'n pennu ydy'r lifer yn mwyhau'r grym neu'n mwyhau'r pellter symud
- mae siswrn yn enghraifft.

Mewn lifer ail ddosbarth:
- mae'r llwyth rhwng yr ymdrech a'r ffwlcrwm
- mae'r ymdrech a'r llwyth yn symud i'r un cyfeiriad
- mae'r grym yn cael ei fwyhau (y llwyth yn fwy na'r ymdrech), ond mae'r pellter symud yn lleihau
- mae berfa'n enghraifft.

Mewn lifer trydydd dosbarth:
- mae'r ymdrech rhwng y llwyth a'r ffwlcrwm
- mae'r ymdrech a'r llwyth yn symud i'r un cyfeiriad
- mae'r grym yn cael ei leihau (y llwyth yn llai na'r ymdrech), ond mae'r pellter symud yn cynyddu
- mae gefel fach yn enghraifft.

## Mantais fecanyddol

**Mantais fecanyddol** yw'r ffactor mae system yn ei defnyddio i **gynyddu'r** grym.

$$\text{Mantais fecanyddol} = \frac{\text{grym allbwn}}{\text{grym mewnbwn}}$$

Ar gyfer lifer syml:

$$\text{Mantais fecanyddol} = \frac{\text{hyd braich mewnbwn}}{\text{hyd braich allbwn}}$$

- Os yw system yn mwyhau grym, mae ei mantais fecanyddol yn fwy nag 1.
- Os yw system yn lleihau grym, mae ei mantais fecanyddol yn llai nag 1.

### Egwyddor momentau

Mewn system fecanyddol:

**Moment = grym × pellter perpendicwlar i'r ffwlcrwm**

Mae egwyddor momentau'n datgan, ar gyfer lifer syml:

**Ymdrech × (hyd braich mewnbwn) = llwyth × (hyd braich allbwn)**

### Clicied a phawl

- Mae hyn yn caniatáu cylchdroi i un cyfeiriad yn unig.
- Mae'n cael ei ddefnyddio mewn gatiau tro, winshys a lifftiau, a sbaneri clicied.

### Systemau eraill

Bydd angen i chi hefyd ddeall rac a phiniwn, cranc a llithrydd a chamau. Mae rhagor o fanylion yn Adran 2, Testun 5.

# 7 Dethol defnyddiau a chydrannau

Mae'n rhaid i ddylunydd ystyried llawer o ffactorau wrth ddethol defnyddiau a chydrannau. Yn eu plith, mae:

- swyddogaeth – beth mae'r gydran yn ei wneud yn y system? Gallai hyn hefyd gynnwys paramedrau fel maint, gwrthiant, defnydd.
- esthetig – ydy golwg y defnydd yn bwysig?
- amgylcheddol – ydy'r cynnyrch yn gorfod ymdopi â glaw, baw, golau haul neu dymheredd eithafol?
- argaeledd – oes digon o stoc gan y cyflenwr i gynhyrchu'r swp?
- cost
- materion cymdeithasol, diwylliannol a moesegol.

## Cydrannau a'u manteision neu gyfyngiadau swyddogaethol

ADOLYGU

- **Cyfraddiad** cydran yw uchafswm gwerth mesur penodol mae'n gallu ymdopi ag ef.
- Mae defnyddio cydran y tu hwnt i'w chyfraddiad yn debygol o wneud niwed iddi neu leihau ei disgwyliad oes.
- Mae gan rai cydrannau, fel batrïau, oes gyfyngedig.
- Dylai dylunwyr ystyried ffyrdd o ddylunio cynhyrchion i gael eu cynnal a'u cadw, er mwyn gallu gwasanaethu'r cynnyrch i estyn ei oes.

### Ffurfiau bychain

- Mae cynhyrchion prototeip sydd wedi'u gwneud â llaw'n debygol o gael eu cynhyrchu â dulliau cwbl wahanol ar raddfeydd cynhyrchu mwy.
- Mae **byrddau cylched brintiedig (PCBs: *printed circuit boards*)** sy'n cael eu gwneud yn ddiwydiannol fel arfer yn ddwyochrog er mwyn gallu adeiladu cylchedau cymhleth. Mae gan rai PCBs fwy nag un haen.
- Mae dulliau diwydiannol yn defnyddio **technoleg mowntio arwyneb (SMT: *surface mount technology*)** i lynu'r cydrannau at y PCB. Does gan y cydrannau ddim gwifrau.
- Mae SMT yn dibynnu ar beiriannau robotig pigo-a-gosod cyflym.
- Mae'r cydrannau'n cael eu dal yn eu lle gan bast sodr, sy'n troi'n uniad sodr parhaol pan gaiff y PCB ei basio drwy ffwrn ail-lifo.
- Mae SMT yn ein galluogi ni i gynhyrchu cylchedau bach cymhleth, sy'n hanfodol ar gyfer cynhyrchion cludadwy neu rai i'w gwisgo.
- Mae'r PCBs yn cael eu cydosod yn gyflym, sy'n lleihau costau ac yn gwneud y cynnyrch terfynol yn fwy dibynadwy.

## Cyfrifoldebau diwylliannol, cymdeithasol, moesegol ac amgylcheddol dylunwyr

ADOLYGU

- Mae'r gyfarwyddeb Cyfyngu ar Sylweddau Peryglus (RoHS: *Restriction of Hazardous Substances*) yn sicrhau y defnyddir llai o ddefnyddiau fel plwm, cadmiwm a mercwri mewn cyfarpar electronig.
- Mae batrïau, paentiau, sodr a pholymerau yn gallu cynnwys sylweddau peryglus.
- Mae gan ddylunwyr gyfrifoldeb moesegol dros amodau gwaith y bobl sy'n gwneud y cynhyrchion.

**Ffigur 2.22 Mae angen newid hidlyddion uned aerdymheru yn rheolaidd**

> **Cyfraddiad:** y mesur penodol mwyaf mae cydran wedi'i dylunio i ymdopi ag ef.
>
> **Bwrdd cylched brintiedig (PCB):** bwrdd â phatrwm o draciau copr sy'n cwblhau'r gylched ofynnol pan fydd cydrannau wedi'u sodro arno.
>
> **Technoleg mowntio arwyneb (SMT):** y dull diwydiannol o fowntio cydrannau bach ar PCB gan ddefnyddio peiriannau robotig.

Atebion i'r cwestiynau Profi eich hun: **www.hoddereducation.co.uk/fynodiadauadolygu**

- Mae gan ddylunwyr gyfrifoldeb i sicrhau bod y defnyddiau sy'n cael eu defnyddio yn y cynhyrchion yn dod o ffynhonnell foesegol.
- Mae'r Fenter Masnachu Moesegol (ETI: *Ethical Trading Initiative*) yn hybu hawliau gweithwyr ledled y byd.

# 8 Ffurfiau, mathau a meintiau stoc

## Metelau

- Mae'n bwysig ystyried ffurfiau a meintiau stoc cyffredin metel wrth ddylunio a gwneud cydrannau metel. Bydd hyn yn arbed amser ac ymdrech i chi, gan fod metel yn ddefnydd anodd i'w dorri a'i siapio.
- Mae Ffigur 2.23 yn dangos rhai o'r ffurfiau stoc metel mwyaf poblogaidd.

## Meintiau cydrannau electronig stoc safonol

- Mae gan y rhan fwyaf o gydrannau electronig ar gyfer prototeipio wifrau sy'n ffitio drwy dyllau bwlch cylched ar grid 0.1 modfedd (2.54 mm).
- Caiff llawer o gydrannau, gan gynnwys gwrthyddion a chynwysyddion, eu cynhyrchu â rhai gwerthoedd penodol, sef y gwerthoedd safonol.

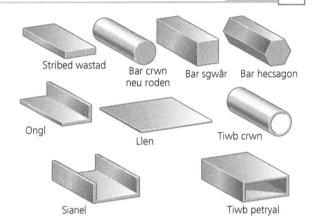

Ffigur 2.23 **Ffurfiau safonol metel**

(Stribed wastad, Bar crwn neu roden, Bar sgwâr, Bar hecsagon, Ongl, Llen, Tiwb crwn, Sianel, Tiwb petryal)

## Safon mewnlin deuol (DIL) ar gyfer cylchedau cyfannol electronig

- Mae gan gylchedau **cyfannol mewnlin deuol (DIL:** *dual-in-line*) binnau sy'n ffitio'r bylchau safonol 0.1 modfedd (2.54 mm).
- Mae rhicyn yn un pen i'r gylched gyfannol ac mae pin 1 i'r chwith o hwn. Mae pin 1 weithiau'n cael ei ddangos â dot bach.
- Mae'r pinnau wedi'u rhifo'n wrthglocwedd o gwmpas y cas.

## Prennau cyfansawdd a pholymerau

I gael manylion am ffurfiau stoc prennau cyfansawdd, gweler Adran 4, Testun 8. I gael manylion am ffurfiau stoc polymerau, gweler Adran 4, Testun 8.

## Cyfrifo'r costau sy'n gysylltiedig â dylunio cynhyrchion peirianyddol

Ffigur 2.24 **Rhifau pinnau DIL**

(Dot, Rhicyn)

- Mae costau'r cydrannau sy'n cael eu defnyddio mewn project i'w gweld yng nghatalog y cyflenwr.
- Mae angen costio pob cydran sy'n cael ei defnyddio yn y project, gan gynnwys gwifrau, gwrthyddion, nytiau a bolltau.
- Mae llawer o gyflenwyr yn cynnig toriadau pris am brynu llawer o eitemau – gweler Tabl 2.2, er enghraifft.

Tabl 2.2 **Enghreifftiau o doriadau pris wrth brynu swmp o gydrannau**

| 10+ | 100+ | 1000+ |
|---|---|---|
| £0.121 | £0.080 | £0.051 |

- Mae'r '10+' yn golygu mai deg yw'r nifer lleiaf y bydd y cyflenwr yn eu gwerthu, a hynny am gost o 12.1c yr un.
- Byddai'n rhaid i chi wario o leiaf £1.21 i brynu deg LED.
- Os ydych chi'n prynu 100 LED neu fwy, mae'r pris yn gostwng i 8.0c yr un.
- Mae'r pris yn gostwng i 5.1c yr un wrth brynu 1000 LED neu fwy.

### Costau defnyddiau a gorffeniadau

I gyfrifo cost defnyddiau rydych chi'n eu defnyddio mewn project, mae angen:

1 Canfod cost hyd cyfan (neu len gyfan).
2 Cyfrifo cost pob uned hyd (neu uned arwynebedd).
3 Mesur yr hyd (neu gyfrifo'r arwynebedd) rydych chi wedi'i ddefnyddio.
4 Cyfrifo'r gost.

Cofiwch hefyd gynnwys y costau sy'n gysylltiedig â pharatoi'r arwyneb, fel sandio pren neu lanhau arwyneb metel cyn rhoi paent arno.

# 9 Gweithgynhyrchu i wahanol raddfeydd cynhyrchu

## Cynhyrchu

ADOLYGU

### Cynhyrchu unigryw (mae angen un)

- Mae **Cynhyrchu unigryw** yn ddrud oherwydd gan nad yw'r dylunydd yn derbyn dim byd am unrhyw werthiant yn y dyfodol.
- Yn aml caiff cynhyrchion eu gwneud â llaw, felly mae angen llawer o sgìl.
- **Efallai y caiff prototeipio cyflym** ei ddefnyddio (gweler isod).

> **Cynhyrchu unigryw:** y broses sy'n cael ei defnyddio wrth wneud cynnyrch prototeip.

### Swp-gynhyrchu

- Mae'r dull gweithgynhyrchu hwn yn cynhyrchu nifer penodol o eitemau.
- Does dim cyfyngiad ar faint swp, ond bydd y broses gynhyrchu'n parhau nes bod y swp cyfan wedi'i gwblhau.
- Mae gwneuthurwyr yn trefnu system gynhyrchu i weddu i'w peiriannau a'u gweithlu.

### Masgynhyrchu

- Rydyn ni'n defnyddio hyn i gynhyrchu eitemau cyffredin, fel sgriwiau a batrïau.
- Mae ffatrïoedd arbenigol yn cynhyrchu eitemau'n gyflym ar fuanedd uchel.
- Mae'r broses yn ailadroddadwy ac yn gyson.
- Mewn **cynhyrchu llif parhaus**, caiff eitemau eu cynhyrchu 24 awr y dydd.
- Fel arfer, mae cost pob eitem yn isel iawn.

> **Cynhyrchu llif parhaus:** cynhyrchion unfath yn cael eu gwneud yn gyson oherwydd y galw uchel.

### Gweithgynhyrchu mewn union bryd (JIT: *Just-in-time*)

- Mae hyn yn cynhyrchu pethau'n effeithlon drwy sicrhau bod defnyddiau'n cael eu harchebu i gyrraedd yn union cyn bod eu hangen er mwyn cynhyrchu swp.
- Caiff y cynhyrchion gorffenedig eu danfon yn fuan ar ôl eu cwblhau, felly does dim costau storio.
- Mae gweithgynhyrchu JIT yn cyflawni llif effeithlon drwy ffatri.

# 10 Technegau arbenigol

## Defnyddio CAD/CAM wrth gynhyrchu

ADOLYGU

- Mae meddalwedd CAD 2D a 3D yn gallu cysylltu'n uniongyrchol â pheiriannau CAM fel torrwr laser, rhigolydd CNC, torrwr plasma, torrwr finyl neu durn CNC.
- Mae peiriannau CAM yn gwneud toriadau manwl gywir ac ailadroddadwy mewn defnyddiau.
- Gallwn ni wireddu dyluniad CAD 3D yn gyflym ar argraffydd 3D. Prototeipio cyflym yw'r broses hon.
- Rydyn ni'n defnyddio meddalwedd dylunio PCB i lwybro'r traciau PCB wrth ddylunio cylchedau cymhleth ac i brofi bod y dyluniad yn gweithio.

## Jigiau a dyfeisiau i reoli gweithgareddau ailadrodd

- Mae **jig** yn arwain offeryn fel ei fod yn torri yn y man cywir.
- Mae gosodyn yn dal y defnydd yn yr union le cywir i'w brosesu'n fanwl gywir.
- Rydyn ni'n defnyddio patrymlun i farcio siapiau dro ar ôl tro ar ddefnyddiau.
- Rydyn ni'n defnyddio ffurfydd i sicrhau ongl plygu drachywir.

> **Jig:** cymorth mecanyddol sy'n cael ei ddefnyddio i gynhyrchu cynhyrchion yn fwy effeithlon.

## Gwastraff/ychwanegiad

Dylech chi fod yn gyfarwydd â chymhwyso a defnyddio'r offer canlynol:

- Offer marcio gan gynnwys riwl ddur, sgwâr profi a marciwr/sgrifell.
- Bachyn mainc, feis a chlamp G i ddal gwaith wrth ei ffabrigo.
- Offer torri â llaw gan gynnwys llif dyno, llif fwa fach a haclif, a snipiwr tun a rhiciwr ar gyfer llenfetel.
- Offer torri â pheiriant fel llif sgrôl a chylchlif.
- Offer siapio fel ffeil, ffeil nodwydd a pheiriant sandio.
- Offer drilio gan gynnwys dril di-wifr, dril mainc, dril dirdro, ebill Forstner, ebill gwastad, torrwr twll a thorrwr côn.

Gweler Adran 4, Testun 10 am fwy o fanylion am yr offer hyn a sut rydyn ni'n eu defnyddio nhw.

## Anffurfio/ailffurfio

Dylech chi fod yn gyfarwydd â'r dulliau **anffurfio**/ailffurfio canlynol:

- Plygu polymerau – plygu llinell, ffurfio gorchuddio.
- Ffurfio â gwactod – siâp a dyluniad y ffurfydd, ongl ddrafftio, tyllau awyru.

## Gweithio'n boeth/oer â metelau

Dylech chi fod yn gyfarwydd â'r dulliau canlynol:

- Gweithio'n oer – plygu, pwnsio, rholio. Mae gweithio'n oer yn gallu achosi i fetel fynd yn galed a brau.
- Gweithio'n boeth – **anelio** i gynyddu **hydwythedd** i atal cracio wrth blygu.
- Castio – mae castio diwydiannol yn aml yn defnyddio haearn, pres neu alwminiwm. Fel arfer, mae castio yn yr ysgol yn defnyddio piwter, aloi sy'n toddi o gwmpas 230 °C.

> **Anffurfio:** newid siâp defnydd drwy ddefnyddio grym, gwres neu leithder.
>
> **Anelio:** triniaeth â gwres i leihau cracio wrth blygu metel.
>
> **Hydwythedd:** priodwedd defnydd i allu cael ei estyn yn barhaol heb gracio.

## Prosesau eraill

Dyma rai prosesau eraill.

**Turnio:**
- Defnyddio turn canol ar gyfer metel.
- Defnyddio turn pren.

Torri â laser:
- Gosod pŵer y laser a'r buanedd torri.
- Ffocysu'r laser.
- Angen i'r defnydd fod yn wastad.

Argraffu 3D:
- Defnyddio defnyddiau gan gynnwys polymerau, metelau, cerameg neu fwyd.
- Ei ddefnyddio i gynhyrchu darnau prototeip yn gyflym.
- Defnyddiol i gynhyrchu ar archeb.

> **Turnio:** dull o gynhyrchu silindrau a chonau gan ddefnyddio turn canol.

## Cydosod a chydrannau

ADOLYGU

### Dulliau uno dros dro

Nytiau a bolltau:
- Mae angen drilio twll clirio drwy'r ddau ddarn.
- Mae bolltau wedi'u labelu er mwyn eu hadnabod, e.e. M4 20.
- Yn aml byddwn ni'n defnyddio wasier o dan y nyten i wasgaru'r gwasgedd dros arwynebedd arwyneb mwy.

Sgriwiau peiriant:
- Bolltau ag edau yr holl ffordd ar eu hyd yw'r rhain.
- Maen nhw'n sgriwio i mewn i dwll sydd wedi'i edafu ymlaen llaw mewn darn metel.
- Mae tap yn cael ei ddefnyddio i dorri edau i mewn i dwll arwain sydd wedi'i ddrilio ymlaen llaw mewn metel.

Sgriwiau hunandapio (ar gyfer metel) a sgriwiau pren:
- Mae ar y rhain angen twll clirio drwy un darn a thwll arwain i mewn i'r darn arall.

### Dulliau uno parhaol

Rhybedion pop ar gyfer llenni o ddefnyddiau:
- Mae angen twll clirio drwy'r ddau ddarn.

Adlynion:
- Mae'n bwysig dewis yr adlyn cywir ar gyfer y defnyddiau sy'n cael eu huno.
- Mae angen glanhau a pharatoi arwynebau.
- Mae'r mathau o adlyn a'u cymhwysiad yn cynnwys polyfinyl asetad (PVA), adlyn cyswllt, Tensol, resin epocsi, toddiant poeth.

Sodro:
- Rydyn ni'n defnyddio hyn i wneud uniadau electronig parhaol rhwng cydrannau ac ar fyrddau cylched.
- Mae sodr yn aloi sy'n toddi o gwmpas 220 °C.
- Rydyn ni'n defnyddio fflwcs i lanhau'r uniad.

Atebion i'r cwestiynau Profi eich hun: **www.hoddereducation.co.uk/fynodiadauadolygu**

Presyddu:
- Rydyn ni'n gwneud hyn ar dymheredd uwch na sodro.
- Gallwn ni ei ddefnyddio i uno dur, alwminiwm, copr a phres, er enghraifft.
- Rydyn ni'n defnyddio metel llenwi yn yr uniad.

Weldio:
- Hwn yw'r cryfaf o'r dulliau uno metelau.
- Mae'r metelau'n toddi ac yn asio at ei gilydd.

## Cysylltiadau dros dro a pharhaol mewn cylchedau

- Mae angen i gydrannau electronig, byrddau cylched brintiedig a batrïau gael eu dal yn sownd mewn cynnyrch.
- Mae cydrannau trwm fel batrïau'n gallu achosi llawer o ddifrod i ddarnau eraill os ydyn nhw'n symud o gwmpas y tu mewn i gasin y cynnyrch, ac mae cylchedau byr yn gallu digwydd os yw darnau'n cyffwrdd â'i gilydd.
- Bydd cynnyrch sydd wedi'i ddylunio'n dda yn rhoi sylw i'r materion hyn yn ystod cyfnodau cynnar y dyluniad.

# 11 Triniaethau a gorffeniadau arwyneb

## Rhoi gorffeniadau arwyneb ar ddyfeisiau electronig

ADOLYGU

Rydyn ni'n defnyddio casinau i ddiogelu systemau electronig ac i wella eu hedrychiad esthetig.

Polymerau:
- Mae casinau sydd wedi'u gwneud o bolymerau'n debygol o fod yn rhai **hunan-orffennu**, sy'n golygu nad oes angen gorffeniad arwyneb ychwanegol.

Metelau:
- Bydd dur yn rhydu os nad oes gorffeniad yn ei amddiffyn. Mae gorffeniadau ar gyfer dur yn cynnwys ffilm o olew neu baent.
- Cyn rhoi paent ar arwyneb, mae'n rhaid ei lanhau a rhoi cot o **baent preimio** arno cyn y cot(iau) terfynol o baent yn y lliw sydd ei eisiau. Gallwn ni roi paent â brwsh neu ei chwistrellu.
- Nid yw alwminiwm a phres yn rhydu, ond maen nhw'n ocsidio, felly yn aml byddwn ni'n eu llathru nhw ac yn rhoi lacr clir arnyn nhw fel eu bod nhw'n aros yn ddeniadol.
- Mae alwminiwm wedi'i frwsio a'i lacro'n orffeniad poblogaidd.

Prennau:
- Gallwn ni ddefnyddio **cadwolyn** i atal pren rhag pydru wrth ei ddefnyddio yn yr awyr agored.
- Gallwn ni beintio pren. Rydyn ni'n sandio'r arwyneb, yna'n rhoi cot o baent preimio arno. Rydyn ni'n peintio cotiau eraill, gan sandio'n ysgafn rhwng pob cot.

Ystyriaethau eraill:
- Weithiau bydd angen cyfarwyddiadau i'r defnyddiwr neu wybodaeth ddiogelwch am y cynnyrch. Gellir defnyddio lluniau a diagramau i wneud y rhain yn glir.

---

**Cyngor**

Byddwch chi'n cael y marciau uchaf am gwestiynau am weithgynhyrchu os defnyddiwch chi enwau manwl gywir yr offer, y prosesau a'r defnyddiau yn hytrach na geiriau generig fel 'llif', 'mowldio' neu 'plastig'.

---

**Hunan-orffennu:** defnydd does dim angen rhoi gorffeniad arno i'w amddiffyn nac i wella ei edrychiad.

**Paent preimio:** y got isaf o baent sy'n cael ei rhoi'n syth ar arwyneb y defnydd.

**Cadwolyn:** triniaeth gemegol ar gyfer pren i atal pydru biolegol.

- Dylid labelu rheolyddion a dangosyddion fel y switsh ymlaen/i ffwrdd. Gellid defnyddio eiconau yn lle geiriau ac weithiau bydd marciau graddfa'n ddefnyddiol, er enghraifft ar reolydd lefel sain.
- Os caiff PCBs eu defnyddio mewn amodau eithafol, bydd angen eu hamddiffyn nhw rhag tymereddau eithafol, lleithder neu ddirgryniad. Mae hyn yn gallu golygu gorchuddio'r PCB â resin, sy'n amddiffyn y PCB ond yn golygu na allwn ni newid darnau os bydd nam yn datblygu.
- Gall fod angen ychwanegu logo cwmni, enw'r cynnyrch a nodau masnach hefyd.

Ffigur 2.25 Labelu ar banel rheoli

## Araenau powdr a pholymer ar fetelau

Math o beintio yw araenu â phowdr:

- Mae'r metel yn cael ei lanhau drwy ei **siotsgwrio**.
- Mae powdr polywrethan lliw, sych yn cael ei chwistrellu ar y metel, gan ddefnyddio gwefr electrostatig i annog y powdr i lynu.
- Mae'r metel yn cael ei bobi mewn ffwrn nes bod y powdr polymer yn ymdoddi ac yn asio i ffurfio araen lyfn.
- Rydyn ni'n defnyddio araenu â phowdr ar oergelloedd, peiriannau golchi, fframiau beiciau ac ati.

Mae trocharaenu'n broses debyg:

- Mae'r darn metel yn cael ei wresogi.
- Yna mae'n cael ei drochi mewn **baddon llifol** o bowdr polymer lliw.
- Mae'r powdr yn ymdoddi ac yn asio â'r metel.
- Rydyn ni'n defnyddio trocharaenu ar handlenni offer, handlenni drysau cypyrddau, bachau cotiau ac ati.

> **Siotsgwrio:** defnyddio grut, wedi'i danio ar wasgedd uchel, i lanhau arwyneb drwy ei sgrafellu.
>
> **Baddon llifol:** chwythu aer drwy bowdr i achosi iddo ymddwyn fel hylif.

## Profi eich hun

1. (a) Lluniadwch ddiagram system, yn seiliedig ar ficroreolydd, ar gyfer golau nos sy'n troi LED ymlaen pan fydd lefel y golau'n mynd yn is na throthwy, neu pan gaiff switsh ei bwyso. [4]
   (b) Ychwanegwch labeli at y diagram system o ran (a) i nodi'r signalau analog a digidol yn y system hon. [3]
   (c) Cyfrifwch werth gwrthydd yr LED os yw'r allbwn uchel o'r microreolydd yn 5V, gostyngiad foltedd yr LED yn 2.2V a cherrynt yr LED yn 8mA. [3]
   (ch) Esboniwch pam mae angen defnyddio gwrthydd gydag LED. [2]
2. Lluniadwch y symbolau cylched ac esboniwch beth mae'r cydrannau electronig canlynol yn ei wneud:
   (a) Mwyhadur gweithredol [2]
   (b) MOSFET [2]
   (c) Relái. [2]
3. Mae pum gêr sbardun ar gael â'r niferoedd canlynol o ddannedd:
   15d 20d 30d 40d 60d
   Lluniadwch ddiagram i ddangos sut i ddefnyddio pedwar o'r gerau hyn i wneud trên gêr cyfansawdd â chymhareb cyflymder o 6. [4]

4 Brasluniwch dri diagram wedi'u labelu i ddangos y gwahaniaethau rhwng y tri dosbarth o lifer. [3]

5 Disgrifiwch un ffordd mae deddfwriaeth wedi effeithio ar sut mae cymdeithas yn cael gwared ar gynhyrchion dieisiau neu anarferedig. [3]

6 Disgrifiwch y manteision mae defnyddio technoleg mowntio arwyneb (SMT) yn eu cynnig mewn cynhyrchion electronig. [3]

7 Disgrifiwch, gan roi enghreifftiau, ddau reswm pam rydyn ni'n aml yn rhoi systemau a chydrannau electronig mewn casin. [4]

8 Mae barrau metel ar gael mewn amrywiaeth o broffiliau stoc. Brasluniwch ac enwch dri gwahanol broffil stoc ar gyfer barrau metel. [3]

9 Rhowch ddau reswm pam mae cynhyrchu unigryw'n ddrud. [2]

10 Defnyddiwch frasluniau a nodiadau i ddisgrifio'r camau sy'n cael eu dilyn i gastio cylch piwter, â diamedr tua 40mm. [8]

11 Disgrifiwch y gwahaniaethau rhwng presyddu a weldio fel dulliau i uno platiau metel yn barhaol. [4]

12 Disgrifiwch broses araenu â phowdr ar gyfer peintio olwynion dur. [4]

# Cwestiynau ymarfer

1 Mae peiriant coffi'n defnyddio thermistor i synhwyro tymheredd y dŵr poeth a microreolydd i reoli sut mae'r peiriant yn gweithio.
   (a) Cwblhewch y frawddeg hon: Wrth i dymheredd thermistor NTC godi, mae ei wrthiant yn
   ................................... [1]
   (b) Gallwn ni ddosbarthu synwyryddion yn fathau analog neu ddigidol. Esboniwch pam mae thermistor yn synhwyrydd analog. [2]
   (c) Disgrifiwch ddwy fantais i ddylunydd o ddefnyddio microreolydd mewn cynnyrch. [4]
   (ch) Mae'r system rheoli tymheredd yn y peiriant coffi'n defnyddio adborth.
      (i) Esboniwch beth yw ystyr adborth mewn system reoli. [2]
      (ii) Rhowch un o fanteision defnyddio adborth mewn system reoli. [1]

2 Mae tegan car yn cael ei yrru gan fodur trydanol. Mae'r modur yn cynhyrchu mudiant cylchdro ar fuanedd uchel.
   (a) Ar wahân i fudiant cylchdro, enwch ddau fath arall o fudiant. [2]
   (b) Lluniadwch ddiagram wedi'i labelu i ddangos system fecanyddol fyddai'n lleihau'r buanedd cylchdro mae'r modur yn ei gynhyrchu. [3]
   (c) Disgrifiwch ddau reswm swyddogaethol dros ddefnyddio liferi mewn systemau mecanyddol. [2]

3 Mae golau diogelwch awyr agored yn switsio ymlaen am 45 eiliad os yw'n canfod symudiad.
   (a) Rhowch un rheswm pam rydyn ni'n dewis defnyddio LED mewn goleuadau diogelwch modern. [1]
   (b) Mae gan yr LED yn y system hon ostyngiad foltedd o 11.4V, ac mae gwrthydd 33ohm yn cael ei ddefnyddio gyda'r LED.
      Mae foltedd y cyflenwad pŵer yn 24 V.
      Cyfrifwch y cerrynt sy'n llifo (mewn mA) drwy'r LED. [3]
   (c) Mae'r golau diogelwch awyr agored mewn blwch sydd wedi'i wneud o len dur meddal.
      (i) Disgrifiwch ddwy broblem mae'n rhaid i ddylunydd eu hystyried wrth ddatblygu golau diogelwch i'w ddefnyddio y tu allan. [2]
      (ii) Defnyddiwch frasluniau a nodiadau i ddisgrifio dull gweithgynhyrchu a gorffennu ar gyfer cynhyrchu blwch prototeip i olau diogelwch awyr agored o len dur meddal.
      Enwch yr offer, y prosesau a'r defnyddiau i'w defnyddio. [6]
   (ch) Trafodwch ffyrdd o ddatblygu golau diogelwch awyr agored fel rhan o strategaeth dylunio cynaliadwy. [4]

AR-LEIN

# 3 Ffasiwn a thecstilau

## 1 Ffibrau naturiol, synthetig, wedi blendio a chymysg

- Mae **ffibrau** yn adeileddau main iawn, tebyg i flew, sy'n cael eu nyddu (neu eu troelli) gyda'i gilydd i wneud edafedd.
- Yna caiff edafedd eu gwehyddu neu eu gwau gyda'i gilydd i greu ffabrigau tecstilau.
- Mae gan ffibrau wahanol briodweddau a nodweddion sy'n effeithio ar sut gallwn ni eu defnyddio nhw.

> **Ffibr:** adeiledd main, tebyg i flewyn.

### Polymerau naturiol    `ADOLYGU`

- Mae **polymerau naturiol** yn dod o ffynonellau naturiol: planhigion (**cellwlosig**) ac anifeiliaid (**protein**).
- Maen nhw'n gynaliadwy ac yn **fioddiraddadwy**.
- Ffynonellau ffibrau naturiol yw:
  - polymerau planhigyn: caiff y rhain eu hechdynnu o goesyn neu hadau planhigion, a ffibrau cellwlos wedi'u hechdynnu o, er enghraifft, mwydion coed
  - polymerau pryf: wedi'u hechdynnu o bryfed
  - polymerau anifail: ffibrau o flew neu gnu anifeiliaid fel defaid, geifr (moher, cashmir), cwningen (angora), camel alpaca, ac ati

> **Polymerau naturiol:** polymerau sy'n tarddu o blanhigion ac anifeiliaid.
>
> **Ffibrau cellwlosig:** ffibrau naturiol sy'n dod o blanhigion.
>
> **Ffibrau protein:** ffibrau naturiol sy'n dod o anifeiliaid.
>
> **Bioddiraddadwy:** defnydd fydd yn pydru i mewn i'r Ddaear.

**Tabl 3.1 Priodweddau polymerau naturiol a ffyrdd cyffredin o'u defnyddio nhw**

| Ffibr | Ffynhonnell | Priodweddau | Defnyddio |
|---|---|---|---|
| Cotwm | Planhigyn | Amsugnol, cryf, oer braf i'w wisgo, yn para'n dda, yn crychu'n hawdd, llyfn, hawdd gofalu amdano, fflamadwy, yn gallu pannu | Dillad, edafedd gwnïo a gwau, dodrefn meddal |
| Lliain | Planhigyn | Cryf, oer braf i'w wisgo, yn amsugnol, yn para'n dda, yn crychu'n hawdd iawn, yn edrych yn naturiol, hawdd ei drin, fflamadwy | Dillad haf ysgafn, dodrefn meddal, llieiniau bwrdd |
| Cywarch | Planhigyn | Amsugnol, anstatig, gwrthfacteria, naturiol loyw, cryf | Dillad, carpedi a rygiau, rhaffau, llenwad matresi |
| Jiwt | Planhigyn | Amsugnol iawn, cryfder tynnol uchel, gwrthstatig | Bagiau, sachau, carpedi, geotecstilau, edau a chortyn, clustogwaith, dillad (i raddau llai) |
| Bambŵ | Planhigyn | Meddal, main a gloyw, ddim yn achosi cosi, amsugnol, gwrthstatig, gwrth-grych, bioddiraddadwy, cryfder tynnol uchel, yn gwrthsefyll uwchfioled, gwrthficrobau | Ffrogiau, crysau, trowsusau, sanau, dillad gweithgareddau, cynfasau a chasys gobennydd |
| Soia | Planhigyn | Meddal a llyfn, ysgafn, amsugnol, gloyw, gwrthgrych, gwrthbannu, gwrthsefyll uwchfioled, gwrthfacteria, bioddiraddadwy | Dillad gan gynnwys ffrogiau, cardiganau a siwmperi, dodrefn meddal |

| Ffibr | Ffynhonnell | Priodweddau | Defnyddio |
|-------|-------------|-------------|-----------|
| Sidan | Pryf | Amsugnol, cyfforddus i'w wisgo, gallu bod yn oer braf neu'n gynnes i'w wisgo, cryf pan mae'n sych, llewyrch naturiol, yn crychu'n hawdd | Dillad moethus a lingerie, gweuwaith, dodrefn meddal |
| Gwlân | Anifail | Cynnes, amsugnol, fflamadwyedd isel, elastigedd da, gwrth-grych | Dillad awyr agored cynnes gan gynnwys cotiau, siacedi a siwtiau, gweuwaith, dodrefn meddal gan gynnwys carpedi a blancedi |

## Polymerau gwneud    ADOLYGU

- Mae polymerau gwneud neu **bolymerau synthetig** yn ffibrau artiffisial sy'n deillio o olew, glo, mwynau neu betrocemegion
- Mae'r ffibrau (sef monomerau) yn cael eu cysylltu â'i gilydd mewn proses o'r enw **polymeru**, ac yna'n cael eu nyddu'n edafedd cyn cael eu gwehyddu neu eu gwau i ffurfio ffabrigau.
- Un o fanteision ffibrau ac edafedd **synthetig** yw ein bod ni'n gallu eu peiriannu nhw at ddibenion penodol.
- Mae'r rhan fwyaf o bolymerau synthetig yn anfioddiraddadwy ac yn dod o ffynonellau anghynaliadwy.

**Polymerau synthetig:** polymerau sy'n tarddu o olew crai.

**Polymeriad:** adwaith cemegol sy'n achosi i lawer o foleciwlau bach ymuno a'i gilydd a gwneud moleciwl mwy; blendio gwahanol fonomerau i greu polymer penodol.

**Synthetig:** yn deillio o betrocemegion neu wedi'i wneud gan ddyn.

Tabl 3.2 **Priodweddau polymerau synthetig a ffyrdd cyffredin o'u defnyddio nhw**

| Ffibr | Priodweddau | Yn cael ei ddefnyddio ar gyfer |
|-------|-------------|-------------------------------|
| Polyester | Cryf pan mae'n wlyb ac yn sych, gwrth-fflam, thermoplastig, para'n dda, amsugnedd gwael | Ffabrig amlbwrpas sy'n cael ei ddefnyddio mewn pob math o gynhyrchion tecstilau |
| Neilon (polyamid) | Cryf ac yn para'n dda, ymdoddi wrth losgi, thermoplastig, elastigedd da, amsugnedd gwael | Dillad, carpedi a rygiau, gwregysau diogelwch a rhaffau, pebyll |
| Polypropylen | Thermoplastig ag ymdoddbwynt isel, cryf, gwrth-grych, ddim yn amsugnol, gwrthsefyll cemegion, para'n dda a gwydn | Caiff ei beiriannu i'w ddefnyddio mewn ffyrdd penodol gan gynnwys cefn carpedi, sachau, webin, cortyn, rhwydi pysgota, rhaffau, rhai cynhyrchion meddygol a hylendid, cysgodlenni, geotecstilau |
| Acrylig | Cryf heblaw pan mae'n wlyb, thermoplastig, llosgi'n araf yna'n ymdoddi, amsugnedd gwael | Gweuwaith a rhai ffabrigau wedi'u gwau, cynhyrchion ffwr ffug gan gynnwys teganau, clustogwaith |
| Elastan, Lycra | Elastig ac ymestynnol iawn, ysgafn, cryf ac yn para'n dda | Dillad, yn enwedig dillad nofio a dillad chwaraeon lle mae ymestynnedd, cyfforddusrwydd a ffit yn hollbwysig |
| Ffibrau aramid | Wedi'u llunio i fod yn gryf ac i wrthsefyll gwres, dim ymdoddbwynt, pum gwaith cryfach na neilon, yn gwrthsefyll traul, ddim yn pannu llawer, hawdd gofalu amdanynt | Dillad gwrth-fflam, dillad amddiffynnol, ategolion, arfwisg, geotecstilau, y diwydiant awyrennau, rhaffau a cheblau, cyfarpar chwaraeon risg uchel |

## Polymerau atgynyrchiedig    ADOLYGU

- Mae ffibrau atgynyrchiedig wedi'u gwneud o gellwlos planhigion, wedi'i echdynnu o fwydion coed ewcalyptws, pinwydd neu ffawydd, a phlicion cotwm.
- Caiff hydoddiant cemegol ei ychwanegu yn ystod y broses echdynnu i'w wneud yn rhannol naturiol ac yn rhannol artiffisial.

#### Tabl 3.3 Priodweddau polymerau atgynyrchiedig

| Ffibr | Ffynhonnell | Priodweddau | Defnyddio |
|---|---|---|---|
| Fiscos (Reion) | Planhigyn/ cemegyn | Blendio'n dda â ffibrau eraill, anadlu'n dda, gorwedd yn dda, cadw lliw'n rhagorol, amsugnol iawn, cymharol ysgafn, cyfforddus, meddal i'r croen, cymedrol gryf a gallu gwrthsefyll crafu | Leininau, crysau, blowsiau, siorts, ffrogiau, dillad chwaraeon, cotiau, siacedi a dillad allanol eraill |
| Asetad | Planhigyn/ cemegyn | Gorwedd yn dda, crychu'n hawdd, tueddol o gasglu statig, bioddiraddadwy | Dillad a dodrefn, dewis rhatach yn lle sidan |
| Lyocell (Tencel™) | Peiriannau | Bioddiraddadwy, cryf, meddal, amsugnol, gwrthsefyll crychu | Crysau, siwtiau, sgertiau, legins, llieiniau i'r cartref |

## Microffibrau

ADOLYGU

- Gall **microffibrau** fod yn naturiol neu wedi'u gweithgynhyrchu.
- Maen nhw hyd at 100 gwaith yn deneuach na gwallt dynol.
- Gallwn ni beiriannu microffibrau i greu ffabrigau â nodweddion a swyddogaethau penodol, fel ysgafn, cryf, gwrth-grych, meddal.
- Mae cynhyrchion sydd wedi'u gwneud o ficroffibrau yn cynnwys dillad chwaraeon, dillad isaf a dillad perfformiad uchel.

> **Microffibr:** ffibr hynod o fain wedi'i lunio'n arbennig.

#### Tabl 3.4 Enghreifftiau o ficroffibrau

| Microffibr | Ffynhonnell | Priodweddau | Defnyddio |
|---|---|---|---|
| Tactel® Ffibr polyamid (neilon) | Wedi'i weithgynhyrchu | Para'n dda, sychu'n gyflym, gwrth-grych | Mae'n aml yn cael ei flendio â chotwm neu liain Mae'n cael ei ddefnyddio yn bennaf ar gyfer dillad isaf a dillad ymarfer corff |
| Modal | Wedi'i weithgynhyrchu | Cryf, amsugnedd da | Mae'n aml yn cael ei flendio â chotwm neu bolyester Addas i'w ddefnyddio mewn dillad isaf |

## Blendio a chymysgu ffibrau

ADOLYGU

Bydd ffibrau'n aml yn cael eu cymysgu neu eu blendio â'i gilydd i wella priodweddau'r **edau** neu'r ffabrig i wella:

- yr ansawdd, er enghraifft i'w wneud yn gryfach neu'n haws gofalu amdano
- ei edrychiad, er enghraifft y gwead, y tôn neu'r lliw
- ei ymarferoldeb, er enghraifft i wella teimlad y ffabrig fel ei fod yn gorwedd yn well
- cost yr edafedd neu'r ffabrig, er enghraifft drwy flendio edau rad ag edau ddrud i leihau cyfanswm y gost.

> **Edau:** edefyn wedi'i nyddu sy'n cael ei ddefnyddio i wau, gwehyddu neu wnïo.

### Ffibrau cymysg

- Rydyn ni'n cymysgu ffibrau drwy ychwanegu edafedd o ffibrau gwahanol yn ystod y broses o gynhyrchu'r ffabrig.
- Mae'r edafedd ystof sy'n mynd ar hyd y ffabrig yn un edau, ac mae'r edafedd anwe sy'n cael eu cyfuno â'r edafedd ystof ar draws y ffabrig yn edau wahanol.

### Ffibrau wedi'u blendio

- Mae ffibrau wedi'u blendio'n cynnwys dau neu fwy o wahanol ffibrau wedi'u nyddu â'i gilydd i wneud un edau.

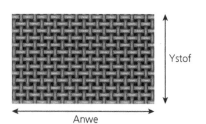

Ystof

Anwe

**Ffigur 3.1** Mewn ffabrig ffibrau cymysg, byddai'r edafedd ystof yn un ffibr a'r edafedd anwe yn ffibr arall

Atebion i'r cwestiynau Profi eich hun: www.hoddereducation.co.uk/fynodiadauadolygu

- Y blend mwyaf cyffredin yw cotwm polyester.
- Mae cotwm yn amsugnol, yn feddal ac yn gryf.
- Mae polyester yn para'n dda, yn sychu'n gyflym ac yn elastig.
- Mae cyfuno'r priodweddau hyn yn creu ffabrig amlbwrpas sy'n gyfforddus ac yn ysgafn i'w wisgo fel cotwm ond â'r nodweddion ychwanegol o sychu'n gyflym a gallu gwrthsefyll crychu.

# 2 Tecstilau wedi'u gwehyddu a heb eu gwehyddu, a thecstilau technegol

## Tecstilau wedi'u gwehyddu

ADOLYGU

- Rydyn ni'n gwehyddu ar wŷdd gan ddefnyddio edafedd **ystof** ac **anwe**.
- Mae edafedd ystof yn mynd ar hyd y darn o ffabrig; hwn yw'r **graen syth**.
- Mae edafedd anwe'n mynd yn llorweddol ar draws y ffabrig; hwn yw'r **graen croes**.
- Mae edafedd anwe'n cydgloi ag edafedd ystof mewn gwahanol ffyrdd, gan greu amrywiadau yn y math o **wehyddiad**.
- Y **selfais** yw ymyl y ffabrig sydd wedi'i gorffennu yn y ffatri.
- Mae gwahanol wehyddiadau'n creu ffabrigau â gwahanol weadau, patrymau a chryfderau.

Ystof: edafedd sy'n mynd ar hyd y ffabrig.

Anwe: edafedd sy'n mynd ar draws y ffabrig.

Graen union: yn dynodi cryfder y ffabrig yn baralel â'r edafedd ystof.

Graen croes: yn llorweddol ar draws y ffabrig yn baralel â'r edau anwe.

Gwehyddiad: y patrwm sy'n cael ei wehyddu wrth gynhyrchu ffabrig.

Selfais: ymyl seliedig y ffabrig.

**Tabl 3.5 Nodweddion ffabrigau wedi'u gwehyddu**

| Ffabrig wedi'i wehyddu | Nodweddion |
| --- | --- |
| Gwehyddiad plaen | Yr adeiledd symlaf a'r gwehyddiad mwyaf cyffredin<br>Cadarn, cryf ac yn rhoi arwyneb lyfn ar y ddwy ochr i'r ffabrig<br>Gellir ei amrywio drwy ddefnyddio edafedd â gwahanol drwch a gwead, gwahanol gyfuniadau lliwiau yn yr edafedd a pha mor agos caiff yr edafedd eu pacio at ei gilydd |
| Gwehyddiad twil | Mae'r gwehyddiad yn creu llinellau croeslinol nodweddiadol sy'n rhoi mwy o gryfder i'r ffabrig cotwm<br>Mae amrywiadau'n cynnwys saethben a cheibr<br>Mae gwehyddiad twil yn cynhyrchu ffabrig cryf, trwm a mwy gwydn<br>Mae'n cael ei ddefnyddio ar gyfer jîns denim |
| Gwehyddiad satin | Mae'r edafedd arnofiol yn y gwehyddiad yn rhoi edrychiad llyfn, sgleiniog, gloyw<br>Un anfantais yw ei fod yn rhwygo'n hawdd oherwydd adeiledd yr edafedd arnofiol |
| Gwehyddiad peil | Mae cudynnau neu ddolenni yn y gwehyddiad yn codi'r arwyneb; gall y rhai gael eu torri, fel mewn melfed, neu eu gadael, fel mewn tywel<br>Mae ffabrigau gwehyddiad peil yn para'n dda oherwydd y trwch mae'r ddolen ychwanegol yn yr edau'n ei greu<br>Mae gan ffabrigau peil fel melfaréd arwyneb cyfeiriadol felly mae'n rhaid gosod a thorri pob darn patrwm i'r un cyfeiriad i osgoi graddliwio |

Ffigur 3.2 Adeiledd gwehyddiad plaen

Ffigur 3.3 Adeiledd gwehyddiad twil

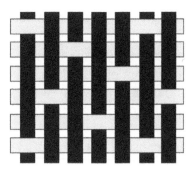

Ffigur 3.4 Adeiledd gwehyddiad satin

## Ffabrigau wedi'u gwau

ADOLYGU

- Rydyn ni'n gwneud ffabrigau wedi'u gwau drwy greu cyfres o ddolenni yn yr edafedd sy'n cydgloi â'i gilydd.
- Mae'n hawdd ymestyn ffabrig wedi'i wau, ac mae'n gynhesach i'w wisgo gan fod y dolenni'n dal gwres y corff.
- Mae dau fath o ffabrig wedi'i wau: gwau ystof a gwau anwe.

Tabl 3.6 Ffabrigau wedi'u gwau

| Ffabrigau gwau anwe | Ffabrigau gwau ystof |
| --- | --- |
| Wedi'u gwneud o un edau barhaus ac wedi'u hadeiladu mewn rhesi llorweddol o ddolenni sy'n cydgloi | Cael eu gwneud ar beiriannau awtomatig o lawer o edafedd sy'n cydgloi'n fertigol |
| Gellir eu gwneud â llaw neu eu hadeiladu ar beiriannau diwydiannol | Unfath ar y ddwy ochr |
| Mae ganddyn nhw ochr gywir ac ochr anghywir amlwg | Ddim yn rhedeg nac yn datod |
| Gallu rhwygo | Mwy hyblyg na ffabrigau gwau anwe |
| Os caiff darn o'r edau ei ddifrodi, ei dorri neu ei dynnu, gallan nhw ddatod | Ymestyn rhywfaint |
| Gallu ymestyn yn hawdd | Cadw eu siâp yn dda a gallwn ni eu torri nhw i siâp wrth wneud cynhyrchion |
| Gallu colli eu siâp | |

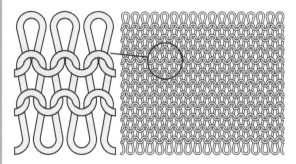

Ffigur 3.5 Mae gan yr adeiledd gwau anwe gyfres o ddolenni wedi'u gwneud o un edau sy'n cydgloi'n llorweddol

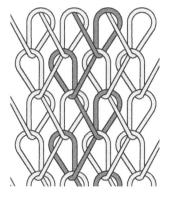

Ffigur 3.6 Mewn adeiledd gwau ystof, mae cyfres o edafedd yn cydgloi'n fertigol

## Ffabrigau bondiog

- Rydyn ni'n gwneud ffabrigau bondiog yn uniongyrchol o ffibrau, felly maen nhw'n rhatach i'w defnyddio.
- Caiff gwasgedd a gwres neu adlynion eu rhoi ar we o ffibrau i'w bondio nhw at ei gilydd.
- Does dim llawer o ffyrdd o ddefnyddio ffabrigau bondiog, ond maen nhw'n aml yn cael eu defnyddio mewn cynhyrchion tafladwy fel masgiau llawfeddygol.

Atebion i'r cwestiynau Profi eich hun: www.hoddereducation.co.uk/fynodiadauadolygu

## Ffabrigau laminedig ac wedi'u haraenu

- Rydyn ni'n laminiadu ffabrigau i gyfuno nodweddion perfformiad y ffabrigau i wneud ffabrig gwell. Mae'r neopren mewn siwtiau gwlyb yn enghraifft o hyn.
- Caiff ffabrigau laminedig naill ai:
  - eu dal at ei gilydd ag adlyn, neu
  - caiff ffilm polymer neu haen o sbwng ei gwresogi a'i gwasgu ar y ffabrig mae'n mynd i uno ag ef.

## Ffabrigau ffeltiog

- Mae ffabrigau ffeltiog yn ffabrigau heb eu gwehyddu sy'n cael eu gwneud drwy roi gwasgedd, lleithder, gwres a ffrithiant ar ffibrau toredig, gan achosi iddyn nhw lynu at ei gilydd.
- Fel arfer, byddwn ni'n eu gwneud nhw o ffibrau gwlân neu acrylig. Maen nhw'n hawdd eu torri a dydyn nhw ddim yn rhaflo, ond maen nhw'n gallu ymestyn allan o'u siâp pan maen nhw'n wlyb. Maen nhw'n ddelfrydol ar gyfer projectau crefft.

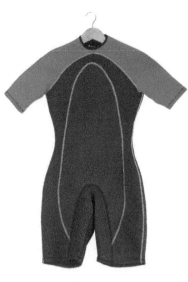

**Ffigur 3.7 Siwt wlyb wedi'i gwneud o neopren laminedig**

## Tecstilau technegol

Mae tecstilau technegol wedi'u peiriannu fel bod ganddyn nhw nodweddion perfformiad penodol ar gyfer diben neu swyddogaeth benodol. Dyma rai enghreifftiau:

- Gore-Tex® – mae'r ffabrig hwn wedi'i wneud o dri neu fwy o ffabrigau wedi'u laminiadu at ei gilydd, ac mae **pilen hydroffilig** sy'n gallu anadlu yn y canol. Mae aer cynnes a defnynnau bach iawn o leithder o chwys yn athreiddio allan drwy'r bilen sy'n gallu anadlu, ond nid yw lleithder o ddefnynnau glaw mwy, na gwynt, yn gallu mynd i mewn. Mae defnyddio hwn ar ddillad ac esgidiau perfformiad uchel yn helpu i reoli tymheredd y corff gan gynnal tymheredd cyson drwy ganiatáu llif aer i mewn ac allan.
- Permatex – pilen sy'n gallu anadlu a gwrthsefyll y tywydd, ac mae'n cael ei ddefnyddio fel leinin a ffabrig allanol ar ddillad perfformiad uchel, esgidiau, dillad diwydiannol a dillad chwaraeon.
- Sympatex – enghraifft arall o bilen hydroffilig sy'n denau ac yn ddwys iawn, ac felly nid yw'r gwisgwr yn teimlo effaith gwyntoedd cryf o gwbl.

**Ffigur 3.8 Rydyn ni'n gwneud ffelt â llaw drwy roi gwasgedd, gwres, lleithder a ffrithiant arno**

> **Pilen hydroffilig:** adeiledd solid sy'n atal dŵr rhag mynd drwyddo ond ar yr un pryd yn gallu amsugno a thryledu moleciwlau mân o anwedd dŵr.

---

**Camgymeriad cyffredin**

Mae ffabrigau technegol fel Gore-Tex, sy'n cynnwys pilen hydroffilig, yn ymddangos fel eu bod nhw'n 'gallu anadlu' gan eu bod nhw'n gadael i leithder fynd drwodd. Peidiwch â drysu rhwng y ffabrigau technegol hyn a ffabrigau 'amsugnol' eraill fel cotwm; dim ond amsugno lleithder mae'r rhain, felly yn dechnegol dydyn nhw ddim yn anadlu.

---

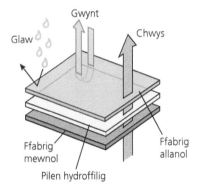

**Ffigur 3.9 Mae Gore-Tex yn enghraifft o ffabrig laminedig sy'n cael ei ddefnyddio'n aml mewn dillad perfformiad uchel.**

### Geotecstilau

- Mae **geotecstilau** yn ffabrigau athraidd bondiog neu wedi'u gwehyddu, synthetig neu naturiol. Yn wreiddiol cawson nhw eu gwneud i'w defnyddio gyda phridd ac maen nhw'n gallu hidlo, gwahanu, amddiffyn a draenio.
- Mae llawer o ffyrdd o ddefnyddio a chymhwyso geotecstilau ym maes peirianneg sifil, adeiladu a chynnal a chadw ffyrdd ac adeiladau, er enghraifft rheoli erydiad arfordirol a draenio, toeon fel yn y Project Eden yng Nghernyw a rheoli argloddiau ar ochrau ffyrdd.

> Geotecstilau: tecstilau sy'n gysylltiedig â phridd, adeiladu a draenio.

**Ffigur 3.10 Defnyddio geotecstil ar do'r Project Eden yng Nghernyw**

### Nomex

- Mae Nomex® yn ffibr synthetig aramid sy'n cael ei ddefnyddio yn bennaf pan fydd angen gallu gwrthsefyll gwres a fflamau, fel mewn dillad amddiffynnol diffoddwyr tân, menig popty ac ynysiad gwrthsefyll tân ar adeiladau.
- Mae'n ffabrig eithriadol o gryf sy'n gallu gwrthsefyll amodau eithafol dros ben.

### Polymer wedi'i atgyfnerthu â ffibr carbon (CFRP)

- Mae CFRP wedi'i wneud o edafedd ffibr carbon wedi'u gwehyddu sydd wedi'u cau mewn resin polymer.
- Mae gan edafedd ffibr carbon gryfder tynnol uchel iawn ac mae'r resin polymer yn ysgafn ac yn anhyblyg, sy'n creu defnydd peirianyddol perfformiad uchel. Caiff ei ddefnyddio'n aml mewn cyfarpar chwaraeon fel raced dennis lle mae cymhareb cryfder i bwysau'n bwysig.

### Kevlar

- Mae Kevlar® yn **ffibr aramid** ysgafn, hyblyg ac eithriadol o wydn sy'n rhagorol am wrthsefyll gwres, cyrydiad a difrod gan gemegion ac sy'n rhoi cymhareb cryfder tynnol i bwysau uchel.
- Caiff ei ddefnyddio'n aml mewn dillad amddiffynnol fel arfwisgoedd heddlu, lle mae'r ffibr wedi ei wehyddu mewn dellten sy'n gallu amddiffyn rhag ymosodiadau â chyllell.

> Ffibr aramid: ffibr anfflamadwy sy'n gwrthsefyll gwres ac sydd o leiaf 60 gwaith cryfach na neilon.

### Bioddur

- Mae bioddur yn cael ei greu o sidan corryn, sy'n cael ei echdynnu o laeth geifr sydd wedi'u haddasu'n enynnol drwy gael trawsblaniad genyn sidan corryn a'i nyddu i wneud edau sidan corryn.
- Mae sidan corryn yn perthyn i grŵp o ddefnyddiau seiliedig ar broteinau o'r enw biopolymerau, a dyna pam mae'n cael yr enw 'bioddur'.
- Mae bioddur yn ymestyn yn rhagorol ac yn gallu ymestyn hyd at 20 gwaith ei hyd arferol heb dorri. Mae ganddo gryfder tynnol tebyg i ddur, a gallai gael ei ddefnyddio yn lle Kevlar mewn rhai achosion pe byddai'n bosibl ei gynhyrchu mewn modd masnachol ddichonadwy.

# 3 Polymerau thermoffurfiol a thermosodol

- Mae categorïau a phriodweddau'r polymerau sy'n cael eu defnyddio ar gyfer ffasiwn a thecstilau i'w gweld yn Adran 3, Testun 1.
- Gallwn ni rannu polymerau'n ddau grŵp – polymerau thermoffurfiol a thermosodol.

# Polymerau thermoffurfiol

ADOLYGU

- Gallwn ni feddalu **polymerau thermoffurfiol** drwy eu gwresogi a'u mowldio nhw i bron unrhyw siâp gan ddefnyddio amrywiaeth eang o brosesau fel pletio a mowldio.
- Ar ôl ffurfio'r siâp sydd ei eisiau, mae'r polymer yn oeri ac yn cadw ei siâp newydd.
- Mae ffabrigau fel polyester, neilon, polypropylen ac acrylig yn bolymerau thermoffurfiol sy'n gallu cael eu pletio, eu mowldio a'u siapio'n hawdd.
- Mae neilon a pholyester yn addas iawn ar gyfer proses pletio a mowldio oherwydd maen nhw'n hyblyg dros dymheredd penodol ond dydyn nhw ddim yn ymdoddi.
- Mae polymerau thermoffurfiol eraill fel polythen, polystyren a pholyfinyl clorid (PVC) yn cael eu defnyddio mewn rhai cynhyrchion tecstilau.

> **Polymer thermoffurfiol:** polymer sy'n gallu cael ei ailgynhesu a'i ailffurfio.
>
> **Polymer thermosodol:** polymer sydd ddim yn gallu cael ei ailffurfio â gwres.

# Polymerau thermosodol

ADOLYGU

- Dim ond unwaith gallwn ni siapio a ffurfio polymerau thermosodol. Allwn ni ddim eu gwresogi na'u ffurfio nhw eto ar ôl iddyn nhw ffurfio ac oeri, felly allwn ni ddim eu hailgylchu nhw.
- Rydyn ni'n gwneud cydrannau fel clipiau, byclau a botymau plastig o bolymer thermosodol oherwydd ei fod yn hydrin iawn ac yn hawdd ei fowldio i wahanol siapiau.

**Tabl 3.7 Enghreifftiau o bolymerau thermoffurfiol a thermosodol**

| | Math o bolymer | Priodweddau | Defnyddio |
|---|---|---|---|
| Polypropylen (PP) | Thermoffurfiol | Lled-anhyblyg | Cefn carpedi |
| | | Tryleu | Sachau a bagiau |
| | | Gwydnwch cemegol da | Webin |
| | | Gwydn/cryf | Rhwydi pysgota |
| | | Para'n dda/gwydn | Rhaffau a chortyn |
| | | Gwrthsefyll crychu | Rhai cynhyrchion meddygol a hylendid |
| | | Da am wrthsefyll gwres/ ymdoddbwynt isel | Cysgodlenni |
| | | | Geotecstilau |
| Polythen (PE) | Thermoffurfiol | Gwydn | Bagiau plastig a sachau post |
| | | Hyblyg | Bagiau bin |
| | | Hawdd ei fowldio | Llenni llwch |
| | | Cryfder tynnol uchel | Gorchuddion dillad |
| Polystyren (PS) | Thermoffurfiol | Ysgafn | Styrofoam ar gyfer printio bloc/ projectau crefft |
| | | Cryfder ardrawiad da | Gleiniau (llenwi sachau eistedd) |
| | | | Llenwi defnydd pecynnu |
| Polyfinyl clorid (PVC) | Thermoffurfiol | Hyblyg neu anhyblyg | Bagiau siopa |
| | | Dwys | Pyrsiau |
| | | Cryfder tynnol da | Bagiau ymolchi/colur |
| | | Gwrthsefyll dŵr | Cotiau glaw, hetiau, sgertiau a siacedi |
| | | | Bŵts ac esgidiau |

# 4 Defnyddiau modern a chlyfar

## Tecstilau rhyngweithiol

- **Tecstilau rhyngweithiol**, neu decstilau integredig, yw rhai sydd â dyfeisiau a chylchedau electronig wedi'u hintegreiddio neu eu hymgorffori mewn ffabrigau tecstilau a dillad i ryngweithio a chyfathrebu â'r gwisgwr.
- Mae ffibrau ac edafedd dargludol sydd wedi'u datblygu o garbon, dur ac arian yn gallu cael eu gwehyddu i mewn i ffabrigau tecstilau a'u gwneud yn ddillad, neu gallwn ni wnïo edafedd dargludol i mewn i gynnyrch i gysylltu cylched.
- Mae ffyrdd o'u defnyddio nhw'n cynnwys monitorau cyfradd curiad y galon, monitorau perfformiad ar gyfer athletwyr, systemau olrhain GPS, paneli solar hyblyg a gwresogi a dyfeisiau cyfathrebu fel ffonau symudol.

> **Tecstilau rhyngweithiol:** ffabrigau sy'n cynnwys dyfeisiau neu gylchedau sy'n ymateb i'r defnyddiwr.

### Pigment ffotocromig

- Mae pigmentau neu lifynnau ffotocromig yn newid lliw fel ymateb i newidiadau i olau, er enghraifft mae sbectol haul yn gallu newid lliw fel ymateb i belydriad UV.

### Pigment thermocromig

- Mae pigmentau neu lifynnau thermocromig yn newid lliw fel ymateb i newid gwres a gallwn ni eu peiriannu nhw ar gyfer amrediadau gwres penodol.
- Gallwn ni ddefnyddio llifynnau thermocromig mewn gorchuddion meddygol; mae newid lliw'n dangos gwres sy'n gallu golygu bod haint yn bresennol.

Ffigur 3.11 **Nawr gallwn ni integreiddio paneli solar hyblyg mewn ffabrigau tecstilau**

### Microfewngapsiwleiddio

- Proses o roi capsiwlau microsgopig mewn ffibrau, ffabrigau, papur a cherdyn yw microfewngapsiwleiddio.
- Mae'r capsiwlau hyn yn gallu cynnwys fitaminau, olewau therapiwtig, lleithyddion, antiseptigion a chemegion gwrthfacteria, sy'n cael eu rhyddhau drwy gyfrwng ffrithiant.

### Bioddynwarededd

Gall syniadau ar gyfer defnyddiau a chynhyrchion newydd fod wedi'u hysbrydoli gan natur. Er enghraifft, cafodd y ffasnydd cylch a dolen o'r enw Velcro® ei ddyfeisio gan y peiriannydd o'r Swistir George de Mestral. Roedd allan yn hela pan sylwodd fod bachau bach y cacamwci'n glynu at ei ddillad ac at ffwr ei gi. Ysbrydolodd hyn ef i wneud mwy o ymchwilio, a'r canlyniad oedd Velcro.

### Microffibrau

- Mae microffibrau'n ffibrau synthetig ysgafn, main dros ben, polyester neu neilon fel arfer, sy'n llawer iawn teneuach na blewyn dynol.
- Mae eu priodweddau defnyddiol yn cynnwys cymhareb cryfder i bwysau ragorol, y gallu i wrthsefyll dŵr a'r gallu i anadlu.
- Mae ffabrigau sydd wedi'u gwneud o ficroffibrau yn cael eu defnyddio drwy'r diwydiant tecstilau i gyd, o ddillad i gadachau glanhau.

### Defnyddiau gweddnewidiol

- **Mae defnyddiau gweddnewidiol (PCMs: *phase-changing materials*)** yn newid o un cyflwr i un arall, ac yn gallu amsugno, storio a rhyddhau gwres dros amrediad tymheredd bach drwy newid o gyflwr hylif i solid ac yn ôl.

> **Defnyddiau gweddnewidiol:** defnynnau wedi'u mewngapsiwleiddio ar ffibrau a defnyddiau sy'n newid rhwng hylif a solid o fewn amrediad tymheredd.

Atebion i'r cwestiynau Profi eich hun: www.hoddereducation.co.uk/fynodiadauadolygu

- Mae PCM yn amsugno egni yn ystod y broses wresogi (troi'n hylif eto) ac yn rhyddhau egni i'r amgylchedd wrth oeri (troi'n solid eto).
- Mewn dillad tywydd oer, mae PCM sydd wedi'i fewngapsiwleiddio mewn ffabrig yn caniatáu storio gwres y corff yn y ffabrig a'i ryddhau yn ôl yr angen.

### Dillad sy'n amddiffyn rhag yr haul

- Dillad wedi'u gwneud o ffabrigau wedi'u gwehyddu'n dynn neu eu gwau sydd orau am rwystro pelydrau uwchfioled niweidiol yr haul, oherwydd mae'r bylchau rhwng yr edafedd yn llawer llai, sy'n atal y pelydrau rhag mynd drwodd.
- Mae ffibrau elastan mewn ffabrig yn gwneud y bylchau'n llai fyth, ac felly bydd y ffabrigau hyn hyd yn oed yn fwy effeithlon ac amddiffynnol.

### Rhovyl

- Mae Rhovyl® yn ffibr anfflamadwy, synthetig. Mae'n wrthgrych, mae ganddo briodweddau thermol ac acwstig da, mae'n wrthfacteria, ac mae'n gyfforddus i'w wisgo.
- Mae adeiladwaith y ffibr yn galluogi'r ffabrig i ddraenio lleithder, fel chwys, i ffwrdd drwy'r ffabrig. Mae hefyd yn sychu'n gyflym, felly nid yw'n dal arogleuon, sy'n ei wneud yn ddelfrydol ar gyfer sanau.

### Ffabrigau sy'n gallu anadlu

I gael manylion am ffabrigau sy'n gallu anadlu fel Gore-Tex, gweler Adran 3, Testun 2.

## Profi eich hun

PROFI ☐

1 Beth yw microffibr? [3]
2 Esboniwch pam gallai athletwr ffafrio dillad wedi'u gwneud o ffibr Rhovyl. [3]
3 Esboniwch pam dydyn ni ddim yn gallu ailgylchu polymerau thermosodol. [2]
4 Disgrifiwch ddwy enghraifft o ddefnyddio edafedd dargludol mewn cynhyrchion tecstilau ac effaith y dechnoleg hon ar y defnyddiwr. 2 × [2]
5 Rydyn ni'n defnyddio llifynnau thermocromig mewn gorchuddion clwyfau. Esboniwch y manteision i'r claf. 2 × [3]
6 Esboniwch pam gallwn ni greu pletiau mewn ffabrig polyester. [3]
7 Disgrifiwch ddau reswm dros ddefnyddio'r ffibr aramid Nomex mewn dillad amddiffynnol. 2 × [2]

### Cyngor

Mae angen i chi allu esbonio'n llawn sut caiff tecstilau clyfar, cyfansawdd a thechnegol eu defnyddio wrth ddylunio a gweithgynhyrchu cynhyrchion. Dylech chi wybod eu priodweddau penodol a beth sy'n gwneud pob un yn addas at ddiben penodol mewn cynnyrch.

# 5 Ffynonellau, tarddiadau a phriodweddau ffisegol a gweithio

## Ffabrig

ADOLYGU ☐

Mae dewis y ffabrig mwyaf addas ar gyfer cynnyrch yn hanfodol. Dyma rai ffactorau mae angen eu hystyried:

- tarddiad y ffibr a'i briodweddau
- sut mae'r ffibr wedi'i nyddu a'i droi'n edau
- sut mae'r ffabrigau wedi'u hadeiladu o edafedd neu ffibrau
- gorffeniadau sydd wedi'u rhoi.

I gael gwybodaeth am wehyddu, gwau, bondio, laminiadu a ffeltio, gweler Adran 3, Testun 2.

## Manyleb ffabrig

- Mae **manyleb ffabrig** yn amlinellu'r gofynion ffabrig ar gyfer cynnyrch i gyflawni pwrpas penodol.
- Dylid ystyried priodweddau ffisegol a gweithio ffibrau, **adeiladwaith ffabrig** a gorffeniadau sydd wedi'u rhoi cyn dewis defnydd priodol i'w ddefnyddio.

> **Manyleb ffabrig:** amlinellu gofynion y ffabrigau sydd eu hangen ar gyfer cynnyrch.
>
> **Adeiladwaith ffabrig:** sut mae ffabrig wedi cael ei wneud.

## Ffibrau

ADOLYGU

- Ffibrau yw'r defnyddiau crai ar gyfer tecstilau ac maen nhw'n dod o ffynonellau naturiol neu ffynonellau gwneud.
- Maen nhw'n cael eu gwneud o unedau cemegol o'r enw polymerau, sydd wedi eu ffurfio o unedau unigol llawer llai o'r enw **monomerau** sy'n cysylltu â'i gilydd i greu cadwynau hir.
- Rydyn ni'n dosbarthu ffibrau fel:
  - **ffilamentau** hir di-dor, er enghraifft polyester, neilon ac acrylig
  - ffibrau cudynnau byr, er enghraifft cotwm, lliain a gwlân.
- Mae siâp y ffibr yn effeithio ar ei **deimlad** (meddalwch) a'i **loywedd** (sglein).
- Mae blendiau ffibrau'n dod â gwahanol fathau o ffibrau at ei gilydd i wella ymarferoldeb, cost neu edrychiad y ffibrau cymysg/wedi'u blendio.
- Mae blendiau ffibrau cyffredin yn cynnwys cotwm polyester, cotwm ac elastan, gwlân ac acrylig, sidan a fiscos.

> **Monomer:** moleciwl sy'n gallu bondio ag eraill i ffurfio polymer.
>
> **Ffilament:** edau fain a thenau iawn.
>
> **Teimlad:** sut mae ffabrig yn teimlo wrth i chi afael ynddo.
>
> **Gloywedd:** sglein neu dywyn ysgafn.
>
> **Crimp:** pa mor donnog yw ffibr.

**Tabl 3.8 Adeiledd a disgrifiadau mathau o ffibrau**

| Ffibr | Disgrifiad |
|---|---|
| Cotwm | Ffibrau byr â thro bach |
| | Arwyneb llyfn yn atal aer rhag cael ei ddal – ynysydd gwael |
| | Ceudod mewnol yn caniatáu iddo amsugno lleithder |
| Lliain | Ffibrau byr |
| | Arwyneb llyfn yn atal aer rhag cael ei ddal – ynysydd gwael |
| | Ychydig bach o loywedd sgleiniog sy'n ei atal rhag baeddu |
| | Mae ei adeiledd yn cynnwys ceudodau, sy'n ei wneud yn amsugnol iawn |
| Sidan | Yr unig ffilament di-dor hir naturiol |
| | Mae wedi'i wneud o ddau fwndel protein hir sydd wedi'u pacio'n dynn at ei gilydd |
| | Amsugnol iawn, felly mae'n ysgafn iawn i'w wisgo |
| Gwlân | Mae gan y ffibrau **grimp** (ton) naturiol ac maen nhw wedi'u gorchuddio â chennau |
| | Mae'r crimp yn caniatáu iddyn nhw ddal aer, felly mae'n ynysydd da |
| | Mae'r cennau'n gallu bachu at ei gilydd pan mae'n wlyb, gan achosi iddo bannu |
| | Mae'r saim naturiol yn y ffibrau'n galluogi gwlân i wrthyrru dŵr |
| Polyester | Gallwn ni ei beiriannu at wahanol ddibenion – amlbwrpas |
| | Ffilament gwastad hir sydd ddim yn dal dŵr – amsugnedd gwael |
| | Mae'n gallu cael ei grimpio yn y broses weithgynhyrchu, sy'n caniatáu iddo ddal rhywfaint o aer ac yn gwella ei ynysiad |

## Nyddu

- Nyddu yw'r broses o gordeddu ffibrau â'i gilydd i wneud edau. Mae'r ffibrau unigol yn eithaf gwan ond maen nhw'n ennill priodweddau ychwanegol wrth gael eu nyddu i wneud edafedd.

- Mae dwy ffordd o nyddu ffibrau:
  - Cordeddu S (gwrthglocwedd)
  - Cordeddu Z (clocwedd).
- Mae cordeddu tyn yn gwasgu aer allan, gan ddod â'r ffibrau'n nes at ei gilydd, ac mae hyn yn creu edau sy'n gryf ond ddim yn gynnes. Mae cordeddu llac yn golygu bod mwy o aer yn gallu cael ei ddal, sy'n gwneud yr edau'n gynhesach ond yn llawer gwannach.

### Edafedd ffansi

- Mae cordeddu gwahanol edafedd gyda'i gilydd yn creu edafedd gweadog neu edafedd difyr ag arwynebau afreolaidd a thrwch sy'n amrywio, fel bouclé.
- Mae'r rhain yn ychwanegu gwead ac yn gwneud yr arwyneb yn ddiddorol wrth gael eu gwau neu eu gwehyddu.

### Cwiltio

- Mae tair haen mewn cwilt Seisnig: haen uchaf, haen isaf blaen a haen o wadin polyester rhwng y ddwy.
- Dyma rai rhesymau dros gwiltio:
  - ynysu – caiff aer ei ddal rhwng yr haenau, sy'n cadw'r gwisgwr yn gynnes
  - addurno – gwneud yr arwyneb yn ddiddorol
  - rhesymau ymarferol – **atgyfnerthu** lle mae angen mwy o amddiffyniad.

### Cydrannau

- Mae angen cydrannau ar bron bob cynnyrch ffasiwn a thecstilau er mwyn gallu gweithio'n iawn.
- Rydyn ni hefyd yn eu defnyddio nhw am resymau esthetig.
- Mae rhagor am gydrannau yn Adran 3, Testun 7.

> **Cyngor**
>
> Mae'r ceudod canolog mewn ffibrau cotwm a lliain yn galluogi'r ffibrau hyn i dderbyn lleithder a'i storio. Wrth drafod priodweddau cotwm, mae'n bwysig nodi bod y ffibrau'n amsugnol. Mae'r gallu i ddraenio lleithder i ffwrdd yn gwneud iddyn nhw ymddangos fel eu bod nhw'n gallu anadlu ac yn ysgafn i'w gwisgo. Amsugnedd yw'r briodwedd bwysig.

# 6 Dethol defnyddiau a chydrannau

## Dewis defnydd a chydrannau

ADOLYGU

Mae angen ystyried nifer o ffactorau wrth ddewis defnyddiau a chydrannau ar gyfer cynhyrchion ffasiwn a thecstilau:

- Nodweddion esthetig: bydd defnyddwyr yn dewis cynhyrchion ar sail eu golwg, felly mae'n rhaid i'r lliw a'r patrwm fod yn addas. Mae'n rhaid i'r gwead a'r gloywedd hefyd fod yn ddeniadol i gwsmeriaid ac mae'n rhaid i bwysau'r ffabrig fod yn addas.

Cordeddu S

Cordeddu Z

**Ffigur 3.12 Nyddu edafedd – cordeddu S, cordeddu Z**

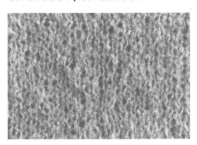

**Ffigur 3.13 Mae gwau ag edau bouclé yn creu ffabrig â gwead diddorol**

> **Atgyfnerthu:** ychwanegu defnydd ychwanegol i gynyddu cryfder.

> **Camgymeriad cyffredin**
>
> Yn aml, bydd ymgeiswyr yn cymysgu termau allweddol sy'n ymwneud ag adeiladwaith ffabrig neu'n eu camddeall nhw. Mae llawer o ddisgyblion yn cymysgu rhwng edafedd ystof ac anwe: mae edafedd ystof yn rhedeg yn fertigol ar hyd ffabrig gan ddilyn y graen union, ac mae edafedd anwe'n rhedeg yn llorweddol ar draws y ffabrig, gan gydgloi â'r edafedd ystof.

- Nodweddion ffisegol: bydd y gwehyddiad sy'n cael ei ddefnyddio (gweler Adran 3, Testun 2) yn effeithio ar deimlad y ffabrig. Bydd dwysedd a gorweddiad y ffabrig hefyd yn effeithio ar y cynnyrch.
- Economaidd: mae ffabrigau fel sidan yn ddrutach a bydd defnyddio'r rhain yn cynyddu cost y cynnyrch gorffenedig.
- Perfformiad: mae angen ystyried adeiladwaith y ffabrig, priodweddau'r ffibr a'r gorffeniad sy'n cael ei ddefnyddio i wneud yn siŵr bod y cynnyrch terfynol yn perfformio yn ôl ei fwriad.

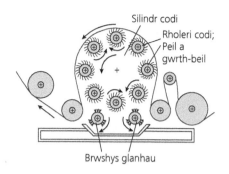

**Ffigur 3.14 Mae brwshys gwifrau'n codi'r ffibrau i gynhyrchu arwyneb meddal gwlanog**

**Tabl 3.9 Gorffeniadau mecanyddol a ffisegol**

| Proses | Effaith esthetig a swyddogaethol |
|---|---|
| Brwsio | Gyrru brwshys gwifrau dros arwyneb y ffabrig i godi'r ffibrau<br><br>Mae hyn yn cynhyrchu arwyneb meddal a gwlanog sy'n edrych yn well ac yn ynysu'n well |
| Calendro | Gyrru'r ffabrig drwy roleri wedi'u gwresogi i roi arwyneb mwy llyfn a gloyw sy'n gwella ei nodweddion esthetig<br><br>Mae moiré yn amrywiad ar y gorffeniad hwn ac yn rhoi effaith donnog, ddyfrllyd |
| Caboli | Mae hyn yn broses debyg i galendro ond caiff caledwyr neu resinau eu hychwanegu at y gorffeniad i'w wneud yn fwy parhaol |
| Boglynnu | Rhoi gwres a gwasgedd ar ffabrig wrth iddo fynd drwy roleri wedi'u hysgythru; mae hyn yn gadael argraffiad neu batrwm arwyneb ychydig uwch yn y ffabrig |

**Tabl 3.10 Gorffeniadau cemegol**

| Proses | Effaith esthetig a swyddogaethol |
|---|---|
| Sgleinio | Defnyddio soda brwd i wneud i'r ffibrau yn y ffabrig chwyddo, gan adael ffabrig cryfach a mwy gloyw<br><br>Dim ond ar gyfer ffibrau cellwlos mae'r broses hon yn gweithio |
| Gwrthsefyll crychu | Rhoi araen resin ar y ffabrig, gan galedu'r ffibrau a'i gwneud hi'n haws gofalu am gynhyrchion<br><br>Mae ffabrigau wedi'u trin yn sychu'n gynt ond yn lleihau'r gallu i amsugno lleithder |
| Gwrthsefyll fflamau | Rhoi cemegion fel Proban® ar arwyneb ffabrigau fel araen hylifol, sy'n lleihau gallu'r ffabrigau i danio a llosgi |
| Cannu | Mae cannu'n cael gwared ar unrhyw liw naturiol ac rydyn ni'n ei ddefnyddio i baratoi ffabrig ar gyfer llifo a phrintio |
| Gwrthsefyll staen | Mae Teflon™ a Scotchguard™ yn amddiffynwyr ffabrig sy'n cael eu defnyddio gan fwyaf ar ddillad a dodrefn cartref |
| Gwrthstatig | Caiff cynnyrch cemegol ei roi ar y ffabrig i atal gwefr electrostatig, neu drydan statig, rhag cronni |
| Gwrthyrru dŵr | Caiff silicon ei ddefnyddio fel gorffeniad lled-barhaol sy'n gwrthyrru dŵr<br><br>Mae rhoi resin fflworocemegol ar ffabrig yn ei alluogi i wrthyrru dŵr a gwrthsefyll gwynt<br><br>Mae Teflon™ a Scotchguard™ yn orffeniadau sy'n gwrthyrru dŵr<br><br>Mae araenu â PVC, PVA neu gwyr hefyd yn gwrthyrru lleithder |
| Gwrthsefyll pannu | Mae cemegyn seiliedig ar glorin yn llyfnhau'r cennau ar y ffibr gwlân sy'n eu hatal nhw rhag cloi gyda'i gilydd wrth gael eu golchi, gan atal pannu |
| Gwrthwyfynu | Mae'r gorffeniad hwn yn gwrthyrru gwyfynod, sy'n bwydo ar y ceratin sydd mewn ffibr gwlân |

Atebion i'r cwestiynau Profi eich hun: www.hoddereducation.co.uk/fynodiadauadolygu

**Tabl 3.11 Gorffeniadau biolegol**

| Proses | Effaith esthetig a swyddogaethol |
|---|---|
| Golchi â cherrig | Mae ychwanegu cerrig mewn peiriannau golchi diwydiannol yn rhoi golwg dreuliedig 'wedi gwisgo' i ffabrigau. Mae'n cael ei ddefnyddio'n aml ar jîns denim |

## Cyfrifoldebau dylunwyr a gwneuthurwyr

Dylai dylunwyr a gwneuthurwyr ystyried y canlynol:

- Mae'r rhan fwyaf o **orffeniadau** sy'n cael eu rhoi'n defnyddio egni a dŵr yn ogystal â chemegion a thocsinau sy'n beryglus i'r amgylchedd ac i iechyd gweithwyr tecstilau.
- Mae rhoi gorffeniadau cemegol ar ffabrigau'n lleihau gallu'r ffibr i ddiraddio'n llwyr; mae'r olion cemegol lleiaf yn niweidio ecosystemau sensitif ac yn effeithio ar fioamrywiaeth.
- Mae cemegion gorffennu newydd yn cael eu datblygu sy'n gallu cael eu hailddefnyddio, sydd ddim angen defnyddio dŵr ac sy'n fioddiraddadwy.

> **Camgymeriad cyffredin**
>
> Yn eithaf aml, nid yw atebion am faterion amgylcheddol yn cael eu hesbonio'n llawn. Wnewch chi ddim ennill marciau am ddweud yn syml bod rhywbeth yn ddrwg neu'n cael effaith negyddol ar yr amgylchedd. Ceisiwch roi enghraifft benodol ym mhob ateb, ac esboniad llawn o'r effaith.

> **Gorffeniadau:** caiff y rhain eu hychwanegu at ffabrigau i wella eu hestheteg, eu cyfforddusrwydd neu eu hymarferoldeb. Gall y gorffeniadau hyn gael eu rhoi yn fecanyddol, yn gemegol neu'n fiolegol.

> **Cyngor**
>
> I ddangos gwybodaeth a dealltwriaeth, dylech chi wybod sut caiff gorffeniadau eu rhoi ar ffabrigau a gallu esbonio pwrpas y gorffeniad, yn enwedig mewn perthynas â'r cynnyrch terfynol.

# 7 Ffurfiau, mathau a meintiau stoc

## Ffurfiau stoc

ADOLYGU

- Mae lledau safonol ffabrigau tecstilau'n cynnwys 90 cm (wynebynnau cudd neu leininau), 115 cm, 150 cm, 200 cm.
- Mae llenni cotwm lled 240 cm hefyd ar gael gan rai gwerthwyr ffabrigau arbenigol.
- Mae 'chwarteri tew' yn ddarnau o ffabrig sydd wedi'u torri ymlaen llaw i faint 45 cm × 55 cm, ac yn ddelfrydol i brojectau bach.

**Tabl 3.12 Enwau cyffredin ar ffabrigau**

| Enw'r ffabrig | Enghraifft o'i ddefnyddio | Enw'r ffabrig | Enghraifft o'i ddefnyddio |
|---|---|---|---|
| Denim | Jîns, ffrogiau | Poplin cotwm | Blowsiau, ffrogiau |
| Voile | Llenni | Jersi | Crysau-t wedi'u gwau, dillad hamdden |
| Shiffon | Dillad gyda'r nos, lingerie | Ffelt | Crefftau, hetiau, byrddau snwcer |
| Melfaréd | Trowsusau, sgertiau, siacedi | Brethyn caerog | Siacedi, cotiau |
| Melfed | Dillad gyda'r nos, siacedi | Dril | Dillad gwaith trwm |
| Les | Addurnol, dillad | Organsa | Priodasol, ffasiwn uchel |

**Tabl 3.13 Cydrannau safonol**

| Cydran | Mae'r mathau sydd ar gael yn cynnwys: |
|---|---|
| **Edafedd**<br><br>Mae mathau o edafedd ar gael mewn gwahanol bwysau, cryfderau a gweadeddau i'w defnyddio nhw mewn gwahanol ffyrdd | Edau beiriant |
| | Edau dacio |
| | Wyneb bwytho |
| | Edau frodio |
| | Monoffilament |
| **Ffasnyddion**<br><br>Caiff y rhain eu dewis yn ôl eu swyddogaeth a sut rydyn ni'n bwriadu eu defnyddio nhw, yn ogystal â'u nodweddion esthetig | Botymau |
| | Popwyr |
| | Sipiau |
| | Velcro® |
| | Bachau a llygaid |
| | Toglau |
| **Cydrannau adeileddol**<br><br>Rydyn ni'n defnyddio'r rhain i helpu i gynnal cynnyrch neu i helpu i'w siapio | Cyfnerthu |
| | Petersham |
| **Cydrannau eraill**<br><br>Mae'r cydrannau hyn yn darparu cynhaliad ymarferol neu'n cael eu dewis am resymau esthetig | Rhwymyn bias |
| | Elastig |
| | Rhubanau |
| | Careiau |
| | Gleiniau |
| | Secwinau |
| | Llygadennau |

**Ffigur 3.15 Mae'r ffabrig troshaen organsa yn dryloyw ac yn ysgafn**

**Ffigur 3.16 Amrywiaeth o gydrannau tecstilau sy'n cynnal cynhyrchion tecstilau**

## Cost a meintiau

ADOLYGU

Dylid ystyried cost defnyddiau crai a chydrannau wrth wneud cynnyrch tecstilau. Mae angen ystyried y pwyntiau canlynol:

- cost y ffabrig a'r lled fydd yn ei ddefnyddio orau
- y math o ffibr, sy'n gallu effeithio ar gyfanswm y pris
- mae angen costio pob darn cydrannol
- mewn diwydiant, gall swmp-brynu ffabrig a chydrannau leihau cyfanswm cost defnyddiau crai yn sylweddol
- rhaid gosod patrymluniau patrwm yn gywir er mwyn gwastraffu cyn lleied â phosibl o ffabrig.

**Camgymeriad cyffredin**

Wrth ateb cwestiynau lle mae angen cyfrifiadau, fel cyfrifo costau, gwnewch yn siŵr eich bod chi'n dangos eich holl waith cyfrifo hyd yn oed os ydych chi wedi defnyddio cyfrifiannell. Byddwch chi'n colli marciau os nad ydych chi'n dangos y dull rydych chi wedi'i ddefnyddio.

**Cyngor**

Dylech chi wybod enwau cyffredin ffabrigau tecstilau fel melfaréd, shiffon neu boplin cotwm, nid dim ond tarddiad eu ffibrau. Mewn arholiad, mae'n dangos lefel uwch o ddealltwriaeth. Cotwm, er enghraifft, yw enw'r ffibr ac mae llawer o wahanol amrywiadau ar ôl ei wneud yn ffabrig.

# 8 Gweithgynhyrchu i wahanol raddfeydd cynhyrchu

## Graddfeydd cynhyrchu

ADOLYGU

- Mae graddfeydd cynhyrchu'n dibynnu ar faint o gynhyrchion sydd eu hangen, eu cymhlethdod, yr amserlen a'r gyllideb.
- Mae graddfa cynhyrchu'n effeithio ar ansawdd a chost cynhyrchion.

## Cynhyrchu unigryw, ar archeb neu yn ôl y gwaith

- Caiff cynhyrchion **unigryw**, personol neu **ar archeb** eu gwneud gan unigolyn neu dîm bach o weithwyr amryddawn a medrus iawn sy'n gallu addasu i amrywiaeth o brosesau a pheiriannau.
- Yn aml, caiff cynhyrchion unigryw eu comisiynu fel darnau unigryw gan gleientiaid sydd hefyd yn gallu cyfrannu'n uniongyrchol at y broses ddylunio.
- Maen nhw'n aml yn defnyddio ffabrigau a chydrannau o safon uchel ac felly maen nhw'n ddrud i'w prynu.
- Mae gŵn haute couture yn enghraifft o gynnyrch sy'n cael ei wneud fel hyn.

> **Unigryw:** un cynnyrch unigol.
>
> **Ar archeb:** wedi'i wneud at fesuriadau cleient unigol.

**Ffigur 3.17 Gwneud ffrogiau priodas ar archeb i gleientiaid unigol**

## Swp-gynhyrchu

- Rydyn ni'n defnyddio **swp-gynhyrchu** i gynhyrchu nifer penodol o gynhyrchion unfath mewn cyfnod penodol, fel cynhyrchion ffasiwn tymhorol, ac fel arfer bydd eu hansawdd yn ganolig i isel.
- Mae'r cynhyrchion yn cael eu gwneud gan dimau mawr o weithwyr sy'n arbenigo ar un elfen ar y broses adeiladu, sy'n golygu bod eu gwaith yn gallu bod yn ailadroddus ac yn ddiflas.
- Mae swp-gynhyrchu'n hyblyg ac yn gallu newid i ateb galw'r farchnad. Mae'n ddigon hawdd ailadrodd archebion.
- Caiff casgliadau dylunwyr parod-i'w-gwisgo (prêt-à-porter) eu gwneud gan ddefnyddio'r dull hwn, gan fod angen nifer bach o gynhyrchion sydd wedi'u gwneud yn dda.

> **Swp-gynhyrchu:** cynhyrchu nifer o gynhyrchion unfath.

## Masgynhyrchu

- **Masgynhyrchu** yw'r raddfa gynhyrchu fwyaf, ac fel arfer mae ar gyfer cynhyrchion sydd a galw mawr amdanynt dros gyfnod hir. Mae llawer o ffatrïoedd yn rhedeg 24 awr y dydd, 7 diwrnod yr wythnos i gynyddu'r allbwn a'r elw.
- Mae cynhyrchion masgynhyrchu nodweddiadol yn cynnwys sanau a chrysau-T plaen, lle dydy steiliau ddim yn newid yn aml.
- Mae gweithwyr yn fedrus neu'n arbenigo mewn un elfen o'r broses adeiladu.
- Mae mwy a mwy o CAM yn cael ei ddefnyddio mewn masgynhyrchu, gan fod cysondeb a chyflymder yn bwysig.

> **Masgynhyrchu:** cynhyrchu symiau mawr o gynhyrchion unfath.

## Systemau gweithgynhyrchu

Mae'n bosibl trefnu llinellau cynhyrchu masgynhyrchu a swp-gynhyrchu mewn fformatau gwahanol er mwyn cynyddu effeithlonrwydd ac allbwn:

- Cynhyrchu llinell syth: mae'r gwaith yn cael ei drosglwyddo o un gweithiwr i'r nesaf, naill ai ar hyd cludfelt neu ar systemau awtomataidd uwchben.
- Bwndel cynyddol: caiff bwndeli o ddillad neu ddarnau o gynnyrch eu symud mewn dilyniant o un gweithiwr i'r nesaf. Mae pob gweithiwr yn cwblhau un gweithrediad ar y bwndel cyn ei drosglwyddo i'r gweithiwr nesaf.
- Cynhyrchu cell: bydd grwpiau o weithwyr yn gweithio gyda'i gilydd i wneud cynhyrchion cyfan neu ddarnau. Mae'r celloedd yn gweithredu ar wahân o fewn systemau eraill.

**Camgymeriad cyffredin**

Efallai y gwnewch chi golli marciau os nad yw eich disgrifiadau o fasgynhyrchu a swp-gynhyrchu'n gwahaniaethu digon rhwng y ddwy system. Gallwn ni ddefnyddio'r ddwy system i wneud cynhyrchion tebyg, ond bydd y niferoedd a'r amserlenni'n wahanol iawn.

## Rôl dylunwyr

ADOLYGU

- Mae dylunwyr ffasiwn yn creu steiliau newydd i dargedu gwahanol rannau o'r farchnad.
- Maen nhw'n aml yn creu 'darnau datganiad' sy'n gallu ysbrydoli dylunwyr eraill i greu eu cynhyrchion mwy masnachol ddichonadwy eu hunain, gan ddefnyddio ffabrigau a chydrannau rhatach.
- Caiff hanfod y steil gwreiddiol ei gynnal i gadw'r cynnyrch yn ffasiynol.
- Bydd nifer o ffactorau'n dylanwadu ar ddylunwyr, gan gynnwys y byd o'u cwmpas nhw, daroganwyr ffasiwn, steiliau stryd a datblygiadau yn y prif ganolfannau ffasiwn fel Llundain, Efrog Newydd, Paris, Tokyo a Milan.

## Dylanwadau ar ffasiwn

- Y cyfryngau – teledu, ffilmiau, cylchgronau sy'n rhoi sylw i ffasiynau'r stryd a cherddoriaeth, enwogion.
- Dewisiadau ffordd o fyw – gweithgareddau hamdden a dillad chwaraeon, teithio ac ysbrydoliaeth gan ddillad traddodiadol o wledydd eraill.
- Hanes – hanes ffasiwn dros y canrifoedd.
- Technoleg newydd – mae datblygiadau technoleg yn gallu creu opsiynau newydd i ddylunwyr, e.e. cafodd Gore-Tex ei ddatblygu i'w ddefnyddio yn y gofod.

## Arweinwyr ffasiwn

- Mae gan arweinwyr ffasiwn deimlad cryf o steil a ffasiwn ac mae'r dillad maen nhw'n eu dewis yn cael effaith.
- Mae enwogion yn gallu cael eu gweld fel arweinwyr ffasiwn, yn enwedig os ydyn nhw'n cael eu cysylltu â steil penodol.

Atebion i'r cwestiynau Profi eich hun: www.hoddereducation.co.uk/fynodiadauadolygu

### Llunwyr delweddau

- Arbenigedd llunwyr delweddau yw rhoi 'golwg' neu steil penodol at ei gilydd ar gyfer eu cleientiaid, sy'n gallu bod yn unigolion, busnesau sy'n chwilio am ddelwedd gorfforaethol, neu gynhyrchion penodol.
- Maen nhw'n deall ffasiynau **cyfoes** ac anghenion eu cleientiaid, ac yn defnyddio'r rhain i greu golwg sy'n rhoi delwedd gadarnhaol o'r cleient.

### Darogan ffasiwn

- Mae daroganwyr ffasiwn yn rhagfynegi ffasiynau ac yn cynhyrchu adroddiadau i ddylunwyr a gwneuthurwyr i'w helpu nhw i ddylunio cynhyrchion newydd.
- Mae eu rhagfynegiadau'n seiliedig ar ymchwil a dadansoddiadau o ffasiynau o ran ffabrigau, lliwiau, manylion a nodweddion.
- Caiff rhagfynegiadau eu gwneud yn bell ymlaen llaw felly mae angen i ddaroganwyr allu canfod y ffasiynau nesaf.

> **Cyfoes:** ffasiwn a steiliau sy'n boblogaidd ar hyn o bryd.

> **Cyngor**
>
> Pan fydd cwestiwn yn dechrau ag 'Esboniwch', mae'n rhaid i chi nodi ffaith ac ymhelaethu ymhellach ar y ffaith honno. Byddwch chi'n colli marciau os rhowch chi restr syml o wahanol ffeithiau.

# 9 Technegau a phrosesau arbenigol

## Offer a chyfarpar

ADOLYGU

Mae offer llaw i gynhyrchu cynhyrchion tecstilau'n cynnwys:

- riwl fetr: i farcio a thorri ffabrig, a mesur llinellau hem
- tâp mesur: i wneud mesuriadau o'r corff
- cyllell grefft: i dorri patrymluniau a stensiliau bach
- mat torri: mae hwn yn cynnwys canllawiau i dorri'n fanwl gywir ac yn cael ei ddefnyddio gyda thorrwr cylchdro neu gyllell grefft
- datodwr cyflym: i ddatod semau diffygiol
- pinnau: dull dros dro o ddal ffabrig at ei gilydd

## Peiriannau gwnïo

- Mae gan beiriannau gwnïo domestig amrywiaeth eang o nodweddion a phwythau i gwblhau gwahanol brosesau.
- Hefyd, mae peiriannau gwnïo cyfrifiadurol yn gallu brodio dyluniadau gwreiddiol.
- Mae gan beiriannau domestig draed neu atodiadau arbenigol dewisol i wneud prosesau penodol fel cysylltu sipiau.
- Mae nodwyddau peiriannau gwnïo'n amrywio, a dylid dewis rhai sy'n addas i'r ffabrigau dan sylw.
- Mae peiriant trosbwytho'n cael ei ddefnyddio mewn diwydiant i dorri ymyl syth ar y defnydd a throswnïo'r ymyl i wneud y sêm yn daclusach mewn un broses.

## Torri â laser

- Rhaglen CAD sy'n rheoli torri â laser.
- Rydyn ni'n lluniadu'r dyluniad fel delwedd 2D a bydd y laser yn dilyn hon i dorri neu ysgythru'r dyluniad yn fanwl gywir.
- Caiff cryfder a chyflymder y laser eu dewis ar sail y defnydd sydd i'w dorri.
- Mae torwyr laser yn cael eu defnyddio mewn diwydiant i dorri drwy lawer o haenau o ffabrig ar systemau awtomataidd.

- Mae'r anfanteision yn cynnwys:
  - nid yw pob defnydd yn gallu cael ei dorri oherwydd bydd rhai'n toddi ac yn llosgi
  - mae'r laser yn gadael ymyl frown hyll wedi llosgi ar rai ffabrigau.

## Marcio a thorri patrymau

- Mae patrymluniau patrwm yn cynnwys marciau patrwm, a bydd rhaid dilyn y rhain i sicrhau bod y cynnyrch gorffenedig y maint, y siâp a'r ansawdd cywir.
- Byddwn ni'n gosod y templedi ar ffabrig ac yna'n torri o'u cwmpas nhw i greu'r darnau o ffabrig ar gyfer y cynnyrch.
- Gallwn ni osod ffabrigau mewn gwahanol ffyrdd:
  - ar eu hyd a'u plygu nhw drosodd fel bod yr ymylon selfais yn dod at ei gilydd; yna caiff y patrymluniau eu gosod yn unol â chyfarwyddiadau'r patrymau
  - ar blyg croesraen (plygu ar hyd lled y ffabrig) i gael cynllun gosod mwy effeithlon
  - ar y bias, ar ongl 45 gradd i'r graen syth, i greu ffabrigau sy'n fwy hyblyg ac yn hawdd eu gwnïo i siapiau crwm, ond yn wastraffus.

Ffigur 3.14 Marciau patrwm sy'n gorfod cael eu dilyn yn fanwl gywir wrth wneud cynhyrchion tecstilau

| Marc patrwm | Ystyr y marc | Pam mae'n bwysig |
| --- | --- | --- |
| ←——————————→ | Llinellau graen neu graen union | Rhaid i'r patrymlun fod yn baralel â'r ymyl selfais, fel bod y dilledyn yn hongian yn ôl ei fwriad neu'n gorwedd yn fflat |
| | Gosod ar ymyl blyg | Mae angen i ymyl y patrymlun fod ar ymyl blyg y ffabrig, gan fod y darn yn gymesur |
| —————————— | Llinellau addasu i estyn a chwtogi patrymluniau | Gellir addasu'r patrymluniau yma i roi ffit mwy personol |
| ·························· | Llinellau torri mewn gwahanol feintiau | Torri ar hyd y maint sydd ei eisiau |
| ·························· | Llinell bwytho | Dyma lle dylai'r pwythau fod wrth uno darnau – fel arall, wnaiff y cynnyrch ddim ffitio at ei gilydd |
| ——✂—— | Lwfans sêm | Y pellter rhwng y llinell bwytho ac ymyl y ffabrig, 1.5 cm fel arfer |
| ● | Dotiau | Dangos safle cydran neu dechneg siapio |
| —◆—◆— | Rhic | Dangos sut mae darnau'n ffitio at ei gilydd a sut i gydweddu patrwm, fel rhesi |
| ⊚ | Safle botwm | Trosglwyddo'r marc i'r ffabrig fel ei fod yn y lle cywir ar y dilledyn |
| ⊢———⊣ | Safle tyllau botymau | Trosglwyddo'r marc i'r ffabrig fel ei fod yn y lle cywir ar y dilledyn |
| < | Safle dart | Mae angen i'r dotiau ddod at ei gilydd i greu'r dart |
| ⊓⊓⊓ | Lleoliad pletiau a thyciau | Mae angen i'r llinellau ddod at ei gilydd i greu'r plet neu'r twc |

Atebion i'r cwestiynau Profi eich hun: www.hoddereducation.co.uk/fynodiadauadolygu

Mae'r offer i drosglwyddo marciau patrwm i ffabrig yn cynnwys sialc teiliwr, marcwyr sy'n diflannu, olwyn ddargopïo a throsglwyddo carbon, taciau teiliwr a marcwyr rhicynnau poeth.

## Offer torri

Mae offer i dorri ffabrig yn cynnwys:

- siswrn ffabrig, â llafnau hir i dorri ffabrig yn hawdd
- siswrn brodio, â llafn pigfain miniog i dorri gwaith manwl
- gwellaif pincio i gynhyrchu toriad siâp igam-ogam ar hyd ymyl grai sêm, sy'n atal rhaflo
- torwyr cylchdro, offer miniog a manwl gywir sy'n cael eu rholio ar hyd arwyneb y ffabrig
- torwyr laser i dorri darnau â phatrwm cymhleth
- cylchlifiau, sy'n cael eu defnyddio mewn diwydiant i dorri drwy niferoedd mawr o haenau o ffabrig yn fanwl gywir ac yn gyflym
- torwyr dei awtomataidd, sy'n cael eu defnyddio i dorri siapiau cyson drwy lawer o haenau o ffabrig.

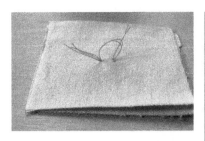

**Ffigur 3.18 Taciau teiliwr**

**Ffigur 3.19 Gwellaif ffabrig yw'r dull mwyaf cyffredin i dorri patrymau yn y cartref neu yn yr ysgol**

## Adeiladu sêm

ADOLYGU ☐

Mae'n bwysig defnyddio'r math cywir o sêm wrth uno ffabrigau tecstilau. Bydd y dull sy'n cael ei ddefnyddio'n dibynnu ar y ffabrig a'r cynnyrch.

### Goddefiant a lwfansau

- Mae'n rhaid defnyddio'r **lwfansau sêm** a'r **goddefiannau** cywir drwy gydol y broses o gynhyrchu cynnyrch.
- Y lwfans sêm safonol mewn tecstilau yw 1.5cm.
- Os nad yw'r lwfans sêm cywir yn cael ei ddefnyddio'n gyson, ni fydd darnau'r cynnyrch yn ffitio at ei gilydd yn iawn, gan arwain at gynnyrch o ansawdd gwaeth.
- Mae rhai cynhyrchion tecstilau'n fwy cymhleth felly mae goddefiant sêm o tua +/−1 cm yn dderbyniol. Fodd bynnag, gallai hyn ddal i effeithio ar y maint cyffredinol.

### Mathau o sêm

- Semau plaen yw'r math mwyaf cyffredin o sêm. Gellir pwytho'r lwfansau sêm at ei gilydd neu eu gwasgu nhw'n fflat ar agor.
- Mae semau dwbl yr un fath â semau plaen ond â rhes ychwanegol o bwythau tua 5 mm oddi wrth y rhes gyntaf, sy'n creu sêm gryfach.
- Mae semau Ffrengig yn gaeedig, gan guddio unrhyw **ymylon crai**. Rydyn ni'n eu defnyddio nhw ar ddillad drutach ac ar ddefnyddiau tryloyw lle mae angen cuddio semau.
- Mae semau ffel fflat yn semau cryf â dwy res o bwythau'n ychwanegu cryfder. Yn aml, bydd y pwytho ar y top yn lliw gwahanol.
- Mae semau trosblyg yn cael eu creu drwy orgyffwrdd un haen ar ben un arall cyn pwytho. Mae hyn yn debyg i semau ffel fflat.
- Mae semau clipio'n digwydd pan fydd angen clipio sêm grwm ar hyd y lwfans sêm er mwyn i ffabrigau allu gorwedd yn wastad, yn enwedig o gwmpas mannau crwm fel llinellau gwddf a thyllau llewys.

> **Lwfans sêm:** y pellter rhwng ymyl grai'r ffabrig a'r llinell bwytho.
>
> **Goddefiant:** lwfans sydd wedi'i gynnwys o fewn y lwfans sêm, i sicrhau cysondeb wrth gydosod cynnyrch.
>
> **Ymylon crai:** ymylon ffabrig sydd ddim wedi'u tacluso – heb eu gorffennu.

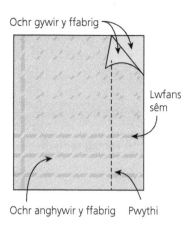

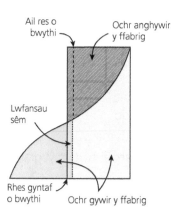

**Ffigur 3.20 Sêm blaen**

**Ffigur 3.21 Sêm Ffrengig**

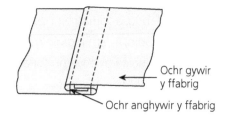

**Ffigur 3.22 Sêm ffel fflat**

**Ffigur 3.23 Gorffennu sêm â phatrwm igam-ogam**

**Ffigur 3.24 Gorffennu ymyl â rhwymyn bias**

## Gorffennu semau

Rydyn ni'n gorffennu semau i atal rhaflo. Mae'r dulliau'n cynnwys:

- trosbwytho: trimio gormodedd ffabrig ar hyd y sêm; mae'r pwyth yn gorgyffwrdd â'r ymyl
- pwyth igam-ogam: gwnïo ar hyd ymyl grai sêm
- gwellaif pincio: torri gorffeniad igam-ogam ac atal rhaflo
- gallwn ni ddefnyddio rhwymyn bias i rwymo semau ac ymylon ffabrigau.

**Tabl 3.15 Dulliau i ychwanegu corff a siâp**

| Dull | Techneg |
|---|---|
| Pletiau | Mae'r ffabrig yn cael ei blygu'n ôl arno ei hun a'i wnïo yn ei le, gan gulhau lled gwreiddiol y defnydd ond ychwanegu siâp |
| | Gallwn ni ddefnyddio pletiau fel ffriliau addurnol ar gynhyrchion |
| Tyciau | Tebyg i bletiau, tynnu ffurf lawn i mewn |
| Crychdyniadau | Tynnu ymyl y ffabrig i mewn yn ysgafn i leihau a chulhau lled gwreiddiol y ffabrig, gan roi ffurf lawn a siâp i gynnyrch |
| | Mae crychdyniadau hefyd yn gallu bod yn addurnol |
| Dartiau | Rydyn ni'n gwneud dartiau drwy greu plygion yn y ffabrig sy'n tapro at bwynt i wella ei siâp a'i ffit |
| | Mae dartiau'n gyffredin o gwmpas y fynwes, ond gallwn ni eu defnyddio nhw yn unrhyw le i roi siâp |
| Semau llinell tywysoges | Rydyn ni'n defnyddio'r rhain i greu dilledyn sy'n ffitio'n dynn gan ddilyn amlinell y corff |
| | Rydyn ni'n uno dartiau o ganol y twll llawes drwy ran lawnaf y fynwes, i lawr at y llinell wasg a'r glun at yr hem |
| | Mae'r math hwn o sêm i'w weld yn aml ar dopiau a dillad nofio |

Atebion i'r cwestiynau Profi eich hun: www.hoddereducation.co.uk/fynodiadauadolygu

**Ffigur 3.25 Mae'r pletiau wedi'u pwytho'n agos at y band gwasg ac yn gorwedd yn wastad, ond yn rhoi siâp i'r sgert**

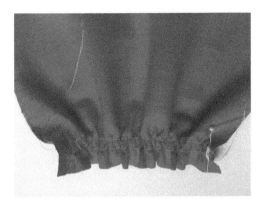

**Ffigur 3.26 Ffurfio crychdyniadau drwy wnïo dwy res o bwythau a thynnu pennau'r edafedd i greu'r crychdyniadau**

## Gorffeniadau ymyl

- Bydd y gorffeniadau sy'n cael eu defnyddio ar ymylon ffabrigau tecstilau'n dibynnu ar y ffabrig a'r cynnyrch.
- Mae hemiau'n amrywio gan ddibynnu ar y ffabrig a'r cynnyrch; er enghraifft, mewn rhai achosion bydd pwythau yn y golwg ac mewn achosion eraill bydd angen eu cuddio nhw.
- Gallwn ni roi atodyn peipio mewn semau i ychwanegu adeiledd a helpu i wneud cynnyrch sy'n para'n well.
- Mae mathau eraill o orffeniadau ymyl yn cynnwys ffriliau a rhwymynnau.

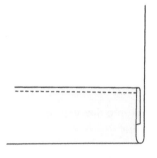

 ← Yn wynebu

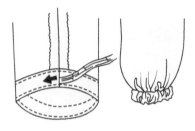

Llinell hem ddeublyg sylfaenol wedi'i phwytho â pheiriant

Pwytho'r wynebyn yn ei le, yna clipio'r sêm cyn troi'r wynebyn i'r tu mewn

Rhoi'r elastig mewn casin i ffurfio cyffen

**Ffigur 3.27 Dulliau gwahanol o orffennu ymylon**

## Manylion steil

- Mae manylion steil yn ychwanegu siâp a ffurf at gynnyrch.
- Mae Ffigur 3.28 yn dangos rhai o'r manylion mwyaf cyffredin.

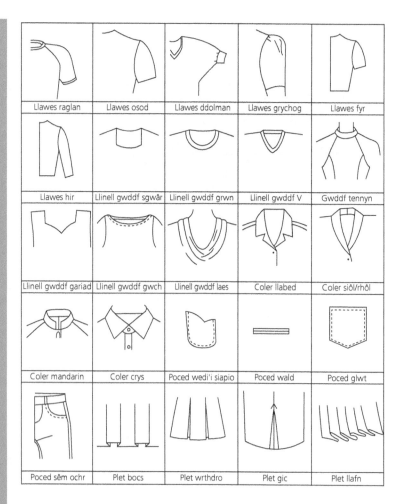

| | | | | |
|---|---|---|---|---|
| Llawes raglan | Llawes osod | Llawes ddolman | Llawes grychog | Llawes fyr |
| Llawes hir | Llinell gwddf sgwâr | Llinell gwddf grwn | Llinell gwddf V | Gwddf tennyn |
| Llinell gwddf gariad | Llinell gwddf gwch | Llinell gwddf laes | Coler llabed | Coler siôl/rhôl |
| Coler mandarin | Coler crys | Poced wedi'i siapio | Poced wald | Poced glwt |
| Poced sêm ochr | Plet bocs | Plet wrthdro | Plet gic | Plet llafn |

**Ffigur 3.28 Manylion steil**

## Dylunio a gweithgynhyrchu drwy gymorth cyfrifiadur

### Dylunio drwy gymorth cyfrifiadur (CAD: *Computer-aided design*)

- Mae dylunwyr yn defnyddio **CAD** i ddatblygu dyluniadau arwyneb i'w printio ac yna eu trosglwyddo nhw i systemau printio digidol perthnasol.
- Gallwn ni adolygu dyluniadau a'u trin a'u newid nhw, gan gynnwys datblygu patrymau a chyfresi lliw.
- Mae CAD yn ffordd sydd yn fwy cost-effeithiol o ddatblygu dyluniadau. Drwy ddefnyddio delweddau 3D neu brototeipio rhithiol, does dim angen gwneud cymaint o brototeipiau. Caiff hyn ei ystyried yn ffordd fwy cynaliadwy o ddylunio.
- Rydyn ni'n defnyddio meddalwedd CAD i ddatblygu **cynllun gosod** digidol, sy'n galluogi gwneuthurwyr i **frithweithio** y darnau patrwm i ddefnyddio cymaint o'r ffabrig â phosibl.

> **CAD**: dylunio drwy gymorth cyfrifiadur.
>
> **Cynllun gosod**: sut caiff patrymluniau eu gosod ar ffabrig.
>
> **Brithweithio**: sut mae patrymluniau patrwm yn ffitio at ei gilydd i ddefnyddio cyn lleied â phosibl o ffabrig.

### Gweithgynhyrchu drwy gymorth cyfrifiadur (CAM: *Computer-aided manufacture*)

- Gallwn ni ddefnyddio cyfrifiaduron i reoli adrannau gweithgynhyrchu yn y diwydiant tecstilau. Mae rhai peiriannau'n lled-awtomataidd ac mae angen rhyw gyfraniad gan fodau dynol o hyd, ac mae peiriannau eraill yn gwbl awtomataidd.

Atebion i'r cwestiynau Profi eich hun: www.hoddereducation.co.uk/fynodiadauadolygu

- Mae systemau **CAM** yn ddrud, ond maen nhw'n cyflymu'r broses gynhyrchu, yn gwella cynhyrchiant a chysondeb, ac yn lleihau'r risg o gamgymeriad dynol.
- Dyma rai enghreifftiau o gymwysiadau CAM: peiriannau brodio â mwy nag un pen, printio digidol ar ffabrigau, torwyr laser, argraffyddion 3D a lledaenwyr ffabrig awtomataidd.

# 10 Triniaethau a gorffeniadau arwyneb

Mae **technegau addurno arwynebau**, gorffeniadau a thriniaethau arwyneb, neu **addurniadau**, yn cael eu rhoi ar ffabrigau a chynhyrchion tecstilau am resymau esthetig, er enghraifft lliw a gweadedd.

**Cyngor**

Dylech chi wybod sut a ble mae angen gwahanol ddulliau adeiladu sêm wrth adeiladu amrywiaeth eang o gynhyrchion tecstilau. Dylech chi allu cymhwyso hyn mewn sefyllfa arholiad.

**CAM**: gweithgynhyrchu drwy gymorth cyfrifiadur.

**Technegau addurno arwyneb**: rydyn ni'n defnyddio'r rhain i wella estheteg cynnyrch drwy ychwanegu lliw, gwead a phatrwm, er enghraifft llifo, printio a brodio.

**Addurniadau**: nodweddion i addurno arwyneb fel brodwaith a gleiniau.

## Llifo

**ADOLYGU**

- Llifo yw'r dull mwyaf cyffredin o liwio ffibrau a ffabrigau.
- Mae llifynnau naturiol yn gweithio'n dda ar ffibrau naturiol, a bydd llifynnau synthetig yn rhoi lliwiau dyfnach neu fwy llachar.
- Mae angen cemegion ar ffibrau synthetig i dderbyn y llifynnau.

Dyma rai dulliau o lifo ffabrigau tecstilau:

- Llifo dipio: mae hyn yn cynhyrchu effaith lliw raddedig. Caiff rhan o'r ffabrig ei dipio yn y llifyn ac yna ei thynnu o'r baddon llifyn yn raddol.
- Ar hap: mae hyn yn cynnwys llifo neu liwio darnau bach o ffabrig neu edafedd; mae gwahanol liwiau ar wahanol rannau ac mae'r dyluniad yn afreolaidd.
- **Llifo fesul darn**: llifo hyd cyfan o ffabrig yn un lliw.
- Clymu a llifo: clymu'r ffabrig mewn amrywiaeth o ffyrdd i gynhyrchu dyluniadau unigryw ac amrywiol. Rydyn ni'n galw hwn yn **ddull gwrthsefyll** o liwio.
- Batic: dull gwrthsefyll arall lle rydyn ni'n rhoi cwyr poeth wedi toddi ar ffabrig yn y patrwm dymunol. Ar ôl iddo oeri, rydyn ni'n rhoi'r ffabrig mewn baddon llifyn neu gallwn ni beintio'r llifyn arno'n uniongyrchol.

**Llifo darn**: llifo hyd cyfan o ffabrig yn un lliw.

**Dull gwrthsefyll**: ffordd o atal llifyn neu baent rhag treiddio i ddarn o'r ffabrig. Mae hyn yn creu'r patrymau.

## Printio

**ADOLYGU**

Mae mathau o brintio'n cynnwys:

- **Sgrin-brintio gwastad**: defnyddio sgriniau i roi lliw a dyluniad gwahanol ar y ffabrig wrth iddo symud ar hyd cludfelt. Ar ôl cwblhau'r dyluniad caiff y ffabrig ei sefydlogi, ei olchi a'i wasgu.
- **Printio sgrin cylchdro/rholer**: mae hyn yn debyg i brintio gwastad ond mae'n defnyddio silindrau yn lle sgriniau. Mae'r ffabrig yn pasio o dan y silindrau sy'n troelli, gan brintio patrwm parhaus ar arwyneb y ffabrig. Mae printio â rholer yn enw arall ar hyn.

- **Printio â sgrin sidan**: estyn ffabrig rhwyll mân dros ffrâm bren gan fasgio rhan o'r sgrin â phast di-draidd. Mae'r sgrin yn cael ei gosod â'i hwyneb i lawr ar y ffabrig, mae inc printio'n cael ei roi ar ochr isaf y ffrâm ac mae **gwesgi** yn cael ei ddefnyddio i lusgo'r inc ar draws y sgrin, gan orfodi'r inc drwy'r ffabrig i adael y dyluniad ar y defnydd.

- Stensilio: mae stensil fel arfer wedi'i wneud o ddalen denau o gerdyn neu blastig a phatrwm wedi'i dorri allan ohono. Yna, caiff paent neu lifyn ei roi drwy'r tyllau yn y stensil i adael dyluniad ar y ffabrig. Gallwn ni dorri stensiliau â llaw neu ar y torrwr laser.

- Printio bloc: dull printio traddodiadol lle caiff paent neu lifyn ei roi ar floc cerfweddol sydd yna'n cael ei wasgu ar ffabrig i greu patrwm. Mae'r broses yn cael ei hailadrodd i greu dyluniad cyffredinol sy'n ailadrodd.

- Printio ffabrig yn ddigidol: mae argraffyddion chwistrell mawr a llifynnau arbenigol yn trosglwyddo delwedd ddigidol i arwyneb y ffabrig. Gallwn ni ddefnyddio'r dechneg i greu lluniau cymhleth a manwl ac i brofi darnau sampl cyn eu cynhyrchu nhw.

- Printio cannu: caiff cannydd ei roi ar ffabrig, yn y dyluniad gofynnol. Mae'r cannydd yn dinistrio'r lliw, gan adael dyluniad gwyn neu olau.

## Peintio

ADOLYGU

- Gallwn ni roi peintiau ffabrig, pinnau ffelt ffabrig a chreonau pastel yn uniongyrchol ar ffabrigau tecstilau i greu'r dyluniad dymunol. Mae paentiau dimensiynol hefyd yn mynd yn uniongyrchol ar ffabrig i roi arwyneb uwch, ychydig bach yn 3D.

- Mae paentiau sidan arbenigol yn rhoi effaith ddyfrllyd gain iawn a gallwn ni ddefnyddio amlinellwr Gutta gyda'r rhain, fel rhwystr i wahanu rhannau o'r dyluniad.

Ffigur 3.29 **Sgarff sidan wedi'i pheintio â llaw gan ddefnyddio'r amlinellwr Gutta i greu rhwystr rhwng y gwahanol rannau**

## Trosluniau

- Mae printio sychdarthu'n defnyddio gwres a gwasgedd i drosglwyddo llifyn o bapur printio arbennig, gan droi'r llifyn yn nwy sy'n rhwymo'n uniongyrchol â'r ffibrau ac yn gadael dyluniad croyw.

- Gallwn ni ddefnyddio argraffydd chwistrell mewn modd tebyg, gan ddefnyddio papur trosglwyddo arbennig i drosglwyddo dyluniad i ffabrig i gael ei ddal yn ei le naill ai â gwasg wres neu â haearn.

## Brodwaith

ADOLYGU

Mae dyluniadau brodwaith yn amrywio gan ddibynnu ydyn nhw'n cael eu paratoi â llaw neu â pheiriant. Mae mathau o frodwaith peiriant yn cynnwys:

- Brodwaith peiriant rhydd: caiff y ffabrig ei ddal mewn ffrâm ac mae'r gwniadwr yn symud y ffabrig o gwmpas yn rhydd i greu dyluniad.

- Brodwaith peiriant: gellir defnyddio pwythau addurnol fel rhan o unrhyw ddyluniad i'w wella. Naill ai bydd dyluniadau wedi'u gosod ymlaen llaw ar beiriannau gwnïo cyfrifiadurol, neu byddan nhw wedi'u cysylltu â phecynnau CAD i greu dyluniadau gwreiddiol ac yna eu pwytho nhw (CAM).

- Appliqué: ffordd draddodiadol o roi dyluniad ar ffabrig drwy bwytho gwahanol ddarnau o ffabrig ar ffabrig gwaelod. Mae posibiliadau diddiwedd i waith dylunio creadigol drwy gymysgu lliwiau, gweadau, mathau o bwythau a niferoedd o ddarnau.

Ffigur 3.30 **Dehongliad modern o ddyluniad appliqué**

Yn aml caiff gleiniau a secwinau eu defnyddio i wneud brodwaith yn fwy deniadol.

- Gleinwaith: gallwn ni ddefnyddio gleiniau i wella technegau eraill fel appliqué, a gallwn ni eu gosod nhw ar hap, eu defnyddio nhw i amlinellu darn neu eu gosod nhw mewn clwstwr. Mae gleiniau ar gael mewn llawer o wahanol siapiau, meintiau a defnyddiau. Gallwn ni gyflawni effeithiau tebyg drwy ddefnyddio secwinau neu ddiamante.
- Clytwaith: caiff darnau bach o frethyn â gwahanol ddyluniadau, lliwiau neu weadau eu gwnïo at ei gilydd, naill ai mewn patrymau sy'n ailadrodd yn rheolaidd neu mewn dyluniadau mwy haniaethol. Mae hyn yn ffordd effeithiol o ailddefnyddio hen ddillad.

## Ysgythru â laser

Gweler torri â laser yn Adran 3, Testun 9.

### Cyngor

Mae 'gwerthuswch', fel gair gorchymyn mewn cwestiynau arholiad, yn gofyn am dystiolaeth o werthuso neu wneud dyfarniadau. Dylai eich datganiadau gyfeirio at safbwyntiau cadarnhaol a negyddol.

### Camgymeriad cyffredin

Dangoswch eich bod chi'n deall y camau sydd eu hangen i roi triniaethau arwyneb a gorffeniadau ar ffabrigau. Mae angen bod yn fanwl er mwyn esbonio'r camau'n llawn. Efallai na chewch chi farciau am ddilyniant sy'n dangos diffyg manylder, yn anghyflawn neu yn y drefn anghywir.

## Profi eich hun

PROFI

1. Esboniwch pam mae ffabrig gwehyddiad satin yn llai sefydlog na ffabrig gwehyddiad twil. [3]
2. Rhowch dri rheswm pam mae ffermio cnydau cotwm yn ddwys yn gwneud niwed i'r ecosystem. [3]
3. Esboniwch bwysigrwydd dilyn marciau patrwm wrth osod patrymluniau ar ffabrig. [2]
4. Esboniwch beth yw pwrpas cell sy'n gweithredu o fewn system weithgynhyrchu. [3]
5. Amlinellwch y rhesymau dros ddefnyddio gwahanol ddulliau adeiladu sêm wrth gynhyrchu cynhyrchion. [4]

## Cwestiynau enghreifftiol

1. Gwehyddu a gwau yw'r ddau brif ddull o adeiladu ffabrig.
   (a) Labelwch y diagram isod i ddangos ble byddai'r nodweddion sydd wedi'u rhestru i'w gweld ar ddarn o ffabrig wedi'i wehyddu. [4]

   ymyl selfais      edau ystof      llinell bias      edau anwe

   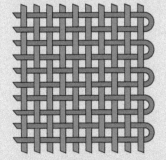

   (b) Disgrifiwch ddau reswm dros wehyddu ffabrig mewn gwahanol ffyrdd. [2]
   (c) Esboniwch pam mae ffabrigau wedi'u gwau'n cael eu defnyddio'n aml mewn dillad hamdden anffurfiol. [3]
2. Ffibrau yw'r defnyddiau crai ar gyfer tecstilau.
   (a) Tanlinellwch y ddau ffibr naturiol yn y rhestr isod. [2]
      sidan      polyester      acrylig      lliain

(b) Esboniwch sut mae adeiledd y ffibr cotwm yn caniatáu iddo amsugno lleithder. [2]

(c) Gwerthuswch yr arfer o ddefnyddio blendiau a chymysgeddau o ffibrau wrth ddewis ffabrigau ar gyfer cynhyrchion tecstilau. [5]

3 Mae'r diwydiant tecstilau'n cael effaith fawr ar yr amgylchedd.

(a) Esboniwch pam mae ffibrau synthetig yn cael effaith negyddol ar yr amgylchedd. [3]

(b) Disgrifiwch sut mae cnydau ffibr cotwm yn effeithio ar yr amgylchedd. [4]

(c) Esboniwch sut mae cludo nwyddau tecstilau'n effeithio ar ein hôl troed carbon. [3]

(ch)Amlinellwch effaith cymdeithas daflu i ffwrdd ar:

(i) gweithwyr mewn gwledydd sy'n datblygu [2]

(ii) yr amgylchedd. [2]

4 Rydyn ni'n rhoi gorffeniadau ar ffabrigau tecstilau am wahanol resymau.

(a) Esboniwch bwrpas gorffeniad Scotchguard™. [2]

(b) Esboniwch sut mae brwsio'n gwella ymarferoldeb ffabrigau cotwm. [3]

5 Rydyn ni'n defnyddio cydrannau mewn cynhyrchion tecstilau am amryw o wahanol resymau.

(a) Rhowch ddau reswm dros ddefnyddio atodion peipio fel gorffeniad ymyl ar gynnyrch tecstilau. [2]

(b) Mae disgybl sy'n astudio tecstilau wedi penderfynu gwneud clustog llawr grwn ag ymyl wedi'i pheipio yn semau'r ddau ddarn pen crwn, fel mae'r diagram isod yn ei ddangos.
Mae diamedr pob darn pen crwn yn 70 cm.
Mae uchder y glustog llawr yn 30 cm.

Diamedr: 70 cm

Ymyl pibell

Uchder: 30 cm

(i) Cyfrifwch faint o gortyn peipio fydd ei angen i gwblhau'r glustog. [4]

(ii) Caiff ochrau'r glustog llawr eu torri o un darn petryalog o ffabrig.
Cyfrifwch faint y patrymlun petryalog fydd ei angen i ffurfio ochr y glustog llawr. Dylai eich cyfrifiad gynnwys lwfansau sêm o 1.5 cm. [2]

6 Mae dillad ffasiynol yn cael eu gwneud ar wahanol raddfeydd cynhyrchu.

(a) Esboniwch pam byddai swp-gynhyrchu'n raddfa addas i gynhyrchu cotiau gwlân i blant. [3]

(b) Disgrifiwch y manteision i'r cleient o wneud cynnyrch ar archeb. [4]

7 Mae iaith patrwm yn bwysig wrth gynhyrchu cynhyrchion tecstilau.

(a) Nodwch enw'r marciau patrwm canlynol sydd i'w gweld ar batrymluniau patrwm. [3]

(b) Disgrifiwch bwrpas tac teiliwr. [2]

(c) Dadansoddwch ddefnyddio CAD i wneud cynllun gosod wrth gynhyrchu dillad. [5]

8 Mae technegau addurnol yn cael eu defnyddio ym mhob maes ffasiwn a thecstilau.

(a) Ticiwch (✓) i ddangos pa rai o'r gosodiadau hyn sy'n gywir. [5]

- Mae llifo dipio ffabrig yn rhoi effaith raddedig i'r lliw.
- Mae marmori yn ddull gwrthsefyll o ychwanegu lliw at ffabrig.
- Mae printio â rholer yn enw arall ar brintio gwastad.
- Mae brodio peiriant rhydd yn caniatáu i'r ffabrig symud yn rhydd wrth gael ei bwytho.
- Mae batic yn golygu defnyddio cwyr poeth wedi toddi i amlinellu siâp ar ffabrig.

(b) Mae dylunio drwy gymorth cyfrifiadur yn cael ei ddefnyddio drwy'r diwydiant tecstilau i gyd.
Gwerthuswch y defnydd o CAD wrth ddylunio a datblygu printio digidol ar ffabrigau tecstilau. [6]

AR-LEIN

# 4 Dylunio cynnyrch

## 1 Papurau a byrddau

### Papur

- Mae papur a bwrdd ar gael mewn dalenni maint safonol.
- Mae dalenni'n amrywio o A10 (tua maint stamp post) hyd at 4A0 (mwy na chynfas gwely maint brenin).
- Mae'r meintiau mwyaf cyffredin sy'n cael eu defnyddio gan ddylunwyr rhwng A6 ac A0.
- Mae pob maint dalen yn ddwbl maint yr un o'i blaen, er enghraifft mae A3 yn ddwbl maint A4.
- Os ydyn ni'n plygu dalen o bapur yn ei hanner mae'n rhoi'r maint nesaf i lawr, er enghraifft mae dalen A1 wedi'i phlygu yn ei hanner yn rhoi maint A2.

| Maint | A10 | A9 | A8 | A7 | A6 | A5 | A4 | A3 | A2 | A1 | A0 | 2A0 | 4A0 |
|---|---|---|---|---|---|---|---|---|---|---|---|---|---|
| Hyd (mm) | 37 | 52 | 74 | 105 | 148 | 210 | 297 | 420 | 594 | 841 | 1189 | 1682 | 2378 |
| Lled (mm) | 26 | 37 | 52 | 74 | 105 | 148 | 210 | 297 | 420 | 594 | 841 | 1189 | 1682 |

meintiau mwyaf cyffredin mae dylunwyr yn eu defnyddio

Ffigur 4.1 Meintiau papur

- Yr enw ar drwch papur yw ei 'bwysau'.
- Rydyn ni'n mesur pwysau mewn gramau y metr sgwâr (g/m$^2$ neu **gsm**).
- Os yw'r pwysau'n fwy na 170 gsm, mae'n cael ei ddosbarthu fel bwrdd yn hytrach na phapur.
- Mae byrddau fel arfer yn cael eu dosbarthu yn ôl trwch yn ogystal ag yn ôl pwysau.
- Rydyn ni'n mesur trwch bwrdd mewn **micronau** (mae mil micron mewn milimetr).

> **Gsm:** gramau y fetr sgwâr – fel hyn rydyn ni'n mesur pwysau papur.
>
> **Micron:** milfed ran o filimetr (0.001mm) – rydyn ni'n defnyddio'r rhain i bennu trwch cerdyn.

Tabl 4.1 Mathau cyffredin o bapur

| Math o bapur | Priodweddau | Defnyddio |
|---|---|---|
| Papur cetris | Ar gael mewn gwahanol bwysau rhwng 80–140 gsm<br>Drutach na phapur gosodiad a phapur llungopïo<br>Arwyneb ychydig bach yn weadog a mymryn o liw hufen iddo<br>Arwyneb delfrydol i bensil, creonau, pasteli, paentiau dyfrlliw, inciau a gouache | Braslunio, lluniadu a pheintio |
| Papur llungopïo | Pwyso tuag 80 gsm<br>Arwyneb llyfn | Argraffu, llungopïo a dibenion swyddfa cyffredinol |
| Papur gwrthredeg | Ar gael mewn trwch tebyg i bapur cetris<br>Arwyneb llyfn<br>Wedi'i gannu'n lliw gwyn llachar<br>Atal marciwr rhag 'rhedeg' | Lluniadu a braslunio gan ddefnyddio pinnau marcio |

**Tabl 4.2 Cerdyn a chardbord**

| Math o fwrdd | Priodweddau | Defnyddio |
|---|---|---|
| Cerdyn | Mae pwysau cerdyn tenau tua 180–300 gsm.<br><br>Mae ar gael mewn amrywiaeth eang o liwiau, meintiau a gorffeniadau<br><br>Mae'n hawdd ei blygu, ei dorri a phrintio arno | Cardiau cyfarchion, cloriau meddal i lyfrau a modelau syml |
| Cardbord | Trwch tua 300 micron neu fwy<br><br>Rhad a hawdd ei dorri, ei blygu a phrintio arno | Defnydd pecynnu, e.e. blychau grawnfwyd, blychau hancesi papur, pacedi brechdanau<br><br>Modelu syniadau dylunio a gwneud patrymluniau ar gyfer darnau sydd wedi'u gwneud o fetel neu ddefnyddiau gwydn eraill |
| Bwrdd mowntio | Math o gerdyn anhyblyg â thrwch o gwmpas 1.4mm (1400 micron)<br><br>Mae ar gael mewn gwahanol liwiau ond gwyn a du yw'r mwyaf cyffredin | Mowntiau fframio lluniau a modelu pensaernïol |
| Bwrdd ewyn | Bwrdd ysgafn sydd wedi'i wneud o ewyn polystyren wedi'i ddal rhwng dau ddarn o bapur neu gerdyn tenau<br><br>Arwyneb llyfn<br><br>Ysgafn ac anhyblyg<br><br>Ar gael mewn sawl lliw a thrwch | Modelu<br><br>Arddangosiadau pwynt gwerthu |
| Bwrdd gwyn solet | Cardbord o ansawdd da iawn wedi'i wneud o'r mwydion pren gorau wedi'u cannu<br><br>Addas ar gyfer argraffu manwl iawn gan iddo roi llun clir, siarp | Llyfrau clawr caled<br><br>Defnydd pecynnu ar gyfer persawrau a cholur drud |
| Cardbord rhychiog | Math cryf ond ysgafn o gerdyn<br><br>Mae wedi'i wneud o ddwy haen o gerdyn a dalen arall, rychiog yn y canol<br><br>Mae ar gael mewn trwch o 3mm (3000 micron) i fyny | Rydyn ni'n ei ddefnyddio i becynnu eitemau bregus neu frau sy'n gorfod cael eu hamddiffyn wrth gael eu cludo<br><br>Mae'n cael ei ddefnyddio'n aml fel defnydd pecynnu ar gyfer bwyd parod oherwydd ei briodweddau da o ran ynysu gwres |
| Bwrdd dwplecs | Mae wedi'i wneud o ddwy haen sydd wedi'u gwneud o fwydion papur gwastraff yn bennaf<br><br>Mae'n ysgafn ac yn gryf iawn<br><br>Fel arfer mae ganddo orffeniad llyfn, gwyn, sglein canolig ond mae hefyd ar gael mewn amrywiaeth eang o orffeniadau eraill | Defnydd pecynnu, yn enwedig cartonau bwyd a diodydd, dillad a nwyddau fferyllol |

## Gorffeniadau papur

- Gallwn ni roi **araenau** ar bapur i wella ei **ddidreiddedd**, ei ysgafnder, llyfnder ei arwyneb, ei loywedd a'i allu i amsugno lliw.
- Mae araenau castio'n golygu araenu'r papur gwlyb â chlai tsieni, sialc, startsh, latecs a chemegion eraill, yna ei rolio yn erbyn drwm metel poeth llathredig, i greu gorffeniad llyfn, adlewyrchol a sgleiniog sy'n cynhyrchu lluniau mwy siarp a disglair pan rydyn ni'n printio arno.

> **Araen:** haen allanol ychwanegol sy'n cael ei hychwanegu at gynnyrch.
>
> **Didreiddedd:** rhywbeth sydd ddim yn dryloyw nac yn dryleu.

## Uwch galendro

- Mae uwch galendro'n golygu anfon papur drwy galendr neu uwch galendr.
- Mae'r peiriant hwn yn gyfres o roleri ag arwynebau caled a meddal bob yn ail, sy'n gwasgu'r papur i greu papur llyfnach a theneuach ag arwyneb gloyw dros ben.
- Caiff papur uwch galendro ei ddefnyddio'n bennaf ar gyfer cylchgronau sgleiniog ac argraffu lliw ansawdd uchel.

**Tabl 4.3 Mathau o orffeniad papur**

| Math o bapur | Priodweddau | Yn cael ei ddefnyddio ar gyfer: |
|---|---|---|
| Papur araen gastio | Hwn sy'n rhoi'r arwyneb mwyaf sgleiniog o'r holl araenau papur a bwrdd | Labeli, cloriau, cartonau a chardiau |
| Papur ysgafn wedi'i araenu | Papur tenau wedi'i araenu, sy'n gallu bod mor ysgafn â 40 g/m². | Cylchgronau, pamffledi a chatalogau |
| Papurau gorffeniad sidan neu sidan mat | Arwyneb llyfn, mat. Hawdd iawn ei ddarllen a da iawn o ran ansawdd lluniau | Llyfrynnau a phamffledi cynhyrchion |
| Papur wedi'i galendro neu sgleiniog | Arwyneb sgleiniog – gydag araen neu heb araen | Argraffu lliw |
| Papur wedi'i orffennu gan beiriant | Llyfn ar y ddwy ochr. Dim araenau ychwanegol ar ôl gadael y peiriant gwneud papur | Llyfrynnau a phamffledi |
| Papur wedi'i araenu gan beiriant | Ychwanegu'r araen pan mae'n dal i fod ar y peiriant papur | Pob math o argraffu lliw |
| Papur gorffeniad mat | Arwyneb ychydig bach yn arw fel nad yw'n adlewyrchu golau. Yn gallu bod gydag araen neu heb araen | Printiau celf a gwaith argraffu arall o safon uchel |

## Gorffeniadau cerdyn a bwrdd    ADOLYGU

### Farnais

- Mae araenau farnais yn gwella edrychiad a theimlad cynhyrchion graffeg.
- Rydyn ni'n defnyddio farnais gwirod i roi gorffeniad sgleiniog iawn sy'n teimlo fel plastig i'w gyffwrdd.
- Mae farnais smotyn uwchfioled yn farnais arbennig sy'n cael ei galedu â **golau uwchfioled** yn ystod y broses brintio. Rydyn ni'n defnyddio farnais smotyn ar ddarnau penodol o'r papur neu'r cerdyn yn unig i'w wneud yn fwy sgleiniog ac amlwg.

> **Golau uwchfioled (UV):** y tu allan i'r sbectrwm sy'n weladwy i fodau dynol, ar y pen fioled.

### Ffoil poeth

- Rydyn ni'n defnyddio ffoil poeth i gynhyrchu gorffeniadau metelig fel aur neu arian.
- Rydyn ni'n ei ddefnyddio'n aml ar gyfer llythrennau ar wahoddiadau a chardiau busnes.

# 2 Pren naturiol a chyfansawdd

## Prennau caled    ADOLYGU

- Mae prennau caled yn dod o goed collddail.
- Mae'r rhan fwyaf o goed collddail yn colli eu dail yn yr hydref.

- Mae coed collddail yn cymryd llawer o amser i aeddfedu.
- Yn gyffredinol, mae gan brennau caled strwythur graen clòs. Mae hyn yn eu gwneud nhw'n galetach ac yn gryfach na phrennau meddal, ond nid yw hyn bob amser yn wir.
- Gallwn ni eu sandio nhw i roi gorffeniad mwy main a llyfn, a rhoi gorffeniad o ansawdd gwell arnynt.
- Yn gyffredinol, mae prennau caled yn ddrutach na phrennau meddal.

> **Camgymeriad cyffredin**
>
> Pan fydd angen disgrifio cylchred oes cynnyrch sydd wedi'i wneud o bren naturiol, yn aml bydd disgyblion yn dechrau â'r cynnyrch gorffenedig ac yn canolbwyntio ar sut i'w waredu. Mae'n rhaid i chi ddechrau o'r ffynhonnell gynradd, sef y goeden.

**Tabl 4.4 Prennau caled**

| Pren caled | Priodweddau | Ffyrdd cyffredin o'i ddefnyddio |
|---|---|---|
| Jelwtong | Pren graen clòs â lliw golau<br>Caledwch a gwydnwch canolig<br>Hawdd ei weithio | Gwneud patrymau |
| Ffawydd | Pren caled, cryf, graen clòs â lliw brown golau a brychau brown nodweddiadol<br>Yn tueddu i gamdroi a hollti<br>Yn gallu bod yn anodd ei weithio | Dodrefn, teganau plant, handlenni celfi gweithdy ac wynebau meinciau |
| Mahogani | Pren cryf a gwydn â lliw cochlyd tywyll<br>Ar gael mewn planciau llydan<br>Eithaf hawdd ei weithio ond gall fod â graen rhyng-gloëdig | Dodrefn o ansawdd da, paneli ac argaenau |
| Derw | Pren caled, gwydn â graen agored<br>Yn gallu cael ei orffennu at safon uchel | Adeiladau ffrâm bren, dodrefn o safon uchel, lloriau |
| Balsa | Pren ysgafn iawn sy'n feddal ac yn hawdd ei weithio<br>Lliw golau<br>Gwan a ddim yn wydn iawn | Gwneud modelau, fflotiau a rafftiau |

## Prennau meddal

ADOLYGU

- Mae prennau meddal yn dod o goed conwydd, neu goed bythwyrdd.
- Mae coed conwydd yn tyfu'n gyflym ac yn cymryd tua deg mlynedd i aeddfedu.
- Mae gan y rhan fwyaf o brennau meddal raen agored ac yn gyffredinol dydyn nhw ddim mor ddwys nac mor gryf â phrennau caled.

**Tabl 4.5 Prennau meddal**

| Pren meddal | Priodweddau | Ffyrdd cyffredin o'i ddefnyddio |
|---|---|---|
| Cedrwydden goch | Da iawn am wrthsefyll hindreulio a phydru<br>Lliw brown cochlyd golau â graen clòs, syth<br>Hawdd ei weithio | Ffensio, pyst ffensys a chladin |
| Pinwydden yr Alban | Pren graen syth, lliw melyn golau<br>Meddal a hawdd ei weithio<br>Gallu bod yn eithaf ceinciog | Gwaith coed a dodrefn mewnol, fframiau ffenestri |
| Pinwydden Parana | Graen agored, syth nodweddiadol<br>Ychydig iawn o geinciau ac mae'n gryf ac yn wydn | Gwaith coed a grisiau mewnol |

## Prennau cyfansawdd

- Cafodd **prennau cyfansawdd** eu datblygu fel dewis arall yn lle prennau naturiol.
- Maen nhw'n perthyn i un o ddau gategori: byrddau laminedig a byrddau cywasgedig.
- Rydyn ni'n cynhyrchu byrddau laminedig drwy ludo llenni neu **argaenau** mawr at ei gilydd.
- Rydyn ni'n cynhyrchu byrddau cywasgedig drwy ludo gronynnau, sglodion neu fflawiau at ei gilydd dan wasgedd. Rydyn ni'n aml yn gorchuddio'r rhain â lamineiddiad plastig tenau.
- Mae prennau cyfansawdd ar gael mewn llenni mawr. Yn gyffredinol, dydyn nhw ddim mor ddrud â phrennau naturiol.

> **Prennau cyfansawdd:** llenni o bren sydd wedi cael eu gweithgynhyrchu i roi priodweddau penodol.
>
> **Argaenau:** llenni tenau o bren naturiol.

**Tabl 4.6 Enghreifftiau o brennau cyfansawdd**

| | Priodweddau | Defnyddio |
|---|---|---|
| Byrddau laminedig, e.e. pren haenog, blocfwrdd, bwrdd argaenau | Cryf<br><br>Edrych fel pren 'go iawn' | Silffoedd<br><br>Meinciau gwaith a wynebau gweithio |
| Byrddau cywasgedig, e.e. bwrdd ffibr dwysedd canolig (MDF), bwrdd sglodion, caledfwrdd | Arwyneb llyfn<br><br>Gallwn ni ei orchuddio â lamineiddiad plastig<br><br>Mae'n hawdd ei dorri a'i siapio<br><br>Dim graen | Wynebau gweithio mewn cegin<br><br>Cypyrddau<br><br>Dodrefn ystafell wely |

## Gorffeniadau

ADOLYGU

- Mae gorffeniadau'n helpu i amddiffyn pren rhag difrod ac yn gwneud iddo edrych yn well.
- Mae staen pren yn newid lliw'r pren ond heb ei amddiffyn.
- Mae paent yn newid lliw'r pren ac yn helpu i'w amddiffyn rhag y tywydd.
- Araen glir yw farnais sy'n amddiffyn rhag y tywydd ac yn gwella'r edrychiad.
- Mae olewau fel olew Danaidd ac olew tîc yn gwella edrychiad pren ac yn ei amddiffyn ryw ychydig.
- Mae defnyddio cadwolion pren ar gynhyrchion awyr agored yn eu hamddiffyn nhw rhag y tywydd ac yn helpu i atal pydredd.
- Gallwn ni roi farnais, staen a phaent ar brennau cyfansawdd, ond yn gyntaf mae'n rhaid rhoi araen i selio arwyneb mandyllog rhai mathau o fwrdd fel MDF.

# 3 Metelau fferrus ac anfferrus

- Mae metel yn ddefnydd naturiol ac mae'n cael ei gloddio o'r ddaear ar ffurf **mwyn**.
- Rydyn ni'n echdynnu'r metel crai o'r mwyn drwy ei falu'n fân, ei fwyndoddi neu ei wresogi.
- Mae metelau ar gael mewn amrywiaeth o ffurfiau stoc fel llenni, rhodenni, barrau, tiwbiau ac onglau.
- Gweler Ffigur 2.23 (Adran 2, Testun 8) am enghreifftiau o ffurfiau stoc metel.

> **Mwyn:** craig sy'n cynnwys metel.

# Metelau fferrus

- Metelau sy'n cynnwys haearn yw metelau fferrus.
- Mae'r rhan fwyaf o fetelau fferrus yn fagnetig (oherwydd eu bod nhw'n cynnwys haearn).
- Maen nhw'n dueddol o gyrydu wrth ddod i gysylltiad â lleithder ac ocsigen.
- I atal rhydu a gwneud iddyn nhw edrych yn well, gallwn ni eu peintio, eu galfanu, eu platio a'u haraenu â phlastig.
- Mae cysylltiad uniongyrchol rhwng priodweddau metelau fferrus, fel caledwch a hydrinedd, a'r carbon sydd ynddyn nhw – y mwyaf o garbon sydd mewn dur, y caletaf a'r lleiaf hydrin fydd y dur.
- Dur yw'r math mwyaf cyffredin o fetel fferrus. Mae'n hawdd ei ailgylchu.

**Tabl 4.7 Enghreifftiau o fetelau fferrus**

| Metelau fferrus | Priodweddau | Defnyddio |
|---|---|---|
| Dur meddal | Cryfder tynnol da <br> Hydrin (hawdd ei dorri a'i siapio) | Distiau dur rholio (*rolled steel joists*: RSJs) <br> Paneli corff ceir, dodrefn swyddfa |
| Dur carbon canolig | Cryf ond llai hydrin | Offer garddio fel rhawiau, trywelion |
| Dur carbon uchel | Cryf iawn ond llai hydrin fyth | Offer torri fel llafnau llifiau ac ebillion dril |

# Metelau anfferrus

- Nid yw metelau anfferrus yn cynnwys haearn, a dydyn nhw ddim yn rhydu.
- Nid yw'r rhan fwyaf ohonyn nhw yn fagnetig, sy'n eu gwneud nhw'n ddelfrydol i'w defnyddio mewn dyfeisiau a gwifrau electronig.
- Ar ôl dur, alwminiwm yw'r metel sy'n cael ei ddefnyddio a'i ailgylchu fwyaf.
- Mae'n cymryd llawer iawn o egni i echdynnu a chynhyrchu alwminiwm. Mae'n cymryd tua 95 y cant yn llai o egni i ailgylchu alwminiwm nag i gynhyrchu'r defnydd crai.

**Tabl 4.8 Enghreifftiau o fetelau anfferrus**

| Metelau anfferrus | Priodweddau | Defnyddio |
|---|---|---|
| Alwminiwm | Ysgafn dros ben <br> Meddal <br> Hydrin | Tuniau diodydd <br> Ffoiliau <br> Offer cegin <br> Darnau awyrennau |
| Copr | Dargludedd trydanol da <br> Dargludedd thermol da <br> Gallu gwrthsefyll cyrydiad | Pibellau plymwaith <br> Gwifrau trydanol <br> Toeon |
| Pres | Aloi o gopr, sinc a phlwm <br> Hawdd ei gastio <br> Edrychiad gloyw <br> Cyfernod ffrithiant isel | Cloeon, gerau, berynnau <br> Casinau bwledi <br> Offerynnau cerdd |

## Gorffeniadau

ADOLYGU

- Mae angen rhoi gorffeniad ar fetelau fferrus i'w hatal nhw rhag rhydu.
- Gall metelau fferrus gael eu peintio, eu platio, eu galfanu, eu haraenu â phowdr neu eu haraenu â pholymer.
- Nid yw metelau anfferrus yn rhydu, ond byddan nhw'n colli eu lliw oherwydd ocsidiad.
- Gallwn ni orffennu metelau anfferrus drwy eu platio â chrôm, eu hanodeiddio a'u haraenu â lacr clir.

# 4 Polymerau thermoffurfiol a thermosodol

## Polymerau thermoffurfiol

ADOLYGU

- Gallwn ni feddalu polymerau thermoffurfiol drwy eu gwresogi a'u mowldio nhw i bron unrhyw siâp.
- Ar ôl eu meddalu, neu eu plastigo, mae'n bosibl eu siapio a'u ffurfio nhw gan ddefnyddio amrywiaeth eang o brosesau, fel plygu, **ffurfio â gwactod**, mowldio ac **allwthio**.
- Ar ôl ffurfio'r siâp sydd ei eisiau, mae'r polymer yn oeri ac yn cadw ei siâp newydd.
- Gallwn ni ailgynhesu, ail-siapio ac oeri polymerau thermoffurfiol lawer gwaith heb achosi llawer o niwed i briodweddau'r polymer.
- Gallwn ni ailgylchu polymerau thermoffurfiol.

> **Ffurfio â gwactod:** dull o siapio dalen o bolymer thermoffurfiol drwy ei wresogi o gwmpas ffurfydd.
>
> **Allwthiad:** hyd o bolymer â thrawstoriad cyson.

## Polymerau thermosodol

ADOLYGU

- Dim ond unwaith gallwn ni siapio a ffurfio polymerau thermosodol. Allwn ni ddim eu gwresogi na'u ffurfio nhw eto ar ôl iddyn nhw ffurfio ac oeri.
- Maen nhw'n gwneud ynysyddion rhagorol.
- Allwn ni ddim eu hailgylchu nhw.

**Tabl 4.9 Enghreifftiau o bolymerau thermoffurfiol a thermosodol**

| | Math o bolymer | Priodweddau | Defnyddio |
|---|---|---|---|
| Acrylig (PMMA) | Thermoffurfiol | Caled | Unedau goleuadau ceir |
| | | Nodweddion optegol rhagorol | Baddonau |
| | | Gwrthsefyll hindreuliad yn dda | Arwyddion mewn siopau |
| | | Crafu'n hawdd ac yn gallu bod yn frau | Arddangosiadau |
| | | Ynysydd thermol a thrydanol rhagorol | |
| | | Plastigrwydd da wrth gael ei wresogi | |
| Polythen (PE) | Thermoffurfiol | Gwydn | Bagiau plastig |
| | | Hyblyg | Bagiau bin |
| | | Hawdd ei fowldio | Poteli golchi llestri |

| | Math o bolymer | Priodweddau | Defnyddio |
|---|---|---|---|
| Polypropylen (PP) | Thermoffurfiol | Lled-anhyblyg<br><br>Gwydnwch cemegol da<br><br>Gwydn<br><br>Gwrthsefyll lludded yn dda<br><br>Priodwedd colfach annatod<br><br>Ymwrthedd gwres da | Bwcedi<br><br>Powlenni<br><br>Cewyll<br><br>Teganau<br><br>Capiau poteli<br><br>Bymperi ceir<br><br>Tegellau jwg |
| Polycarbonad (PC) | Thermoffurfiol | Gwydn, gwrthsefyll ardrawiad<br><br>Da am wrthsefyll crafu<br><br>Ynysydd thermol a thrydanol rhagorol<br><br>Plastigrwydd da wrth gael ei wresogi | Sbectolau diogelwch<br><br>Helmau diogelwch |
| Polystyren wedi'i ehangu (EPS) | Thermoffurfiol | Ysgafn<br><br>Hawdd ei fowldio<br><br>Da am wrthsefyll ardrawiad<br><br>Ynysydd thermol rhagorol | Defnydd pecynnu<br><br>Cwpanau a phlatiau tafladwy |
| Acrylonitril bwtadeuen styren (ABS) | Thermoffurfiol | Caled<br><br>Nodweddion optegol rhagorol<br><br>Gwrthsefyll hindreuliad yn dda<br><br>Ynysydd thermol a thrydanol rhagorol<br><br>Plastigrwydd da wrth gael ei wresogi | Teganau plant<br><br>Casinau ffonau<br><br>Plygiau trydanol wedi'u mowldio yn eu lle |
| Polyfinyl clorid (PVC) | Thermoffurfiol | Caled a gwydn<br><br>Gwydnwch cemegol da a gallu gwrthsefyll y tywydd<br><br>Cost isel<br><br>Gallu bod yn hyblyg neu'n anhyblyg<br><br>Ynysydd thermol a thrydanol rhagorol<br><br>Plastigrwydd da wrth gael ei wresogi<br><br>Cryfder tynnol da | Pibellau, cafnau glaw, fframiau ffenestri |
| Neilon | Thermoffurfiol | Caled, gwydn, gwrthsefyll traul<br><br>Cyfernod ffrithiant isel<br><br>Ynysydd thermol a thrydanol rhagorol | Berynnau<br><br>Gerau<br><br>Ffitiadau rheiliau llenni<br><br>Dillad |
| Wrea fformaldehyd (UF) | Thermosodol | Gwisgo'n dda<br><br>Gwydn<br><br>Ddim yn dargludo trydan<br><br>Gwrth-ddŵr<br><br>Ynysydd thermol a thrydanol rhagorol | Gosodiadau trydanol<br><br>Ei ddefnyddio ar ffurf resin mewn adlynion pren |

| | Math o bolymer | Priodweddau | Defnyddio |
|---|---|---|---|
| Melamin fformaldehyd (MF) | Thermosodol | Dim blas<br><br>Dim arogl<br><br>Gwrthsefyll pannu<br><br>Gwrthsefyll cemegion<br><br>Ynysydd thermol a thrydanol rhagorol<br><br>Anhyblyg, caled a chryf<br><br>Gwrthsefyll crafiadau ac ardrawiadau | Llestri'r cartref (gwydrau, cwpanau, powlenni a phlatiau)<br><br>Seddi toiledau<br><br>Byliau a handlenni sosbenni<br><br>Wynebau gweithio mewn cegin |
| Polymer wedi'i atgyfnerthu â ffibr carbon (CFRP) | Thermosodol | Cryf iawn<br><br>Ysgafn<br><br>Gwydn<br><br>Gwydn<br><br>Cryfder tynnol uchel | Cyrff ceir rasio F1<br><br>Beiciau ffordd a mynydd<br><br>Racedi tennis |
| Kevlar | Thermosodol | Hawdd ei fowldio i siâp<br><br>Ysgafn<br><br>Gwydn<br><br>Para'n dda<br><br>Cryfder tynnol uchel | Festiau atal bwledi/atal trywanu<br><br>Helmau damwain a dillad diogelwch beic modur |
| Sbwng polystyren wedi'i allwthio (XPS) 'Styrofoam' | Thermoffurfiol | Ysgafn<br><br>Hawdd ei weithio<br><br>Ynysiad thermol da | Ynysu thermol yn y diwydiant adeiladu<br><br>Modelu |
| Resin epocsi (ER) | Thermosodol | Anhyblyg<br><br>Brau<br><br>Ynysydd thermol a thrydanol da<br><br>Gwydnwch cemegol da a gallu gwrthsefyll traul | Mowldiau i gastio<br><br>Adlynion<br><br>Byrddau cylched |

## Gorffennu polymerau

- Mae gan bolymerau eu lliw eu hunain, maen nhw'n wydn ac yn wrth-ddŵr ac fel arfer mae ganddyn nhw orffeniad sgleiniog iawn.
- Mae'n bosibl newid y gorffeniad os oes angen; gweler Adran 4, Testun 11.

**Cyngor**

Gwnewch yn siŵr eich bod chi'n gallu enwi nifer o bolymerau, rhoi eu priodweddau ac awgrymu ffyrdd posibl o'u defnyddio nhw.

## Profi eich hun

PROFI

1. Nodwch ddwy ffordd o ddefnyddio Styrofoam ac esboniwch y priodweddau sy'n ei wneud yn addas i bob pwrpas. [4]
2. Esboniwch y gwahaniaeth rhwng polymerau thermoffurfiol a thermosodol. [2]
3. Esboniwch beth yw ystyr y term 'uwch galendro'. [2]
4. Rhowch un enghraifft o ffordd o brofi metel i ganfod a yw'n fferrus neu'n anfferrus. [2]
5. Enwch bren naturiol addas i'w ddefnyddio fel sbatwla bren ac esboniwch eich dewis. [3]

# 5 Defnyddiau modern a chlyfar

## Defnydd cyfansawdd twnelu cwantwm (QTC)

ADOLYGU

- Mae defnyddiau cyfansawdd twnelu cwantwm yn bolymerau hyblyg sy'n cynnwys gronynnau nicel dargludol sy'n gallu naill ai dargludo trydan neu ynysu.
- Mae'r gronynnau nicel yn dod i gysylltiad â'i gilydd ac yn cael eu cywasgu wrth i rym gael ei roi, gan gynyddu'r dargludedd. Pan gaiff y grym ei dynnu i ffwrdd, mae'r defnydd yn mynd yn ôl i'w gyflwr gwreiddiol ac yn troi'n ynysydd trydanol.

## Polymorff

- Mae rhagor am bolymorff yn Adran 1, Testun 4.

## Pigmentau thermocromig a ffotocromig

- Mae manylion am y pigmentau hyn yn Adran 1, Testun 4.

## Nitinol

- Mae nitinol yn aloi sy'n cofio siâp sy'n cael ei wneud o ditaniwm a nicel. Mae cynhyrchion sydd wedi'u gwneud o nitinol yn gallu cael eu siapio a'u hanffurfio, ond wrth wresogi'r metel bydd yn mynd yn ôl i'w gyflwr gwreiddiol.
- Mae llawer o ffyrdd o ddefnyddio nitinol ym maes meddygaeth, er enghraifft y dulliau cau meddygol sy'n cael eu defnyddio ar doresgyrn, stentiau ar gyfer llawdriniaeth ar y galon a mewnblaniadau deintyddol fel fframiau dannedd.

# 6 Ffynonellau, tarddiadau a phriodweddau ffisegol a gweithio

## Metelau

ADOLYGU

Gallwn ni ddosbarthu metelau i dri gwahanol gategori:
- fferrus (yn cynnwys haearn)
- anfferrus (ddim yn cynnwys haearn)
- aloion (metel wedi'i wneud o ddau neu fwy o fetelau eraill).

Mae'r rhan fwyaf o fetelau i'w cael yng nghramen y Ddaear fel rhan o graig o'r enw mwyn.
- Gallwn ni gloddio mwyn yn agored neu o dan y ddaear, neu hyd yn oed ei garthu o afonydd.
- Mae haearn yn dod o fwyn o'r enw **haematit**, sydd i'w gael mewn gwledydd fel Brasil, Awstralia a De Affrica.
- Mae'n rhaid mwyndoddi mwyn i ryddhau'r metel o'r graig.
- Rydyn ni'n defnyddio proses **mwyndoddi** i echdynnu haearn o haematit. Mae hyn yn golygu gwresogi'r mwyn hyd at dymheredd uchel iawn mewn ffwrnais chwyth.
- Rydyn ni'n mwyndoddi alwminiwm o'i fwyn (**bocsit**) mewn cell rydwytho.

> **Haematit:** mwyn sy'n cynnwys haearn.
>
> **Mwyndoddi:** y broses o echdynnu metel o fwyn.
>
> **Bocsit:** mwyn sy'n cynnwys alwminiwm.

Atebion i'r cwestiynau Profi eich hun: **www.hoddereducation.co.uk/fynodiadauadolygu**

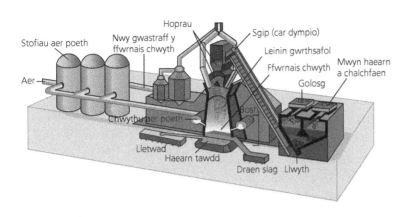

Ffigur 4.2 Y ffwrnais chwyth

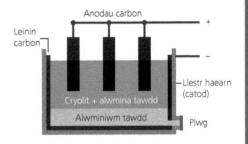

Ffigur 4.3 Y gell rhydwytho

## Metelau fferrus

Mae pob metel fferrus yn cynnwys haearn ac wrth ffurfio aloi (cymysgu) â charbon maen nhw'n cynhyrchu dur.

Tabl 4.10 **Metelau fferrus cyffredin**

| Metel fferrus | Cyfansoddiad | Priodweddau | Ffyrdd cyffredin o'i ddefnyddio |
|---|---|---|---|
| Haearn bwrw | Haearn a 3.5% carbon | Arwyneb caled ond craidd meddal brau <br><br> Cryfder cywasgol cryf <br><br> Ddim yn gwrthsefyll cyrydiad yn dda <br><br> Ymdoddbwynt 1200°C <br><br> Dargludedd trydanol a thermol da <br><br> Rhad | Feisiau, disgiau brêc ceir, blociau silindr, gorchuddion tyllau archwilio |
| Dur meddal | Haearn a 0.15–0.35% carbon | Cryfder tynnol da, gwydn, hydrin <br><br> Ddim yn gwrthsefyll cyrydiad yn dda <br><br> Ymdoddbwynt 1500°C <br><br> Dargludedd trydanol a thermol da <br><br> Rhad | Cyrff ceir, nytiau, bolltau a sgriwiau, RSJs a hytrawstiau |
| Dur carbon canolig | Haearn a 0.35–0.7% carbon | Cryfder tynnol da <br><br> Caletach a mwy gwydn na dur meddal <br><br> Ddim yn gwrthsefyll cyrydiad yn dda <br><br> Ymdoddbwynt 1500°C <br><br> Dargludedd trydanol a thermol da | Offer garddio a sbringiau |
| Dur carbon uchel | Haearn a 0.70–1.4% carbon | Caled ond hefyd brau <br><br> Llai gwydn, hydrin a hydwyth na dur carbon canolig <br><br> Ddim yn gwrthsefyll cyrydiad yn dda <br><br> Ymdoddbwynt 1500°C <br><br> Dargludedd trydanol a thermol da | Tyrnsgriwiau, cynion, tapiau a gwifrau |

6 Ffynonellau, tarddiadau a phriodweddau ffisegol a gweithio

### Triniaeth wres ar gyfer metelau fferrus

Gallwn ni newid priodweddau metelau fferrus drwy ddefnyddio gwres.

- Mae **anelio** yn golygu gwresogi'r metel nes ei fod yn boethgoch ac yna gadael iddo oeri'n araf iawn. Mae hyn yn gwneud y metel mor feddal â phosibl.
- I **galedu** metel fferrus, mae angen ei wresogi nes ei fod yn boethgoch ac yna ei oeri mor gyflym â phosibl mewn dŵr oer.
- Mae **tymheru** yn golygu gwresogi'r dur at dymheredd penodol a gadael iddo oeri'n naturiol. Mae hyn yn gwneud y dur caled yn llai brau.
- Mae proses crofennu'n gallu caledu arwyneb metel fferrus. Caiff y metel ei wresogi nes ei fod yn boethgoch ac yna ei roi mewn cyfansoddyn carbon uchel lle mae'n amsugno rhywfaint o'r carbon. Yna gallwn ni galedu'r gorchudd hwn, sy'n cynnwys llawer o garbon, â thriniaeth wres.

> **Anelio:** Dull o drin metel â gwres sy'n ei wneud mor feddal â phosibl.
>
> **Caledu:** dull o drin metel â gwres sy'n ei wneud yn galed ond yn frau.
>
> **Tymheru:** dull o drin metel â gwres sy'n ei wneud yn llai brau.

## Metelau anfferrus

ADOLYGU

Does dim haearn mewn metelau anfferrus.

**Tabl 4.11 Metelau anfferrus cyffredin**

| Metel anfferrus | Cyfansoddiad | Priodweddau | Ffyrdd cyffredin o'i ddefnyddio |
|---|---|---|---|
| Alwminiwm | Metel pur | Ysgafn, meddal, hydwyth a hydrin<br><br>Dargludo gwres a thrydan yn dda<br><br>Gwrthgyrydiad<br><br>Ymdoddbwynt 660°C | Cyrff awyrennau, siasïau ceir drud, tuniau, pedyll coginio, fframiau beiciau |
| Copr | Metel pur | Eithriadol o hydwyth a hydrin<br><br>Dargludydd gwres a thrydan rhagorol<br><br>Hawdd ei sodro a gwrthgyrydiad<br><br>Ymdoddbwynt 1084°C | Ffitiadau plymwaith, tanciau dŵr poeth, gwifrau trydanol |
| Arian | Metel pur | Metel meddal, gwerthfawr sy'n eithriadol o dda am wrthsefyll cyrydu<br><br>Dargludydd gwres a thrydan rhagorol<br><br>Ymdoddbwynt 961°C<br><br>Drud | Cael ei ddefnyddio'n aml fel gemwaith |

### Triniaeth wres ar gyfer metelau anfferrus

Gallwn ni newid priodweddau metelau anfferrus hefyd drwy ddefnyddio gwres. Y prif wahaniaeth yw bod caledu ac anelio metelau anfferrus yn digwydd ar dymheredd llawer is.

## Aloion

ADOLYGU

Mae aloi yn golygu metel sydd wedi cael ei gynhyrchu drwy gyfuno dwy neu fwy o elfennau i gynhyrchu metel newydd â phriodweddau gwell.

Atebion i'r cwestiynau Profi eich hun: **www.hoddereducation.co.uk/fynodiadauadolygu**

**Tabl 4.12** Aloion cyffredin

| Aloi | Cyfansoddiad | Priodweddau | Ffyrdd cyffredin o'i ddefnyddio |
|---|---|---|---|
| Dur gwrthstaen – aloi fferrus | Aloi dur sydd hefyd yn cynnwys cromiwm (18%), nicel (8%) a magnesiwm (8%) | Caled a gwydn<br><br>Rhagorol am wrthsefyll cyrydiad<br><br>Ymdoddbwynt 1510 °C<br><br>Dargludedd trydanol a thermol da | Sinciau, cyllyll a ffyrc, cyfarpar llawfeddygol, offer y cartref |
| Dur buanedd uchel – aloi fferrus | Aloi carbon canolig sydd hefyd yn cynnwys twngsten, cromiwm a fanadiwm | Caled iawn<br><br>Gwrthsefyll ffrithiant<br><br>Mae angen ei lifanu er mwyn ei hogi<br><br>Ymdoddbwynt 1540 °C<br><br>Dargludedd trydanol a thermol da | Offer torri turn, driliau, torwyr melino |
| Dur ucheldynnol – aloi fferrus | Aloi carbon isel sydd hefyd yn cynnwys cromiwm a molybdenwm | Dur â chryfder ildio uchel iawn<br><br>Ymdoddbwynt 1540 °C | Rydyn ni'n ei ddefnyddio i atgyfnerthu concrit |
| Pres – metel anfferrus | Aloi o gopr (65) a sinc (35%) | Cryf a hydwyth<br><br>Castio'n dda<br><br>Gwrthgyrydiad<br><br>Ymdoddbwynt 930 °C<br><br>Dargludo gwres a thrydan | Castinau, gofaniadau, tapiau, sgriwiau pren |
| Efydd – aloi anfferrus | Copr 80–90%, tun, alwminiwm, ffosfforws a/neu nicel, â'r symiau'n amrywio | Lliw melyn cochlyd<br><br>Caletach na phres<br><br>Gwrthgyrydiad<br><br>Ymdoddbwynt 1200–1600 °C | Castinau, berynnau a gerau |
| Piwter – aloi anfferrus | Tun 85–90%, antimoni, copr | Hydrin ag ymdoddbwynt isel (170–230 °C)<br><br>Hawdd ei weithio | Castinau, gwaith morthwyl |
| Dwralwmin – aloi anfferrus | Aloi o alwminiwm (90%), copr (4%), magnesiwm (1%), manganîs (0.5–1%) | Cryf, meddal a hydrin<br><br>Yn gallu gwrthsefyll cyrydiad yn rhagorol<br><br>Ysgafn<br><br>Ymdoddbwynt 660 °C<br><br>Dargludo gwres a thrydan | Adeiledd a ffitiadau awyrennau, cymwysiadau hongiad, tanciau tanwydd |

**6 Ffynonellau, tarddiadau a phriodweddau ffisegol a gweithio**

> **Cyngor**
>
> Gwnewch yn siŵr eich bod chi'n gwybod y gwahaniaeth rhwng metel fferrus ac anfferrus. Dylech chi ddeall beth yw ystyr y term 'aloi'. Dylech chi allu rhoi enwau cywir nifer o fetelau a gwybod eu priodweddau a sut rydyn ni'n eu defnyddio nhw.

# Pren naturiol a chyfansawdd

Rydyn ni'n categoreiddio pren naturiol mewn dau grŵp: **prennau caled** a **phrennau meddal**.

## Ffynonellau sylfaenol

Mae'n hanfodol bod dylunwyr a gwneuthurwyr yn gwybod o ble mae pren yn dod ac yn deall y prosesau mae wedi mynd drwyddynt cyn dechrau ei ddefnyddio.

- Mae prennau meddal yn dod yn bennaf o ardaloedd gogleddol claear Ewrop, Canada a Rwsia.
- Mae prennau caled yn cael eu tyfu yng Nghanol Ewrop, Gorllewin Affrica a Chanol a De America.
- Ar ôl i goed aeddfedu, gallwn ni eu torri nhw i lawr a'u **trawsnewid** yn blanciau.
- Mae pren sydd newydd gael ei dorri'n cynnwys llawer o leithder, ac rydyn ni'n ei alw'n **bren gwyrdd**. Mae angen **sychu** planciau sydd newydd gael eu trawsnewid i dynnu lleithder ohonynt.
- Mae pren yn gynnyrch naturiol, ac un o'i fanteision yw ei fod yn adnewyddadwy.

## Mathau o bren naturiol a'u priodweddau gweithio

Drwy ddeall priodweddau gwahanol fathau o bren, byddwch chi'n gallu gwneud dewis doeth ynglŷn â pha un i'w ddefnyddio wrth ddylunio a gwneud cynhyrchion. Gallwch chi ddarllen am briodweddau gweithio gwahanol fathau o bren yn Nhablau 4.4 a 4.5 (Adran 4, Testun 2).

### Ffurfiau pren naturiol sydd ar gael

Mae pren naturiol (caled a meddal) fel arfer yn cael ei gyflenwi mewn planciau, byrddau, stribedi a sgwariau.

I gael gwybod mwy am sut caiff pren ei gyflenwi, gweler Adran 4, Testun 8.

## Mathau o bren cyfansawdd a'u priodweddau gweithio

Mae prennau cyfansawdd yn ddarnau o bren sy'n cael eu cynhyrchu'n fasnachol ac yn cynnig manteision dros bren naturiol:

- Maen nhw ar gael mewn llenni llawer mwy na phren solet (2440 × 1220mm).
- Mae ganddyn nhw briodweddau cyson drwy'r bwrdd i gyd.
- Maen nhw'n fwy sefydlog na phren naturiol, sy'n golygu eu bod nhw'n llai tebygol o gamdroi, crebachu neu ddirdroi.
- Gallwn ni ddefnyddio coed gradd is, sy'n gallu bod o fudd i'r amgylchedd ac yn rhatach.
- Gallwn ni roi wyneb o argaen neu lamineiddiad arnyn nhw i wella eu hymddangosiad esthetig.
- Oherwydd eu hansawdd cyson, maen nhw'n gweddu'n dda i beiriannu CNC a chynhyrchu symiau mawr.

---

**Prennau caled:** pren sy'n dod o goed collddail ac sydd fel arfer yn galetach na phren meddal.

**Pren meddal:** pren sy'n dod o goed conwydd ac sydd fel arfer yn rhatach na phren caled.

**Trawsnewid:** y broses o dorri boncyff yn blanciau.

**Pren gwyrdd:** pren sydd newydd gael ei dorri ac sy'n cynnwys llawer o leithder.

**Sychu:** y broses o dynnu lleithder o blanciau sydd newydd gael eu trawsnewid.

Mae dau gategori o brennau cyfansawdd:

- Rydyn ni'n cynhyrchu byrddau laminedig drwy ludo llenni neu argaenau mawr at ei gilydd.
- Rydyn ni'n cynhyrchu byrddau cywasgedig drwy ludo gronynnau, sglodion neu fflawiau at ei gilydd dan wasgedd.

**Tabl 4.13 Pren cyfansawdd**

| Pren cyfansawdd | Disgrifiad | Priodweddau |
|---|---|---|
| Bwrdd ffibr dwysedd canolog (MDF) | Ffibrau pren mân cywasgedig wedi'u bondio at ei gilydd â resin | Mae'r bwrdd yn gymharol rad ac mae ganddo arwyneb gwastad, llyfn |
| Pren haenog | Argaenau pren wedi'u gludo at ei gilydd â'r graen yn eiledu | Cryf iawn ag arwyneb gwastad, llyfn |
| Bwrdd sglodion | Sglodion pren wedi'u bondio at ei gilydd â resin | Defnydd adeiladu rhad sydd ddim yn gryf iawn |
| Caledfwrdd | Ffibrau pren mân cywasgedig wedi'u bondio at ei gilydd â resin. Un ochr lyfn ac un ochr weadog | Defnydd rhad iawn sy'n cael ei ddefnyddio ar gyfer gwaelod droriau a chefn wardrobau |

## Polymerau thermosodol a thermoffurfiol

ADOLYGU

I gael manylion am y gwahaniaethau rhwng polymerau thermosodol a thermoffurfiol a phriodweddau ffisegol a mecanyddol gwahanol fathau o bolymerau, gweler Adran 4, Testun 4.

### Polymerau synthetig

- Mae'r rhan fwyaf o bolymerau'n cael eu gwneud o olew crai ac rydyn ni'n galw'r rhain yn bolymerau synthetig.
- Mae olew crai i'w gael ledled y byd, ond mae'r cronfeydd mwyaf yn y Dwyrain Canol ac yng Nghanol a De America.
- Rydyn ni'n ei echdynnu o'r ddaear drwy ddrilio a'i bwmpio i'r arwyneb. Yna caiff ei gludo i burfa olew i'w brosesu.

### Polymerau naturiol (biopolymerau)

- Mae biopolymerau'n cael eu gwneud o ddefnyddiau planhigol fel betys siwgr a startsh corn.
- Gan fod biopolymerau'n blanhigol, maen nhw'n adnewyddadwy.

### Ychwanegion

Gallwn ni flendio nifer o ychwanegion gyda pholymerau i wella rhai priodweddau.

- Rydyn ni'n ychwanegu polymerwyr at bolymerau i'w gwneud nhw'n fwy hyblyg.
- Mae pigmentau'n newid lliw polymer.
- Rydyn ni'n ychwanegu llenwadau at bolymerau i'w gwneud nhw'n fwy swmpus ac yn rhatach.
- Gallwn ni ychwanegu defnyddiau gwrth-fflam at bolymerau i'w hatal nhw rhag llosgi neu i arafu'r gyfradd llosgi.

# Papurau a byrddau

ADOLYGU

## Ffynonellau

- Roedd y papur cyntaf wedi'i wneud o ffibrau rhisgl coeden wedi'u cymysgu mewn dŵr, sef mwydion. Roedd y mwydion yn cael eu draenio, eu taenu ac yna eu gwasgu i lawr yn haen denau cyn cael eu sychu yn yr haul.

- Yn ddiweddarach, fe wnaeth pobl ddarganfod bod lignin, sef y glud naturiol sy'n dal ffibrau'r pren at ei gilydd, yn dadelfennu'n haws wrth ddefnyddio planhigion â ffibrau cellwlos hir. Roedd hyn yn golygu bod modd troi'r ffibrau'n fwydion mwy mân, ac roedd hyn yn gwneud papur o ansawdd gwell.

- Mae'n cymryd tua 12 coeden o faint cyfartalog i wneud 1 dunnell fetrig o bapur ar gyfer papur newydd a thua 24 coeden i wneud 1 dunnell fetrig o bapur llungopïo.

**Cyngor**

Rydyn ni'n gwneud papurau a chardbord o goed, felly mae gan gynhyrchion sydd wedi'u gwneud o'r rhain **gylchred oes** debyg i gynhyrchion pren.

**Cylchred oes:** y camau mae cynnyrch yn mynd drwyddyn nhw o'r dechrau (echdynnu defnyddiau crai) hyd at y diwedd (gwaredu).

## Papur wedi'i ailgylchu

ADOLYGU

- Mae ailgylchu papur yn golygu bod angen llai o goed ac yn lleihau'r effaith amgylcheddol.

- Allwn ni ddim ailgylchu papur am byth oherwydd ar ôl tua phump neu chwech o weithiau, mae'r ffibrau'n mynd yn rhy fyr a gwan i ffurfio mwydion digon da.

- I gynnal ansawdd a chryfder papur wedi'i ailgylchu, rydyn ni'n defnyddio cymysgedd o bapur wedi'i ailgylchu a sglodion pren gwyryfol newydd i wneud y mwydion (55–80% papur wedi'i ailgylchu a 20–45% sglodion pren gwyryfol).

**Tabl 4.14 Priodweddau ffisegol a gweithio papur**

| Enw cyffredin | Pwysau (gsm) | Priodweddau/nodweddion gweithio | Defnyddio |
|---|---|---|---|
| Papur gosodiad | 50 | Gwyn llachar, llyfn, ysgafn (tenau) felly ychydig bach yn dryloyw a rhad | Braslunio a datblygu syniadau dylunio, dargopïo darnau o ddyluniadau |
| Papur llungopïo | 80 | Gwyn llachar, llyfn, pwysau canolig, ar gael yn eang | Argraffu a llungopïo |
| Papur cetris | 80–140 | Arwyneb gweadog â lliw hufennaidd | Lluniadu â phensil, creonau, pastelau, paentiau dyfrlliw, inciau a gouache |
| Papur gwrthredeg | 80–140 | Arwyneb llyfn gwyn llachar, atal inc y pen marcio rhag 'rhedeg' | Lluniadu â pheniau marcio |
| Papur siwgr | 100 | Ar gael mewn amrywiaeth eang o liwiau, rhad, arwyneb garw | Mowntio a gwaith arddangos |

# Bwrdd

ADOLYGU

## Cerdyn

- Un dull o wneud cardbord yw gwasgu a gludo llawer o haenau o bapur at ei gilydd.

- Dull arall yw gwasgu'r haenau o fwydion gwlyb at ei gilydd i wneud haen fwy trwchus.

Atebion i'r cwestiynau Profi eich hun: **www.hoddereducation.co.uk/fynodiadauadolygu**

## Cardbord rhychiog

- Mae tair haen mewn cardbord rhychiog, ac rydyn ni'n ei wneud drwy yrru papur drwy beiriant rhychu.
- Mae'r haen ganol yn cael ei stemio i feddalu'r ffibrau, yna ei chrimpio i roi siâp tonnog iddi.
- Yna, caiff dwy haen allanol y papur eu gludo ar ddwy ochr yr haen ganol donnog.
- Ar ôl y rhychu, caiff ei dorri'n ddarnau mawr, sef y 'blanciau', sydd yna'n mynd i beiriannau eraill i gael eu argraffu, eu torri a'u gludo at ei gilydd.
- Mae gan gardbord rhychiog waliau dwbl haen ychwanegol donnog a gwastad i'w wneud yn fwy anhyblyg a rhoi mwy o amddiffyniad.

**Ffigur 4.4 Cardbord rhychiog**

**Tabl 4.15 Priodweddau ffisegol a gweithio cerdyn**

| Enw cyffredin | Trwch (micronau) | Priodweddau/nodweddion gweithio | Defnyddio |
|---|---|---|---|
| Cerdyn | 180–300 | Ar gael mewn amrywiaeth eang o liwiau, meintiau a gorffeniadau, hawdd ei blygu, ei dorri ac argraffu arno | Cardiau cyfarchion, cloriau meddal i lyfrau a modelu syml |
| Cardbord | 300 a mwy | Ar gael mewn amrywiaeth eang o feintiau a gorffeniadau, hawdd ei blygu, ei dorri ac argraffu arno | Pecynnu eitemau adwerthu cyffredinol fel bwyd, teganau, modelu dyluniadau |
| Cardbord rhychiog | 3000 a mwy | Ysgafn ond cryf, anodd ei blygu, ynysydd gwres da | Blychau pizza, blychau esgidiau, pecynnu cynhyrchion mwy, e.e. nwyddau trydanol |
| Bwrdd mowntio | 1400 | Llyfn, anhyblyg, da am wrthsefyll colli lliw | Borderi a mowntiau i fframiau lluniau |

## Haenau laminedig

ADOLYGU

### Bwrdd ewyn a Styrofoam

- Mae bwrdd ewyn a Styrofoam yn ddau fath tebyg iawn o ewyn polystyren.
- Mae bwrdd ewyn yn defnyddio'r ewyn hwn rhwng dwy haen allanol o bapur neu gerdyn tenau.
- Mae'n ddefnydd cyffredin i wneud modelau pensaernïol, prototeipiau o wrthrychau bach a'r arwyddion mawr sy'n hongian mewn archfarchnadoedd.
- Mae Styrofoam yn enw masnachol ar ynysiad ewyn polystyren wedi'i allwthio (*extruded polystyrene*: XPS).
- Rydyn ni'n gwneud XPS drwy doddi resin plastig a chynhwysion eraill i ffurf hylifol a'i allwthio drwy ddei.
- Yna, mae'r hylif wedi'i allwthio'n ehangu wrth iddo oeri, gan gynhyrchu ynysiad anhyblyg celloedd caeedig.
- Rydyn ni'n defnyddio Styrofoam fel defnydd modelu i greu mowldiau i ffurfio â gwactod, ac fel defnydd inswleiddio.

### Corriflute

- Mae Corriflute yn enw masnachol ar blastig polypropylen rhychiog.
- Rydyn ni'n ei gynhyrchu mewn un darn drwy allwthio polypropylen tawdd drwy ffurfydd sy'n mowldio'r polymer i'r siâp gofynnol.

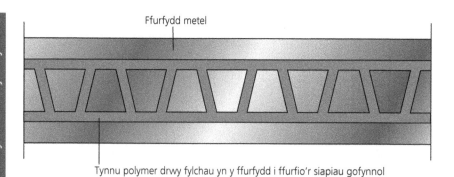

Ffurfydd metel

Tynnu polymer drwy fylchau yn y ffurfydd i ffurfio'r siapiau gofynnol

**Ffigur 4.5 Toriad drwy Corriflute**

## Foamex

- Mae Foamex yn enw masnachol ar ewyn polyfinyl clorid.
- Rydyn ni'n gwneud ewyn PVC drwy gymysgu dau gemegyn (deuisocyanadau a pholyolau) sy'n adweithio â'i gilydd.
- Rydyn ni'n ychwanegu pigmentau lliw ac ychwanegion eraill.
- Yna, caiff y cymysgedd ei arllwys ar gludfelt sy'n symud lle mae'n 'ewynnu', gan ffurfio un bloc parhaus hir o ewyn.
- Mae'n ysgafn ac yn anhyblyg, mae ganddo briodweddau ynysu da, ac mae'n hawdd printio arno.
- Mae ar gael mewn amrywiaeth o liwiau, ac mae'n hawdd ei dorri a'i uno â defnyddiau eraill.
- Nid yw'n adweithio â dŵr na llawer o gemegion eraill, felly yn aml caiff ei ddefnyddio ar gyfer arddangosiadau ac arwyddion awyr agored.

> **Cyngor**
>
> Mae Corriflute, ewyn PVC a Styrofoam wedi'u gwneud o bolymerau felly mae eu nodweddion sylfaenol yr un fath â phlastigion (e.e. gwrth-ddŵr, anffurfio gyda gwres).

**Tabl 4.16 Priodweddau mathau o fyrddau**

| Enw cyffredin | Priodweddau/nodweddion gweithio | Defnyddio |
|---|---|---|
| Bwrdd ewyn | Llyfn, anhyblyg, ysgafn iawn a hawdd ei dorri | Arddangosiadau pwynt gwerthu, arwyddion i'w hongian o'r to mewn archfarchnadoedd, modelu pensaernïol |
| Styrofoam | Lliw glas golau, hawdd ei dorri, ei sandio a'i siapio, gwrthsefyll dŵr, ynysydd gwres a sain da | Mowldiau 3D ar gyfer ffurfio â gwactod a phlastig wedi'i atgyfnerthu â gwydr (GRP), inswleiddio waliau carafanau, cychod |
| Corriflute | Amrywiaeth eang o liwiau, gwrth-ddŵr, hawdd ei dorri, anhyblyg, ysgafn | Arwyddion awyr agored, defnydd pecynnu a modelu |
| Foamex | Ysgafn, priodweddau ynysu da, hawdd printio arno, gwrthsefyll dŵr | Arddangosiadau ac arwyddion awyr agored |

## Lamineiddio

ADOLYGU

Fel arfer byddwn ni'n lamineiddio dogfennau gorffenedig er mwyn:

- gwella eu cryfder a'u gallu i wrthsefyll plygu, crychu neu rwygo
- gwneud yr eitem yn wrth-ddŵr, fel ein bod ni'n gallu ei glanhau hi â chadach llaith heb ddim smwtsio na throi'n soeglyd
- gwella ymddangosiad y ddogfen drwy ei gwneud hi'n sgleiniog
- cynyddu oes y ddogfen wedi'i phrintio.

Mae lamineiddio'n golygu rhoi ffilm o blastig clir rhwng 1.2 ac 1.8mm o drwch ar un neu ddwy ochr papur neu gerdyn tenau. Mae tri dull o lamineiddio dogfen:

Atebion i'r cwestiynau Profi eich hun: **www.hoddereducation.co.uk/fynodiadauadolygu**

## Lamineiddio cwdyn

● Mae lamineiddio cwdyn yn defnyddio cydau o blastig clir, tenau sydd wedi'u haraenu ar y tu mewn â haen denau o lud sy'n gweithredu gyda gwres.

● Caiff y ddogfen ei rhoi yn y cwdyn ffilm ac yna ei gyrru drwy beiriant lamineiddio.

● Mae'r peiriant yn gwresogi'r cwdyn fel bod y glud yn selio'r cwdyn at ei gilydd wrth iddo gael ei wasgu drwy'r rholeri, gan gau'r ddogfen y tu mewn iddo.

● Dim ond un ddogfen ar y tro mae lamineiddiwr cwdyn yn gallu ei gwneud, felly mae'n ddelfrydol ar gyfer niferoedd bach o eitemau.

## Lamineiddio thermol neu boeth

● Pan mae angen niferoedd mawr o ddogfennau wedi'u lamineiddio, mae angen dulliau lamineiddio masnachol. Mae lamineiddio thermol yn defnyddio rholiau o ffilm blastig denau sy'n sensitif i wres.

## Lamineiddio oer

● Rydyn ni'n defnyddio lamineiddio oer i orchuddio un ochr yn unig o'r papur neu'r cerdyn.

● Nid yw lamineiddio oer yn defnyddio gwres, felly mae'n ddelfrydol ar gyfer dogfennau fel ffotograffau.

# 7 Dethol defnyddiau a chydrannau

## Metelau

ADOLYGU ☐

● Rydyn ni'n dethol metelau am eu priodweddau gweithredol ac esthetig.

● Maen nhw'n anoddach eu gweithio na'r rhan fwyaf o ddefnyddiau oherwydd eu caledwch cynhenid, ond gallwn ni eu gweithgynhyrchu nhw â mwy o fanwl gywirdeb.

Tabl 4.17 **Priodweddau swyddogaethol ac esthetig metelau fferrus ac anfferrus**

| Metel | Estheteg | Swyddogaethedd |
|---|---|---|
| Alwminiwm (Dwralwmin) | Hawdd ei gastio'n siapiau unigryw; gallwn ni ei lathru i roi gorffeniad tebyg i ddrych neu ei liwio â gorffeniad llachar drwy ei anodeiddio | Cymhareb cryfder i bwysau ragorol, hawdd ei dorri, ei weldio a'i uno mewn gwahanol ffyrdd, da am wrthsefyll cyrydu |
| Copr | Mae'n hawdd ei siapio drwy ei guro, ac mae ganddo orffeniad browngoch sy'n gallu cael ei lathru'n loyw. Ei nodwedd unigryw yw ei fod yn troi'n wyrdd os caiff ei adael yn yr awyr agored heb ei amddiffyn | Hawdd ei weithio, dargludydd gwres a thrydan da, hydrin, hydwyth a hawdd ei uno drwy sodro |
| Pres | Hawdd ei gastio'n siapiau unigryw, lliw melynfrown sy'n gallu cael ei lathru'n loyw | Defnydd caletach, mwy gwydn na chopr; dargludydd gwres a thrydan da |
| Piwter | Hawdd iawn ei gastio i siâp oherwydd ei ymdoddbwynt isel | Metel meddal a chymharol wan |
| Dur meddal | Hawdd ei weithio i siâp, rhydu os caiff ei adael heb ei amddiffyn, gallu derbyn amrywiaeth eang o orffeniadau/platiau/araenau | Gwydn, cryf a hydrin, cymharol hawdd ei weithio |

### Ffactorau amgylcheddol

- Mae metelau'n dod o fwyn, sy'n adnodd anadnewyddadwy.
- Mae angen llawer o egni i brosesu mwyn i ffurfio metel pur. Mae'r rhan fwyaf o'r egni hwn yn dod o danwyddau ffosil anadnewyddadwy.
- Bydd rhai metelau'n llygru'r tir os ydyn nhw'n mynd i safle tirlenwi.
- Mae'r rhan fwyaf o fetelau'n gymharol hawdd eu hatgyweirio, yn para'n hir ac yn gallu cael eu hailgylchu.

### Argaeledd

- Mae metel ar gael yn rhwydd mewn amrywiaeth o ffurfiau stoc (gweler Adran 2, Testun 8).
- Mae metel yn dod mewn meintiau stoc o ran hyd, lled, trwch, diamedr a phwysau.

### Gwir gost

- Mae cost metelau'n gallu amrywio'n sylweddol. Mae metelau cyffredin fel dur yn gymharol rad. Mae metelau lled-werthfawr fel copr, tun a phlwm yn ddrutach, ac mae metelau gwerthfawr fel aur ac arian yn ddrud iawn.
- Mae metelau'n addas i ddulliau swp-gynhyrchu, masgynhyrchu a chynhyrchu parhaus, sy'n lleihau cost uned cynhyrchion bob dydd fel tuniau diodydd alwminiwm.
- Mae gemwaith ar archeb, sydd wedi'u gwneud â llaw o fetelau gwerthfawr, yn ddrud iawn.

### Ffactorau cymdeithasol a diwylliannol

- Mae metelau adeiladu fel dur ar gael yn rhwydd ac yn fforddiadwy, felly mae pawb yn defnyddio llawer o'r rhain.
- Dim ond aelodau cyfoethog o gymdeithas sy'n gallu fforddio metelau gwerthfawr fel aur ac arian.

### Ffactorau moesegol

- Mae metelau'n adnodd cyfyngedig ac mae'n rhaid eu hailgylchu nhw ar ddiwedd eu hoes neu fyddan nhw ddim ar gael i genedlaethau'r dyfodol.
- Mae prosesu mwyn metel yn llygru'r blaned.
- Mae'r ELVD (Cyfarwyddeb Diwedd Oes Cerbydau) yn gyfarwyddeb Ewropeaidd sy'n ceisio sicrhau bod cerbydau'n cael eu trin yn gywir ar ddiwedd eu hoes ddefnyddiol.

## Pren

ADOLYGU

### Swyddogaethedd

- Mae angen i fainc yn yr ardd fod yn gryf a gwydn a gallu gwrthsefyll y tywydd.
- Mae angen i degan plentyn fod yn wydn heb ddim fflawiau pren.
- Mae angen i ddodrefn rhad fod yn fflat, yn sefydlog ac yn hawdd eu cydosod gartref.
- Mae gan wahanol brennau wahanol briodweddau:
  - Mae pren pinwydd yn bren naturiol cymharol rad â graen deniadol. Mae ar gael mewn hydoedd syth hir, sy'n ei wneud yn ddelfrydol ar gyfer prototeipiau mwy.

Atebion i'r cwestiynau Profi eich hun: **www.hoddereducation.co.uk/fynodiadauadolygu**

- o Mae pren ffawydd yn bren gwydn iawn sydd ddim yn ffurfio fflawiau, felly mae'n ddefnydd addas i'w ddefnyddio mewn teganau plant.
- o Mae mahogani'n bren cryf â lliw coch tywyll, a gallwn ni ei lathru i roi gorffeniad sgleiniog iawn. Mae'n aml yn cael ei ddefnyddio i gynhyrchu projectau llai fel blychau gemwaith.

## Estheteg

- Mae lliwiau pren yn amrywio o sycamorwydd (golau iawn) i eboni (du).
- Gallwn ni staenio neu beintio pren â gorffeniad sglein, mat neu satin.
- Gallwn ni amrywio teimlad pren; mae graen naturiol ganddo a gallwn ni ei sandio'n llyfn neu ei adael yn eithaf garw.
- Mae pren yn 'gynnes' i'w gyffwrdd.

## Ffactorau amgylcheddol

- Mae pren yn ecogyfeillgar oherwydd gallwn ni ei adnewyddu drwy dyfu mwy o goed. Mae cynhyrchion sydd wedi'u gwneud o brennau naturiol yn gymharol hawdd eu trwsio, gallwn ni ailgylchu'r pren ac ni wnaiff niweidio'r amgylchedd os yw'n mynd i safle tirlenwi.
- Mae pren yn fioddiraddadwy ac nid yw'n niweidio'r amgylchedd wrth gael ei waredu.
- Mae'n gymharol hawdd ei drwsio ac mae gan y rhan fwyaf o brennau oes hir.
- Mae prennau cyfansawdd yn llai ecogyfeillgar, gan eu bod nhw wedi mynd drwy brosesau gweithgynhyrchu ychwanegol a bod llawer yn cynnwys adlynion sy'n gwneud ailgylchu'n anodd.

## Argaeledd

- Mae prennau meddal yn tyfu'n gymharol gyflym ac mae digonedd o bren adnewyddadwy ar gael.
- Mae prennau caled yn cymryd mwy o amser i dyfu.
- Mae'r rhan fwyaf o bren yn dod mewn meintiau stoc, sy'n ei gwneud hi'n haws cynllunio dylunio a gwneud.
- Mae prennau cyfansawdd yn dod mewn meintiau stoc mawr ac mewn amrywiaeth o wahanol drwch.

## Gwir gost

- Mae prennau meddal yn bren naturiol cymharol rad. Mae hyn oherwydd bod llawer iawn o bren meddal ar gael i ni, mae'n tyfu'n gymharol gyflym ac mae'n hawdd ei drawsnewid yn blanciau defnyddiol.
- Mae llawer o brennau cyfansawdd hefyd yn rhad. Mae hyn oherwydd ein bod ni'n gallu eu gwneud nhw o bren gradd isel neu bren wedi'i ailgylchu a'n bod ni'n cynhyrchu symiau mawr ohonynt.
- Mae prennau caled yn tueddu i fod yn ddrutach gan eu bod nhw'n tyfu'n arafach a bod angen proses fwy cymhleth i'w trawsnewid nhw i fod yn ddefnydd defnyddiol.
- Mae rhai prennau caled ecsotig, fel coed cnau Ffrengig bwr, yn gallu bod yn ddrud iawn. Mae'r rhain yn brennau arbenigol sy'n anodd eu cyrchu ac mae angen sylw arbenigol i'w troi nhw'n bren defnyddiol o ansawdd da.
- Gall cynhyrchion pren fod yn fwy costus oherwydd costau llafur dwys i gynhyrchu dodrefn sydd wedi'u gwneud â llaw ar archeb.

- Mae prennau cyfansawdd yn addas ar gyfer masgynhyrchu gan ddefnyddio peiriannau CNC, ac mae hyn yn lleihau cost cynhyrchu yn sylweddol.
- Mae pren cyfansawdd ar gael mewn llenni mawr (2440 mm × 1220 mm) ac mewn amrywiaeth o drwch, sy'n ei wneud yn ddelfrydol i'w ddefnyddio mewn dodrefn cost-effeithiol i'w cydosod gan y defnyddiwr.
- Mae prynu pren mewn swmp yn gallu lleihau cost y defnydd.

## Ffactorau cymdeithasol

- Mae pren yn ddefnydd fforddiadwy sydd ar gael yn rhwydd.
- Mae'n cael ei ddefnyddio ym mhob gwlad fel defnydd adeiladu, gan ddarparu tai a dodrefn cynhwysol i bawb.

## Ffactorau diwylliannol

- Mae gan wahanol ddiwylliannau wahanol anghenion a chwaethau o ran cynhyrchion pren.
- Mae pobl Japan yn defnyddio llawer o fambŵ fel defnydd adeiladu pren.
- Yng Ngogledd Ewrop, caiff cabanau logiau eu gwneud o goed pyrwydd.

## Ffactorau moesegol

- Nid yw pren yn creu llawer o faterion moesegol gan ei fod yn ddefnydd naturiol, adnewyddadwy.
- Os na chaiff coedwigoedd pren eu rheoli, gall hyn arwain at ddatgoedwigo.
- Mae datgoedwigo'n gallu achosi colli cynefinoedd i fywyd gwyllt ac yn gallu cyfrannu at gynhesu byd-eang.

## Bioamrywiaeth

- Mae coedwigoedd yn amgylchedd bioamrywiol iawn.
- Maen nhw'n darparu cynefin i lawer o fathau o blanhigion a bywyd gwyllt.
- Mae anifeiliaid, adar, pryfed, gweiriau a blodau'n byw yn y goedwig ac yn dibynnu arni i fodoli.

# Papur a cherdyn

ADOLYGU

## Priodweddau esthetig a swyddogaethol

- Y prif ddylanwad ar ddethol defnydd fydd priodweddau a nodweddion y defnydd. Mae angen ystyried y priodweddau canlynol:
  - Gorffeniadau arwyneb: gall y rhain effeithio ar gryfder, anhyblygedd a gorffeniad mat neu sglein.
  - Amsugnedd: yr isaf yw'r amsugnedd, yr uchaf yw ansawdd y ddelwedd wrth brintio arno.
  - Lliw: mae angen defnyddio papur o liw penodol ar gyfer llawer o gynhyrchion.
  - Gwead: y mwyaf garw yw'r gwead, y gorau yw'r defnydd i luniadu neu beintio arno.
  - Hyblygrwydd/anhyblygrwydd: mae angen i rai cynhyrchion blygu ac mae angen defnydd anhyblyg, stiff ar rai eraill.
  - Gwrthsefyll dŵr: mae angen byrddau gwrth-ddŵr fel Corriflute ar gyfer rhai cymwysiadau awyr agored.

Atebion i'r cwestiynau Profi eich hun: **www.hoddereducation.co.uk/fynodiadauadolygu**

- Mae dulliau printio modern yn gallu printio ar amrywiaeth eang o ddefnyddiau a chynhyrchion o wahanol siâp. Nid yw dulliau printio traddodiadol yn gallu printio ar ddefnyddiau fel cardbord rhychiog, bwrdd ewyn na Corriflute.
- Mae costau gweithgynhyrchu isel yn cynyddu elw, gan wneud y cynnyrch mor rhad i'w brynu â phosibl.

### Argaeledd

- Weithiau bydd angen cynhyrchion mewn meintiau, lliwiau neu weadau ansafonol a bydd rhaid gwneud y rhain ar archeb.
- Mae'r rhain yn cymryd mwy o amser i'w cynhyrchu, maen nhw'n cael eu gwneud mewn symiau cyfyngedig ac maen nhw'n ddrutach.

### Dylanwadau amgylcheddol

- Oherwydd effaith gwneud papur ar **ddatgoedwigo**, mae llawer o wneuthurwyr papur yn mynnu defnyddio coed o **goedwigoedd sydd wedi'u rheoli** fel rhai sy'n cael eu cynnal gan y **Cyngor Stiwardiaeth Coedwigoedd (FSC: *Forest Stewardship Council*).**

## Defnyddio dŵr ac egni

ADOLYGU

- Mae cynhyrchu papur yn gallu gostwng y lefel trwythiad oherwydd yr holl ddŵr sydd ei angen, a chynyddu tymheredd dŵr a gwaddodiad, sy'n effeithio ar fywyd gwyllt lleol.
- Mae peiriannau gwneud papur hefyd yn defnyddio llawer o drydan.
- Mae llawer o felinau papur nawr yn ailgylchu hyd at 90 y cant o'r dŵr maen nhw'n ei ddefnyddio.
- Cemegion a hydoddyddion: gallwn ni ddefnyddio papur heb ei gannu ar gyfer cynhyrchion sydd ddim yn gorfod bod yn lliw gwyn, a defnyddio llai o hydoddyddion gwenwynig a chlorin.
- Llygredd aer: mae melinau mwydion a phapur yn cynhyrchu carbon deuocsid a llygryddion eraill sy'n niweidio'r haen oson, yn achosi glaw asid ac yn cyfrannu at gynhesu byd-eang.
- Gwastraff solid: mae ffibrau papur gwastraff yn ffurfio slwtsh sydd naill ai'n cael ei waredu mewn safle tirlenwi neu ei sychu a'i losgi fel tanwydd.

**Datgoedwigo:** cael gwared ar goed o ddarn o dir heb blannu rhai newydd yn eu lle.

**Coedwig dan reolaeth:** coedwig lle caiff coed newydd eu plannu pryd bynnag caiff un ei thorri i lawr.

**Cyngor Stiwardiaeth Coedwigoedd (FSC):** sefydliad sy'n hyrwyddo rheoli coedwigoedd y byd mewn modd amgylcheddol briodol, cymdeithasol fuddiol ac economaidd ddichonadwy.

## Materion cymdeithasol, diwylliannol a moesegol

ADOLYGU

- Wrth ddylunio cynhyrchion graffigol, mae'n rhaid ystyried materion cymdeithasol, diwylliannol a moesegol.
- Mae delweddau, symbolau a hyd yn oed rhai lliwiau'n gallu golygu pethau gwahanol mewn **diwylliannau** eraill.
- Rhaid i ddylunwyr fod yn ofalus wrth bortreadu unigolion neu grwpiau o bobl ar eu cynhyrchion ac wrth ddewis a defnyddio ffotograffau neu ddelweddau o bobl ar eu cynhyrchion. Mae'n rhaid meddwl yn ofalus wrth ddewis delweddau ac ystyried sut gallai delwedd gynrychioli grŵp lleiafrifol.
- Gall defnyddio rhywun o hil benodol weithiau eu portreadu nhw mewn modd negyddol neu ystrydebol, sy'n gallu bod yn dramgwyddus iawn. Rhaid i ddylunwyr ystyried gwahanol agweddau cymdeithasol a sut mae'r rhain yn amrywio ledled y byd. Mae'n bosibl y bydd rhywbeth yn gymdeithasol dderbyniol yn y byd gorllewinol ond yn annerbyniol mewn gwledydd eraill.
- Mae gan ddiwylliannau eraill wahanol gredoau ac agweddau ynglŷn â dillad sy'n dangos y corff a gorchuddio rhai rhannau o'r corff bob amser.

**Diwylliant:** syniadau, arferion ac ymddygiadau cymdeithasol pobl neu gymdeithas benodol.

# Cyfrifoldebau dylunwyr

ADOLYGU

- Oherwydd globaleiddio, caiff llawer o gynhyrchion eu cynhyrchu mewn gwledydd sy'n datblygu lle mae cyfraddau llafur a defnyddiau'n llawer rhatach.
- Yn y byd gorllewinol, mae rheolau iechyd a diogelwch yn cadw gweithwyr yn ddiogel ac yn diogelu eu hawliau a'u lles. Mewn gwledydd sy'n datblygu, mae'r gyfraith ynglŷn â diogelwch yn llai caeth ac mae'n bosibl ecsbloetio pobl dlawd.
- **Ecsbloetio** yw gorfodi gweithwyr i weithio:
  - mewn amodau anniogel, afiach neu beryglus
  - am oriau hir iawn heb ddigon o seibiant
  - heb gyfarpar amddiffynnol cywir
  - am gyfraddau tâl isel sydd ddim yn gyflog teg.
- Mae gan ddylunwyr gyfrifoldeb i 'wrthod' dylunio cynhyrchion i gwmnïau sy'n ecsbloetio eu gweithwyr fel hyn.
- Mae mudiadau fel Masnach Deg yn sicrhau nad yw gweithwyr yn cael eu hecsbloetio fel hyn.
- Gall defnyddwyr gefnogi hawliau gweithwyr drwy wrthod prynu nwyddau sydd heb gael eu cymeradwyo gan y mudiadau hyn.
- Mae gan ddylunwyr gyfrifoldeb i ddylunio cynhyrchion sydd mor ecogyfeillgar â phosibl.
- Mae defnyddio papur a cherdyn wedi'u hailgylchu lle bynnag y bo hynny'n bosibl a dylunio cynhyrchion sy'n hawdd eu hailgylchu'n un ffordd o wneud hyn, er enghraifft osgoi defnyddio araenau sy'n ei gwneud hi'n anodd ailgylchu cynhyrchion papur a cherdyn neu ddefnyddio inciau sydd wedi'u gwneud o lysiau yn hytrach na hydoddyddion.

> **Ecsbloetio:** trin rhywun yn annheg er mwyn elwa o'i waith.

# Amcangyfrif gwir gostau prototeip neu gynnyrch

ADOLYGU

- Bydd pris cynhyrchu prototeip neu gynnyrch terfynol yn amrywio gan ddibynnu ar lawer o ffactorau, fel:
  - y nifer sydd eu hangen
  - maint a chymhlethdod y cynnyrch
  - y defnyddiau a'r prosesau sy'n cael eu defnyddio i'w wneud
  - yr amser cynhyrchu
  - pris unrhyw gydrannau gwneud a faint sydd ar gael.
- Dylai dylunwyr ystyried a chyfrifo'n ofalus faint o ddefnydd sydd ei angen.
- Mae costau papurau a byrddau'n gostwng wrth i chi brynu mwy.
- Mae cost pob $mm^2$ o bob defnydd dalen yn lleihau wrth i faint y ddalen gynyddu.
- Mae'n fwy darbodus prynu dalen fawr a'i thorri hi'n ddalenni llai na'u prynu nhw wedi'u torri'n barod.
- Mae dalenni mawr yn anoddach eu cludo, felly rhaid i'r dylunydd ystyried costau cludo a danfon hefyd.
- Mae prynu defnyddiau o wledydd ar yr ochr arall i'r byd yn aml yn gallu bod yn rhatach na phrynu yn eich gwlad eich hun.
- Mae'n rhaid ystyried effeithiau globaleiddio ac economïau lleol wrth benderfynu ble i brynu cynhyrchion.

## Profi eich hun

1 Enwch brif ffynhonnell polymerau synthetig. [1]
2 Esboniwch pam mae rhai pobl yn ystyried bod pren caled yn ddefnydd anghynaliadwy. [6]
3 Nodwch ddwy o briodweddau Corriflute sy'n ei wneud yn addas i arwyddion 'TŶ AR WERTH'. [2]
4 Esboniwch pam mae cyfyngiad ar sawl gwaith gallwn ni ailgylchu papur, a sut mae ailgylchu'n effeithio ar ansawdd y papur.
5 Rhowch un o fanteision polymerau thermoffurfiol o gymharu â pholymerau thermosodol. [2]

# 8 Ffurfiau, mathau a meintiau stoc

## Pren naturiol

- Mae prennau ar gael yn rhwydd fel planciau, byrddau, stribedi, hoelbrennau, mowldinau a thoriadau sgwâr.

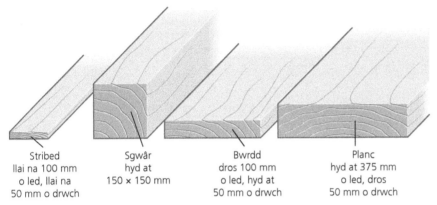

Stribed
llai na 100 mm
o led, llai na
50 mm o drwch

Sgwâr
hyd at
150 × 150 mm

Bwrdd
dros 100 mm
o led, hyd at
50 mm o drwch

Planc
hyd at 375 mm
o led, dros
50 mm o drwch

Ffigur 4.6 **Ffurfiau safonol pren**

- Rydyn ni'n dweud bod pren naturiol sy'n dod yn syth o'r felin lifio wedi'i lifio'n arw. Fel arfer, caiff ei ddefnyddio ar gyfer gwaith adeiladu lle dydy ei edrychiad ddim yn bwysig.
- Os yw ochrau pren yn unig wedi cael eu plaenio, rydyn ni'n dweud ei fod **wedi'i blaenio ar y ddwy ochr** (*planed both sides*: PBS).
- Os yw pob ochr ar bren wedi cael eu plaenio, rydyn ni'n dweud ei fod **wedi'i blaenio ymyl sgwâr** (*planed square edge*: PSE) neu **wedi'i blaenio i gyd** (*planed all round*: PAR). Gellir defnyddio hwn ar gyfer amrywiaeth eang o gymwysiadau, gan gynnwys gwaith saer mewnol.

> **PBS**: wedi'i blaenio ar y ddwy ochr.
>
> **PSE**: wedi'i blaenio ymyl sgwâr.
>
> **PAR**: wedi'i blaenio i gyd.

### Prennau cyfansawdd

- Mae prennau cyfansawdd fel MDF, pren haenog, caledfwrdd a bwrdd sglodion yn dod mewn llenni mawr: 2400 mm × 1200 mm.
- Mae trwch prennau cyfansawdd yn gallu amrywio o bren haenog modelu 1 mm i MDF 40 mm, sy'n addas i graidd wyneb gweithio cegin.

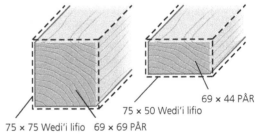

69 × 44 PÂR
75 × 50 Wedi'i lifio
75 × 75 Wedi'i lifio    69 × 69 PÂR

Ffigur 4.7 **Meintiau nodweddiadol pren wedi'i blaenio**

### Mowldinau a hoelbrennau

Mae pren hefyd yn gallu cael ei gyflenwi mewn amrywiaeth eang o fowldinau addurnol. Mae'r rhain yn ddefnyddiol iawn ar gyfer cynhyrchion fel fframiau lluniau. Pren siâp silindr yw hoelbren, ac mae'n ddefnyddiol i wneud rheiliau pren.

## Argaenau

Llenni tenau o bren yw argaenau, a gallwn ni eu defnyddio nhw i adeiladu neu i addurno.

- Fel arfer, caiff argaenau adeiladu eu defnyddio i gynhyrchu pren haenog.
- Gallwn ni roi argaenau addurnol ar brennau cyfansawdd i wella eu hedrychiad.

## Cyfrifo cost dylunio cynhyrchion pren

- Yn ogystal â chost prynu'r pren, dylech chi ystyried cost prynu darnau gosod a gosodiadau fel colfachau, sgriwiau a handlenni.
- Mae gwahanol fathau o orffeniad hefyd yn gallu effeithio ar gost derfynol cynnyrch. Mae gorffeniad cwyr syml yn gymharol rad i'w brynu ac yn gallu cael ei roi ar y cynnyrch yn gyflym, ond mae rhoi gorffeniad o ansawdd da fel llathrydd Ffrengig yn broses fanwl ag angen llawer o sgìl a llawer mwy o amser, sy'n cynyddu'r gost yn sylweddol.

## Polymerau

ADOLYGU

- Mae polymerau ar gael mewn amrywiaeth eang o ffurfiau, lliwiau a thrwch.
- Un o fanteision mawr defnyddio polymerau yw y gallwn ni eu prynu nhw yn eu lliwiau eu hunain â gorffeniad sgleiniog perffaith.

Tabl 4.18 **Ffurfiau stoc polymerau**

| Ffurf stoc | Disgrifiad |
|---|---|
| Dalen | Y polymer dalen mwyaf cyffredin yn y gweithdy ysgol yw acrylig (PMMA). Mae'r ddalen yn dod mewn meintiau rheolaidd sy'n mesur 1200 mm × 600 mm × 3 mm |
| | Mae defnyddiau polymer dalen eraill yn cynnwys polystyren ardrawiad uchel (HIPS). Mae hwn ar gael mewn maint sy'n ffitio yn y rhan fwyaf o beiriannau ffurfio â gwactod, 475 mm × 274 mm × 1 mm |
| Allwthiadau | Mae allwthiadau nodweddiadol yn cynnwys rhoden a thiwb. Mae allwthiadau penodol yn cynnwys cynhyrchion fel rheiliau llenni |
| Gronigion/pelenni | Caiff y rhain eu defnyddio'n bennaf mewn prosesau diwydiannol fel mowldio chwistrellu ac allwthio |
| Powdrau | Caiff y rhain eu defnyddio yn y baddon llifol fel rhan o broses dipio plastig |
| | Yn y diwydiant, bydden nhw'n cael eu defnyddio i araenu â phowdr a hefyd gyda pholymerau thermosodol wrth fowldio cywasgu |
| Ewynnau (cell gaeedig) | Ar gael mewn dalenni mawr (1200 mm × 600 mm) ac yn cael eu defnyddio'n aml mewn ysgolion i wneud modelau |
| Ewynnau (cell agored) | Fel arfer, bydd y rhain yn dod mewn tun ac yn cael eu chwistrellu i mewn i geudod. Priodweddau thermol da, hynofedd ac ynysu rhag sain |
| Ffilm | Dalen denau iawn sy'n cael ei gwerthu mewn rholiau fel arfer |
| Ffilament | Caiff asid polylactig (PLA) ei werthu mewn rholiau a'i ddefnyddio mewn llawer o beiriannau prototeipio cyflym |
| Hylif | Mae nifer o bolymerau ar gael ar ffurf hylif. Caiff resinau epocsi eu gwerthu ar ffurf hylif ac mae angen eu cymysgu nhw â chatalydd cemegol er mwyn iddyn nhw droi'n solid |

## Cyfrifo cost cynhyrchion polymer

Mae cyfrifo cost cynnyrch polymer yn dibynnu ar y math o bolymer a'r dull cynhyrchu.

- Bydd cost cynhyrchion PMMA sy'n cael eu torri â laser yn cael ei chyfrifo o arwynebedd arwyneb y PMMA sydd ei angen adio'r pŵer a'r amser mae'r torrwr laser yn eu defnyddio.
- Bydd cost prototeip PLA sy'n cael ei wneud gan argraffydd 3D yn cael ei chyfrifo o hyd y ffilament sydd ei angen adio'r pŵer a'r amser mae'r argraffydd 3D yn eu defnyddio.
- Bydd cost cynnyrch sy'n cael ei gynhyrchu ar beiriant mowldio chwistrellu diwydiannol o bolypropylen (PP) yn cael ei chyfrifo o gyfaint y PP sydd ei angen adio'r pŵer a'r amser mae'r peiriant mowldio chwistrellu'n eu defnyddio.

**Ffigur 4.8 Allwthiadau polymer**

**Ffigur 4.9 Gronigion polymer**

## Meintiau papurau a byrddau

ADOLYGU

- Mae meintiau papurau a byrddau'n amrywio o A10 i 4A0.
- Mae'r meintiau mwyaf cyffredin sy'n cael eu defnyddio gan ddylunwyr rhwng A6 ac A0.
- Mae bwrdd ewyn ar gael mewn meintiau safonol o A4 i A0 a thrwch o 3 mm, 5 mm neu 10 mm. Mae llawer o gyflenwyr yn stocio meintiau imperial safonol hyd at 8 troedfedd × 4 troedfedd (2440 mm × 1220 mm).
- Mae Corriflute ar gael mewn amrywiaeth o feintiau safonol. Mae'n dod mewn trwch o 2–10 mm ac mewn amrywiaeth o liwiau.
- Mae ewyn PVC ar gael mewn meintiau papur safonol a thrwch o 1–6 mm, 8 mm, 10 mm, 13 mm, 15 mm, 19 mm a 25 mm. Mae amrywiaeth o liwiau safonol a lliwiau arbennig i ddylunwyr ar gael, â gorffeniadau mat neu sglein.
- Mae Styrofoam ar gael ar ffurf dalen neu mewn blociau. Mae trwch y dalenni'n amrywio o 5 mm i 165 mm fesul 5 mm neu 10 mm. Os yw'r trwch dros 165 mm, mae'n cael ei ystyried yn floc yn hytrach na dalen.

## Costau

- Gallwn ni gostio cynhyrchion papur drwy luosi cost un ddalen â nifer y dalenni sydd eu hangen.
- Mae papur yn llawer rhatach fesul dalen wrth ei brynu mewn **rimau**.
- Gallwn ni gostio cynhyrchion cerdyn yn yr un ffordd.
- Gallwn ni gyfrifo maint y cerdyn sydd ei angen drwy ganfod y maint dalen optimwm ar gyfer nifer yr eitemau sydd eu hangen (gweler 'brithweithio' yn Adran 4, Testun 9).
- Gallwn ni gyfrifo costau Corriflute, bwrdd ewyn a Styrofoam drwy gyfrifo cyfanswm arwynebedd arwyneb pob darn sydd ei angen a maint y ddalen safonol leiaf bydd y rhain yn ffitio arni.

> **Rîm:** pecyn o 500 dalen.

# 9 Gweithgynhyrchu i wahanol raddfeydd cynhyrchu

## Graddfeydd cynhyrchu

### Cynhyrchu unigryw

- Rydyn ni'n defnyddio **cynhyrchu unigryw** i gynhyrchu cynhyrchion unigol ar archeb.
- Caiff y cynhyrchion eu cynhyrchu gan weithwyr medrus iawn.
- Mae'r cynhyrchion yn ddrud iawn fel arfer.
- Mae'r dull cynhyrchu'n cymryd llawer o amser a llafur dwys.
- Gellir defnyddio defnyddiau drutach fel prennau ecsotig o ansawdd da a metelau gwerthfawr.

> **Cynhyrchu unigryw:** proses sy'n cael ei defnyddio wrth wneud cynnyrch prototeip.
>
> **Swp-gynhyrchu:** gwneud nifer bach o'r un cynnyrch neu gynnyrch tebyg.

### Swp-gynhyrchu

- Mae **swp-gynhyrchu** yn ein galluogi ni i wneud nifer cyfyngedig o gynhyrchion unfath yn gyson iawn.
- Gellir prynu'r defnyddiau mewn swmp, sy'n lleihau'r gost.
- Gellir gosod peiriannau i gynhyrchu niferoedd mawr, gan arbed amser.
- Mae angen llai o lafur medrus.
- Caiff apêl unigryw cynnyrch 'untro' ei cholli.

### Defnyddio jigiau

- Dyfais sydd wedi'i gwneud yn arbennig i gyflawni rhan benodol o'r broses weithgynhyrchu yw jig.
- Mae jigiau'n ddefnyddiol os oes rhaid gwneud y broses lawer gwaith. Gallwn ni eu defnyddio nhw wrth dorri, drilio, llifio a gludo.
- Mae ganddyn nhw nifer o fanteision pwysig iawn:
  - Cyflymu'r broses weithgynhyrchu.
  - Lleihau'r risg o gamgymeriadau dynol.
  - Lleihau cost uned darn.
  - Gwneud y broses yn fwy diogel.
  - Gwneud y broses yn fwy manwl gywir.
  - Gwneud y broses yn fwy cyson.
  - Lleihau gwastraff.
- Mae rhai anfanteision i ddefnyddio jigiau:
  - Mae'n rhaid bod angen niferoedd mawr o ddarnau tebyg er mwyn iddyn nhw fod yn gost-effeithiol.
  - Maen nhw'n cynyddu cost gychwynnol y darn.
  - Mae angen llawer o sgìl i'w cynhyrchu nhw.

### Masgynhyrchu

- Mae **masgynhyrchu** yn caniatáu i ni gynhyrchu symiau mawr o gynhyrchion metel.
- Mae prynu defnyddiau mewn swmp yn lleihau eu cost yn sylweddol.
- Mae peiriannau arbenigol a defnyddio mwy o CAM yn nodweddion hanfodol i gynhyrchu symiau mawr o gynhyrchion. Mae'r rhain yn cynyddu cysondeb, cywirdeb a chyflymder cynhyrchu.
- Gellir defnyddio gweithlu di-grefft/heb arbenigedd.

> **Masgynhyrchu:** cynhyrchu symiau mawr o gynhyrchion unfath.

# Cynhyrchu symiau mawr/llif parhaus

- Os yw'r galw'n uchel iawn am gynhyrchion, gallwn ni eu gwneud nhw'n barhaus am 24 awr y diwrnod, saith diwrnod yr wythnos.
- Mae cyfarpar arbenigol iawn a defnyddio llawer o CAM yn rhan o'r broses i gynhyrchu'r cynhyrchion.
- Mae'r broses yn gallu bod yn gwbl awtomataidd ac yn di-sgilio'r gweithlu, sy'n gwneud tasgau gwasanaethu a pheirianneg cynnal a chadw.
- Mae angen buddsoddiad cychwynnol mawr ac mae angen galw mawr am y cynhyrchion er mwyn iddo fod yn addas.
- Mae poteli dŵr a thuniau diodydd yn enghreifftiau o gynhyrchion sy'n cael eu gwneud drwy gyfrwng cynhyrchu parhaus.

## Problemau â chynhyrchu symiau mawr

Mae cynhyrchu symiau mawr yn gallu creu nifer o broblemau.

- Mae gweithwyr yn mynd yn llai medrus ac mae llai o gyflogaeth gan fod y peiriannau'n rheoli'r broses gynhyrchu.
- Mae cynhyrchion yn mynd yn debyg iawn i'w gilydd ac yn colli eu natur unigryw.
- Mae angen mwy o egni i bweru ffatrïoedd, sy'n creu mwy o lygredd i'n planed.

## Gweithgynhyrchu drwy gymorth cyfrifiadur

- Rydyn ni'n defnyddio CAM i weithgynhyrchu symiau mawr o gynhyrchion.
- Mae angen buddsoddiad cychwynnol mawr mewn ffatrïoedd newydd a'r peiriannau diweddaraf.
- Mae angen galw uchel iawn am gynhyrchion unfath er mwyn iddo fod yn gost-effeithiol.

# Prosesau gweithgynhyrchu cynhyrchion polymer

Rydyn ni'n defnyddio nifer o brosesau i gynhyrchu symiau mawr o gynhyrchion polymer. Y rhain yw:

- mowldio chwistrellu
- ffurfio â gwactod
- gwasgfowldio
- mowldio cywasgu.

Mae'r prosesau hyn i gyd yn defnyddio'r un egwyddorion gweithgynhyrchu.

- Gwresogi'r polymer i'w wneud yn feddal ac yn hyblyg.
- Chwythu, sugno, tynnu neu wasgu'r polymer i mewn i ddei neu fowld.
- Mae'r polymer yn cymryd ffurf y dei neu'r mowld.
- Oeri'r polymer.
- Tynnu'r cynnyrch o'r dei neu'r mowld a'i drimio a'i orffennu.

## Prosesau yn ystod printio a'r prosesau gorffennu a ddefnyddir gan argraffwyr masnachol

- Ar ôl i ddyluniad gael ei luniadu ar bapur neu ei gynhyrchu ar raglen meddalwedd, mae'n rhaid iddo fynd drwy'r camau cyn printio cyn iddo fod yn barod i'w brintio.
- Mae'r cam cyntaf yn gwirio bod y ffontiau a'r fformatio'n gywir.
- Yna, mae angen gwirio cydraniad (eglurder) a lliwiau delweddau i wneud yn siŵr bod y pedwar lliw CMYK sy'n cael eu printio ar wahân yn cynhyrchu'r lliw cywir wrth brintio.
- Mae angen gwirio cynllun y dudalen i wneud yn siŵr bod y dyluniad yn ffitio ar y dudalen a'i fod yn y safle cywir:
  - Defnyddio marciau cofrestru sydd wedi'u printio ar ymyl y dudalen i unioni'r gwahanol blatiau print yn gywir os oes angen printio â mwy nag un lliw.
- Gwirio bod y tudalennau yn y drefn optimaidd ar ddalen yr argraffydd i ganiatáu argraffu cyflymach, gwneud rhwymo'n haws a lleihau gwastraff papur.
- Ar ôl gwneud y gwiriadau i gyd, mae 'proflen' o'r ddogfen yn cael ei chreu a'i hanfon at y cleient i'w chymeradwyo'n derfynol.

## Technegau i gynhyrchu cynhyrchion print

ADOLYGU

### Printio digidol

- Printio digidol yw'r dull swp-gynhyrchu mwyaf cost-effeithiol. Mae'n hawdd prynu argraffyddion digidol, dydyn nhw ddim yn ddrud ac mae llawer o bobl yn eu defnyddio nhw yn eu cartrefi.
- Fesul dalen, mae printio ag argraffydd digidol yn ddrud o gymharu â mathau eraill o brintio masnachol, ond dyma'r dewis gorau i rediadau printio bach.

### Sgrin-brintio

- Mae sgrin-brintio'n ddull arall sy'n addas i swp-gynhyrchu.
- Rydyn ni'n defnyddio sgrin-brintio i greu patrymau neu ddyluniadau sy'n ailadrodd. Caiff y lliw goleuaf ei brintio gyntaf, yna caiff y sgrin ei golchi a'i gorchuddio ar gyfer y lliw nesaf. Caiff y broses ei hailadrodd nes bod y lliwiau i gyd wedi'u printio.

### Lithograffi offset

- Dyma un o'r dulliau printio masnachol mwyaf cyffredin.
- Rydyn ni'n defnyddio pedwar lliw inc: cyan, magenta, melyn a du (CMYK).
- Rydyn ni'n troshaenu'r lliwiau i greu rhai eraill, er enghraifft mae cyan ar ben melyn yn creu gwyrdd.

### Fflecsograffeg

- Dyma fath arall o broses brintio masgynhyrchu.
- Mae'r broses yn gyflymach ac yn rhatach na lithograffi, ond dydy'r ansawdd ddim cystal.
- Rydyn ni'n defnyddio'r broses hon i brintio ar ddefnydd pecynnu lle dydy ansawdd y print ddim mor bwysig.

Atebion i'r cwestiynau Profi eich hun: **www.hoddereducation.co.uk/fynodiadauadolygu**

### Stensilau a phatrymluniau

- Gallwn ni ddefnyddio stensilau a phatrymluniau i swp-gynhyrchu cynhyrchion papur a bwrdd.
- Rydyn ni'n gosod y patrymlun ar y defnydd ac yn lluniadu o'i gwmpas, yna'n ei symud ac yn lluniadu o'i gwmpas eto ac eto nes i ni gael y nifer gofynnol.
- Mae patrymlun yn sicrhau bod pob darn yn union yr un fath ac mae'n arbed amser lluniadu pob darn yn unigol.
- Mae **brithweithio** yn lleihau gwastraff drwy drefnu'r darnau mewn modd sy'n defnyddio cymaint â phosibl o'r defnydd sy'n cael ei dorri.

> **Brithweithio:** siapiau sydd wedi'u trefnu i ffitio'n agos at ei gilydd mewn patrwm sy'n ailadrodd heb ddim bylchau na gorgyffwrdd.

# 10 Technegau a phrosesau arbenigol

## Gwastraff (*wastage*) ac ychwanegiad

ADOLYGU ☐

- **Gwastraff** yw'r broses o siapio defnydd drwy dorri darnau dieisiau i ffwrdd i ffurfio siâp dymunol.
- Ychwanegiad yw ychwanegu defnydd drwy uno cydrannau at ei gilydd mewn rhyw ffordd.

> **Gwastraff:** y broses o siapio defnydd drwy dorri defnydd gwastraff i ffwrdd.

## Pren

ADOLYGU ☐

### Marcio

- Cyn marcio ar ddarn o bren, dylech chi sicrhau bod gennych chi un wyneb ac un ymyl wedi'u plaenio'n llyfn. Y rhain yw'r 'ochr wyneb' a'r 'ymyl wyneb'.
- Rydyn ni'n defnyddio pensil a phren mesur i farcio pren. Bydd cyllell farcio'n rhoi llinell dorri fwy manwl gywir.
- Bydd sgwâr profi'n rhoi llinell 90° gywir at ymyl i chi. Bydd hefyd yn eich galluogi chi i wirio bod ongl ar 90°.
- Mae sgwâr meitro'n cynhyrchu ongl 45° fanwl gywir a gallwn ni osod befel llithr ar unrhyw ongl.
- Bydd medrydd marcio'n cynhyrchu llinell sy'n baralel i ymyl a bydd medrydd morteisio'n cynhyrchu llinell ddwbl baralel.
- Gallwn ni ddefnyddio patrymlun fel dull o farcio siapiau afreolaidd ar bren. Gallwch chi hefyd luniadu o'i gwmpas i'w ddefnyddio i helpu i gynhyrchu symiau mawr.

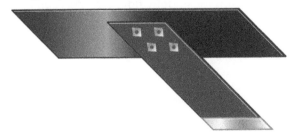

Ffigur 4.10 **Sgwâr meitro**

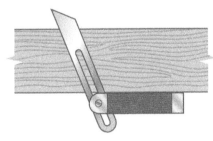

Ffigur 4.11 **Befel llithr**

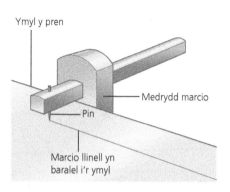

Ffigur 4.12 **Medrydd marcio**

Ffigur 4.13 **Medrydd morteisio**

## Llifio pren

- Bydd llif dyno'n torri llinellau syth mewn pren. Gwnewch yn siŵr bod y pren wedi'i ddal yn dynn mewn feis neu â chlamp G.
- Rydyn ni'n defnyddio llawlif i dorri darnau mawr o bren, a bydd llif fwa fach yn torri troeon.
- Mae'n gallu bod yn anodd defnyddio'r llif fwa fach yn fanwl gywir, felly dylech chi dorri ychydig bach oddi wrth eich llinell bob amser.
- Mae cylchlifiau a llifiau sgrolio'n llifiau mecanyddol sy'n cyflymu'r broses ac yn gallu gwella cywirdeb.

Ffigur 4.14 **Llifio â llawlif**

## Siapio pren

- Mae'n hawdd siapio pren gan ddefnyddio swrfform neu rathell bren.
- Mae sandiwr disg, sandiwr belt a llifanydd linish yn beiriannau sy'n defnyddio papur gwydr garw i siapio a llyfnhau pren.
- Gallwn ni ddefnyddio plaeniau i lyfnhau a siapio pren.
- Rydyn ni'n defnyddio amrywiaeth o ddriliau i wneud tyllau mewn pren. Mae llif dwll yn gallu cynhyrchu tyllau mawr; mae ebill Forstner yn gallu cynhyrchu tyllau â gwaelod gwastad o wahanol feintiau.
- Rydyn ni'n defnyddio cŷn i siapio pren ond mae hefyd yn ddefnyddiol iawn wrth dorri uniadau. Dylid bod yn ofalus wrth ddefnyddio cynion gan eu bod nhw'n finiog iawn. Cadwch eich dwylo y tu ôl i'r ymyl dorri bob amser a chlampiwch eich gwaith yn gadarn.

Ffigur 4.15 **Llifio â llif dyno**

## Drilio pren

- Bydd driliau'n cynhyrchu twll crwn mewn pren.
- Gall peiriannau drilio fod yn gyfarpar parhaol mewn gweithdy neu'n rhai i'w dal â llaw.
- Mae ebillion dril yn dod mewn amrywiaeth eang o feintiau.

Ffigur 4.16 **Defnyddio cŷn i dorri uniad rhigol draws**

# Metelau

ADOLYGU

## Marcio

- Mae sgrifell yn gweithredu fel pensil wrth farcio ar fetel. Ar fetel disglair, mae hylif cynllunio'n ddefnyddiol i'w gwneud hi'n haws gweld y llinellau.
- Mae sgwâr peiriannydd yn cynhyrchu llinell 90° at ymyl a bydd pwnsh canoli'n marcio canol twll cyn drilio.

- Mae caliperau allanol a mewnol yn mesur tu allan a thu mewn barrau a thiwbiau.
- Mae micromedrau digidol a chaliperau fernier yn gallu mesur at 1/100fed o filimetr.

## Llifio

- Yr haclif yw'r llif fwyaf cyffredin sy'n cael ei defnyddio i dorri llinellau syth mewn metel. Mae haclif fach yn fersiwn llai sy'n cael ei defnyddio i dorri darnau metel llai.
- Gallwn ni osod llafnau torri metel ar gylchlifiau, herclifiau a hyd yn oed llif fwa fach.

## Siapio

- Gallwn ni ddefnyddio amrywiaeth o fathau o ffeiliau i siapio metel. Caiff ffeiliau eu graddio gan ddibynnu pa mor arw ydyn nhw ac rydyn ni'n eu galw nhw'n ffeiliau 'toriad garw', 'ail doriad' a 'thoriad llyfn'.
- Mae **trawsffeilio** yn ddull effeithiol o siapio metel. Dylech chi ddefnyddio holl hyd y ffeil a chofio mai dim ond ar y ffordd ymlaen mae'r ffeil yn torri.
- Mae **darffeilio** yn llyfnhau ymylon metel. Rhowch y ffeil ar draws ymyl y metel gan ddal y llafn yn hytrach na'r handlen. Yna symudwch y ffeil yn ôl ac ymlaen i greu ymyl lyfn, wastad.

> **Trawsffeilio:** dull o siapio metel gan ddefnyddio ffeiliau.
>
> **Darffeilio:** dull o lyfnhau ymylon metel.

Ffigur 4.19 **Drilio metel mewn feis peiriant**

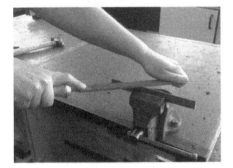

Ffigur 4.17 **Trawsffeilio**

Ffigur 4.18 **Darffeilio**

## Drilio metel

- Mae'n rhaid defnyddio pwnsh canoli ar fetel cyn ei ddrilio i sicrhau nad yw'r ebill dril yn llithro.
- Dylai buanedd y peiriant drilio fod yn addas i faint y dril a chaledwch y metel. Mae angen buanedd cyflym ar fetelau meddal a driliau bach, ac mae angen buanedd arafach ar fetelau caled a driliau mawr.
- Fel arfer rydyn ni'n drilio metel â dril piler, gan ddal y metel yn dynn mewn feis peiriant.
- Bydd ebillion dril yn cynhyrchu twll crwn rheolaidd mewn metel.
- Bydd ebill gwrthsoddi'n cynhyrchu twll gwrthsodd.
- Mae twll arwain yn dwll bach sy'n cael ei gynhyrchu fel canllaw i dwll mawr.
- Caiff twll tapio ei gynhyrchu cyn ffurfio edau sgriw fewnol.
- Caiff twll clirio ei gynhyrchu i adael i follt lithro drwyddo.

Ffigur 4.20 **Ebill dril gwrthsoddi**

Twll gwrthsodd    Twll gwrthfor

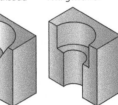

Ffigur 4.21 **Twll gwrthsodd a thwll gwrthfor**

### Marcio

- Bydd beiro sy'n seiliedig ar wirod yn lluniadu ar arwyneb polymer heb ei grafu.
- Gallwn ni ddefnyddio patrymluniau papur i drosglwyddo dyluniad i arwyneb y polymer gan roi amddiffyniad ychwanegol i'r arwyneb sgleiniog.
- Cadwch y ddalen amddiffynnol ar eich polymer am amser mor hir â phosibl: bydd yn helpu i gadw'r arwyneb yn lân a heb ddim crafiadau arno.
- Gallwn ni ddefnyddio torrwr laser i ysgythru llinellau marcio ar arwyneb y rhan fwyaf o bolymerau.

### Dal polymerau

- Wrth weithio â defnyddiau polymer, gallwch chi eu dal nhw mewn feis neu â chlamp G. Dylech chi fod yn ofalus i warchod yr arwyneb.

### Llifio

- Bydd y rhan fwyaf o lifiau gwaith metel a choed yn torri polymerau. Bydd y llif fwa fach yn eich galluogi chi i dorri o gwmpas troeon mewn acrylig.
- Mae llif sgrolio'n llif fwa fach fecanyddol fydd yn gwneud y broses yn gyflymach.
- Bydd cyllell grefft yn torri dalenni polymer tenau fel y dalenni HIPS sy'n cael eu defnyddio wrth ffurfio â gwactod.

**Ffigur 4.22 Gwresogydd stribed**

### Siapio a ffurfio polymerau

- Gallwn ni ffeilio a sandio polymerau i'w siâp gan ddefnyddio dulliau traddodiadol â ffeiliau gwaith metel a phapurau sgraffinio fel papur 'gwlyb neu sych'.
- Gallwn ni ddefnyddio gwresogydd stribed i ffurfio polymerau thermoffurfiol â thro ar hyd llinell syth.
- Gallwn ni ddefnyddio ffwrn i feddalu polymer thermoffurfiol cyn ei siapio mewn mowld.
- Mae'r rhan fwyaf o offer torri a siapio rydyn ni'n eu defnyddio i gynhyrchu cynhyrchion metel hefyd yn addas i wneud cydrannau polymer.
- Bydd sandiwr disg yn cyflymu'r broses o siapio polymerau.

### Drilio polymerau

- Gallwn ni ddrilio polymerau gan ddefnyddio ebillion dril gwaith metel arferol.
- Bydd defnyddio dril piler yn gwneud y drilio'n fwy manwl gywir, ond un o fanteision dril di-wifr yw gallu drilio mewn mannau anghysbell.
- Bydd drilio twll arwain yn gwella manwl gywirdeb y drilio ac yn atal gormod o wres rhag cronni a thoddi'r polymer.
- Mae drilio twll clirio'n caniatáu i'r rhan o'r bollt ag edau lithro drwy'r gydran cyn ei gysylltu â nyten.
- Gallwch chi hefyd ddefnyddio twll tapio, twll gwrthsodd neu dwll gwrthfor – gweler 'Drilio metel' yn Adran 4, Testun 10 am fanylion.

**Ffigur 4.23 Dril di-wifr**

Atebion i'r cwestiynau Profi eich hun: **www.hoddereducation.co.uk/fynodiadauadolygu**

## Marcio

- Gallwn ni ddefnyddio pensil neu feiro i farcio ar bapur, cerdyn a bwrdd ewyn.
- Gallwn ni farcio Styrofoam, Corriflute ac ewyn PVC â marciwr parhaol tenau neu bensil tsieinagraff.

### Torri

- Rydyn ni'n defnyddio sisyrnau a chyllyll crefft i dorri papur a cherdyn.
- Mae bwrdd ewyn, ewyn PVC a Corriflute yn rhy drwchus i'w torri â siswrn felly mae'n rhaid defnyddio cyllell grefft.
- Gallwn ni dorri Styrofoam mwy trwchus na 10 mm â chyllell ag ymyl ddanheddog, cylchlif, llafn haclif neu dorrwr gwifren boeth.
- Gallwn ni wneud y siapio terfynol drwy sandio a llyfnhau â ffeiliau a phapur sgraffinio.
- Gallwn ni ddefnyddio torwyr laser i dorri unrhyw siâp 2D allan o gerdyn, ewyn PVC, bwrdd ewyn neu Corriflute.
- Rydyn ni'n defnyddio torwyr dei i grychu, tyllu a thorri cerdyn ar gyfer masgynhyrchu.
- Mae'r 'dei' yn set o lafnau metel miniog sydd wedi'u siapio i amlinell y rhwyd a'u glynu at fwrdd cefn.
- Mae'r cerdyn neu'r papur sy'n cael ei dorri'n cael ei osod ar arwyneb gwastad ac mae'r dei'n cael ei bwyso ar y defnydd gan ei dorri i'r siâp sydd ei angen.

## Anffurfio ac ailffurfio

ADOLYGU

### Pren: uno pren

Mae amrywiaeth eang o ddulliau uno pren ac rydyn ni'n categoreiddio'r rhain yn uniadau carcas, stôl a ffrâm.

- Rydyn ni'n defnyddio uniadau carcas i adeiladu pethau fel blychau. Mae uniadau fel yr uniad bôn yn eithaf syml i'w cynhyrchu ond yn gymharol wan. Mae'r uniad cynffonnog yn anodd ei gynhyrchu ond mae'n rhoi cryfder da iawn.

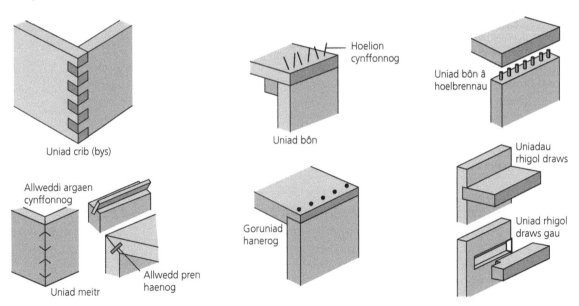

Uniad crib (bys)

Hoelion cynffonnog

Uniad bôn

Uniad bôn â hoelbrennau

Allweddi argaen cynffonnog

Goruniad hanerog

Uniadau rhigol draws

Uniad rhigol draws gau

Uniad meitr

Allwedd pren haenog

**Ffigur 4.24 Uniadau blwch neu sgerbwd**

- Gallwn ni ddefnyddio uniadau stôl i adeiladu stolion, byrddau a chadeiriau.

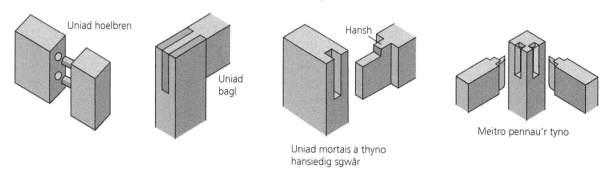

Uniad hoelbren

Hansh

Uniad bagl

Uniad mortais a thyno hansiedig sgwâr

Meitro pennau'r tyno

**Ffigur 4.25 Uniadau stôl**

- Rydyn ni'n defnyddio uniadau ffrâm i gynhyrchu ffenestri a drysau pren.

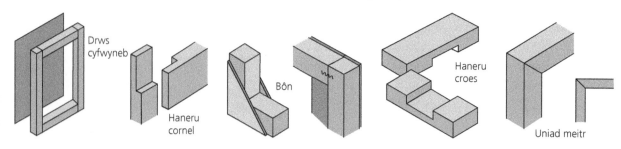

Drws cyfwyneb

Haneru cornel

Bôn

Haneru croes

Uniad meitr

**Ffigur 4.26 Uniadau ffrâm**

## Adlynion

- Y ddau lud mwyaf poblogaidd i'w defnyddio wrth uno pren yw PVA ac adlyn cyswllt. Mae PVA yn lud cryf iawn ond mae'n cymryd amser eithaf hir i sychu. Glud cryfder canolig yw adlyn cyswllt ond, fel mae'r enw'n ei awgrymu, mae'n rhoi uniad cyflym.
- Gallwn ni ddefnyddio resinau epocsi i uno pren â defnyddiau eraill fel metelau a pholymerau.

## Sgriwiau pren

- Mae sgriwiau pren yn ddull cyflym a chyfleus o gysylltu dwy neu fwy o gydrannau â'i gilydd.
- Mae sgriwiau pren modern wedi'u gwneud o ddur, ond mae ganddyn nhw araen amddiffynnol i'w hatal nhw rhag rhydu.
- Maen nhw wedi'u dylunio i gael eu defnyddio gydag offer trydanol, fel dril di-wifr i gysylltu pethau'n gyflym.

Rhych syth

Phillips

Pozidriv

**Ffigur 4.27 Rhychau tyrnsgriw cyffredin**

Gwrthsodd

Crwn

Copog

Twinfast

Coets

**Ffigur 4.28 Pennau sgriwiau cyffredin**

## Gosodiadau KD

- Yn aml, byddwn ni'n defnyddio gosodiadau datgysylltiol (KD: *knock-down*) gyda 'dodrefn pecynnau fflat'.
- Maen nhw'n ein galluogi ni i werthu dodrefn heb eu cydosod, mynd â nhw adref mewn blwch cardbord fflat a'u cydosod nhw ag offer syml.

Atebion i'r cwestiynau Profi eich hun: **www.hoddereducation.co.uk/fynodiadauadolygu**

- Mae cysyniad dodrefn pecynnau fflat wedi gwneud dodrefn yn llawer rhatach i'w prynu.
- Yn draddodiadol, byddai teulu wedi buddsoddi mewn dodrefnyn i'w drosglwyddo o un genhedlaeth i'r nesaf. Nawr, gall pobl fforddio prynu dodrefn newydd wrth i ffasiwn a steiliau newid.

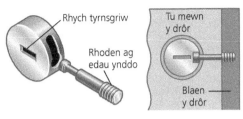

**Ffigur 4.29 Gosodiad clo cam (KD)**

## Laminiadu ac agerblygu

Gallwn ni ddefnyddio prosesau laminiadu a phlygu ag ager i ffurfio troeon cymhleth mewn pren.

- Mae laminiadu'n golygu gludo argaenau o bren naturiol rhwng dau hanner mowld.
- Wrth blygu pren ag ager, yn gyntaf caiff darn solet o bren naturiol ei stemio am lawer o oriau i'w wneud yn hyblyg. Yna caiff ei glampio mewn mowld a'i ddal am lawer o oriau nes ei fod wedi oeri.

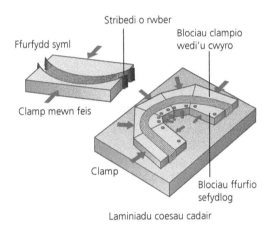

**Ffigur 4.30 Proses laminiadu**

**Ffigur 4.31 Proses agerblygu**

## Argaenu

- Llenni tenau o bren naturiol yw argaenau, a gallwn ni eu rhoi nhw ar brennau cyfansawdd i wella eu hedrychiad.

## Gweithgynhyrchu drwy gymorth cyfrifiadur

- Mae torrwr laser yn gallu torri darnau tenau o bren naturiol a phrennau cyfansawdd o luniad CAD.
- Gallwn ni hefyd ddefnyddio torrwr laser i ysgythru delwedd neu batrwm ar arwyneb pren.
- Gallwn ni ddefnyddio rhigolydd 3D i gynhyrchu cynnyrch pren solet 3D o luniad CAD.
- Prennau caled â graen clòs, MDF ac ewynnau modelu sy'n gweithio orau gyda'r rhigolydd 3D.

## Metelau

ADOLYGU

### Dulliau amharhaol o uno metel

- Nytiau, bolltau a wasieri yw'r dull mwyaf cyffredin o uno cydrannau metel â'i gilydd yn amharhaol (dros dro).
- Mae sgriwiau peiriant yn ein galluogi ni i gysylltu cydrannau metel â'i gilydd yn amharhaol.

**Ffigur 4.32 Nyten, bollt a wasier**

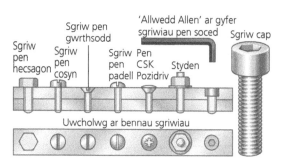

Ffigur 4.33 **Mathau o sgriwiau peiriant**

## Dulliau parhaol o uno metel

### Rhybedu

- Dull mecanyddol o uno darnau metel â'i gilydd yn barhaol yw rhybedu.
- Rydyn ni'n drilio twll drwy'r cydrannau metel.
- Yna, rydyn ni'n rhoi rhybed yn y twll ac yn ei forthwylio i siâp. Ar gyfer rhybedu pop, rydyn ni'n defnyddio gwn rhybed i ffurfio'r rhybed.

### Sodro meddal

- Gallwn ni ddefnyddio sodro meddal i gysylltu gosodiadau pibellau copr at ei gilydd.
- Rydyn ni'n glanhau'r uniad yn gyntaf, yna'n rhoi fflwcs past arno cyn ei wresogi â thortsh. Yna, mae'r sodr yn toddi ac yn llifo i mewn i'r uniad.
- Caiff sodr ar gyfer plymwaith ei wneud o dun a chopr.

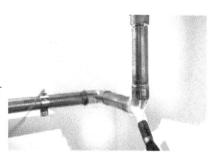

Ffigur 4.34 **Proses rhybedu**

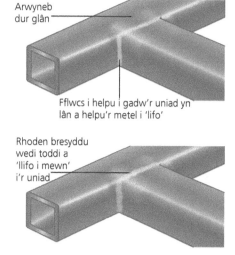

Ffigur 4.35 **Sodro peipiau copr**

### Sodro caled

- Mae sodro caled yn ddull tebyg i sodro meddal, ond rydyn ni'n ei ddefnyddio i uno metelau gwerthfawr fel aur ac arian.

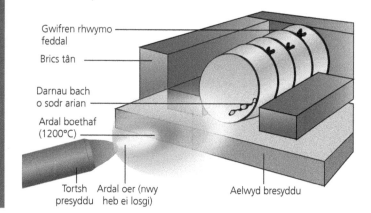

Ffigur 4.36 **Y broses sodro caled**

### Presyddu

- Mae presyddu'n broses debyg i sodro caled ond mae'n defnyddio pres fel sodr i gysylltu cydrannau dur â'i gilydd.

Ffigur 4.37 **Presyddu**

### Weldio

- Mae weldio'n defnyddio gwres i doddi arwyneb metel. Cyn gynted â bod y metel mewn cyflwr tawdd, mae'n cronni at ei gilydd a chaiff unrhyw fylchau eu llenwi â rhoden lenwi.

## Gludo

- Gallwn ni ddefnyddio resinau epocsi i ludo metelau at ei gilydd i ffurfio uniad â chryfder isel i ganolig. Dylai fod dau arwyneb y metel yn lân ac wedi'u garwhau. (Mae garwhau'n golygu crafu'r arwyneb yn ysgafn â phapur sgraffinio i roi rhywbeth i'r adlyn fondio ag ef.) Mae dwy ran i resin epocsi, sef adlyn a chaledwr. Dylid cymysgu yr un faint o'r ddwy ran â'i gilydd, eu rhoi nhw ar arwyneb y metel ac yna eu clampio nhw nes bod y glud yn caledu.

## Peiriannu

### Turn canol

- Mae'r turn canol yn ein galluogi ni i beiriannu bar metel silindrog. Gallwn ni 'wynebu' dau ben y bar i'w gwneud nhw'n wastad ac yn llyfn ar ôl cael eu torri â haclif.
- Gallwn ni leihau diamedr y bar â phroses o'r enw 'turnio paralel', neu ffurfio côn drwy 'durnio tapr'.
- Gallwn ni hefyd ddrilio pennau metel yn fanwl gywir drwy gysylltu dril â phen llonydd turn canol.

## Peiriannau melino

- Bydd peiriannau **melino** yn peiriannu arwynebau gwastad ac yn caniatáu i ni dorri rhychau a rhigolau i mewn i fetel.

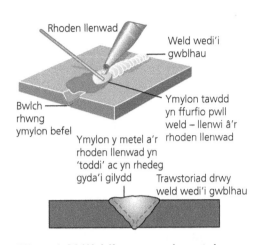

Ffigur 4.38 **Weldio nwy ocsi-asetylen**

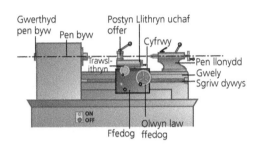

Ffigur 4.39 **Turn canol**

> **Melino:** torri rhychau a rhigolau mewn metel.

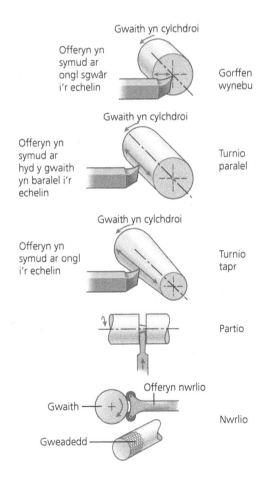

Ffigur 4.40 **Gweithrediadau turn**

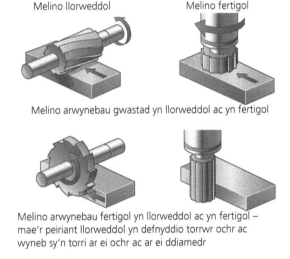

Ffigur 4.41 **Gweithrediadau melino**

### Turniau a pheiriannau melino CNC

- Mae metel yn ddelfrydol i beiriannau CNC sy'n defnyddio turniau a pheiriannau melino CNC.

- Gallwn ni ddefnyddio turn CNC i wneud turnio paralel, wynebu, turnio tapr a hyd yn oed torri edafedd sgriwiau.

- Mae peiriant melino CNC yn gallu torri rhychau, rhigolau ac ymylon peiriant a chreu arwynebau gwastad, llyfn ar fetelau.

- Mae'r ddau beiriant yn dilyn lluniadau CAD yn fanwl iawn.

- Maen nhw'n gyflymach ac yn fwy cyson na pheiriannu â dulliau traddodiadol ar durn canol neu beiriant melino.

### Torrwr plasma

- Mae torrwr plasma'n gwneud gwaith tebyg i dorrwr laser ond mae'n gallu torri ac ysgythru metel eithaf trwchus.

Ffigur 4.42 Torrwr plasma

## Polymerau

ADOLYGU

### Uno polymerau: uniadau dros dro

- Gallwn ni ddefnyddio nytiau a bolltau i gysylltu polymerau â'i gilydd dros dro. Mae pennau mwy ar osodiadau sydd wedi'u dylunio'n benodol i'w defnyddio gyda pholymerau, i wasgaru'r gwasgedd dros arwynebedd mwy.

- Mae sgriwiau hunandapio a thaclau trim paneli'n ffordd gyflym ac effeithlon o gysylltu cydrannau polymer â'i gilydd. Edrychwch mewn car i weld sut mae'r paneli plastig wedi'u dal yn eu lle.

Ffigur 4.43 Rhybedion pop a gwn rhybedion

- Gallwn ni rybedu dalenni polymerau at ei gilydd drwy ddefnyddio rhybedion alwminiwm, rhybedion pop neu rybedion deufforchog. Rhaid bod yn ofalus i beidio â defnyddio gormod o rym oherwydd mae'n hawdd difrodi'r ddalen bolymer.

- Gallwn ni ddefnyddio colfachau bôn a cholfachau cyfwyneb traddodiadol gyda pholymerau. Fodd bynnag, gallwn ni ffurfio rhai polymerau fel polystyren ehangedig (EPS) â cholfach annatod (yn rhan o'r polymer).

- Gallwn ni ddefnyddio cliciedau traddodiadol gyda pholymerau, ond mae hefyd yn bosibl cynnwys cliciedau annatod yn y dyluniad.

Ffigur 4.44 Cynhwysydd bwyd EPS â cholfach annatod    Ffigur 4.45 Cynhwysydd bwyd â handlen a chlicied

## Uno polymerau: uniadau parhaol

- Mae sment tensol (deucloromethan a methyl methacrylad) yn adlyn hydoddydd clir sydd wedi'i greu i ludo polymerau fel PMMA.
- Gallwn ni weldio rhai polymerau at ei gilydd gan ddefnyddio gwn aer poeth i doddi arwynebau'r polymerau. Caiff y sêm ar fag plastig ei weldio at ei gilydd gan ddefnyddio clamp wedi'i wresogi.

# Peiriannu

ADOLYGU

## Y turn canol a'r peiriant melino

- Mae turn canol gwaith metel a pheiriant melino'n gallu gwneud yr un tasgau i gyd ar ddefnyddiau polymer ag ar ddefnyddiau metel. Gweler 'Metelau' yn gynharach yn yr adran hon am fwy o wybodaeth am brosesau turnio a melino.

## Gweithgynhyrchu drwy gymorth cyfrifiadur

- Mae polymerau'n ddelfrydol i gynhyrchu symiau mawr gan ddefnyddio CAM.
- Mae torrwr finyl yn defnyddio llafn wedi'i reoli â chyfrifiadur i dorri finyl gludiog gan ddilyn dyluniad drwy gymorth cyfrifiadur.
- Mae torrwr laser yn defnyddio paladr laser i dorri ac ysgythru i mewn i rai polymerau fel PMMA gan ddilyn lluniad CAD.
- Bydd rhigolydd 3D yn melino rhychau a phroffiliau yn y rhan fwyaf o bolymerau, a chaiff ei ddefnyddio amlaf gydag ewynnau modelu fel Foamex.
- Bydd turniau CNC a pheiriannau melino CNC yn cyflawni'r un prosesau â thurniau canol a pheiriannau melino ond caiff y rhain eu rheoli gan gyfrifiadur i ddilyn lluniad CAD.
- Mae argraffydd 3D yn gallu cynhyrchu cynnyrch polymer 3D cyflawn o luniad CAD 3D.

**Ffigur 4.46 Turn CNC yn peiriannu cydran**

### Mowldio chwistrellu

Mae llawer o gynhyrchion rydyn ni'n eu defnyddio heddiw'n cael eu cynhyrchu â mowldio chwistrellu, er enghraifft cadair, beiro, cas ffôn clyfar. Mae'r broses mowldio chwistrellu fel a ganlyn:

- Bwydo gronigion polymer i mewn i'r hopran, sy'n bwydo'r gronigion i mewn i'r siambr wresogi.
- Sgriw Archimedes yn cludo'r gronigion ar hyd y siambr wresogi, sy'n eu troi nhw'n raddol yn dawdd.
- Yna caiff y plastig tawdd ei chwistrellu i mewn i'r mowld sydd wedi'i baratoi ymlaen llaw.
- Oeri'r mowld a thynnu'r gydran allan.

### Ffurfio â gwactod a chwythfowldio

Mae'r ddwy broses hyn yn defnyddio peiriant ffurfio â gwactod i gynhyrchu siapiau polymer â waliau tenau fel cartonau iogwrt a phecynnau cragen.

- Rhoi'r mowld ar y blaten a gostwng y blaten.
- Clampio'r ddalen bolymer ar y peiriant ac yna gwresogi'r ddalen nes ei bod hi'n feddal.
- Chwythu cromen (dim ond ar gyfer mowldiau tal mae angen gwneud hyn).
- Codi'r blaten.
- Troi'r gwactod ymlaen.

- Diffodd y gwres a'i adael i oeri.
- Tynnu'r mowld o'r ddalen bolymer sydd wedi'i ffurfio a thrimio.

**Ffigur 4.47 Hambwrdd bwyd wedi'i ffurfio â gwactod**

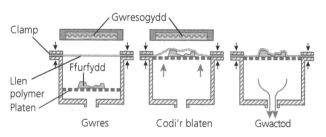

**Ffigur 4.48 Y broses ffurfio â gwactod**

## Proses chwythfowldio

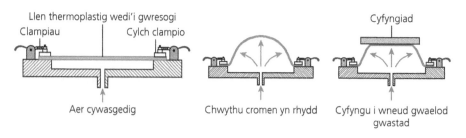

**Ffigur 4.49 Proses chwythfowldio**

- Clampio'r ddalen bolymer ar y peiriant.
- Gwresogi'r ddalen nes ei bod hi'n feddal.
- Chwythu cromen.
- Diffodd y gwres a'i adael i oeri.
- Tynnu'r ddalen bolymer sydd wedi'i chwythu a thrimio.

## Gwasgfowldio

Gallwn ni gynhyrchu siapiau tri dimensiwn mwy trwchus drwy **wasgfowldio**.

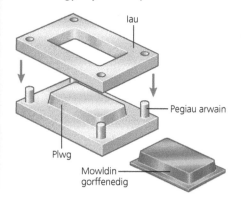

**Ffigur 4.50 Proses gwasgfowldio**

- Gwresogi dalen acrylig mewn ffwrn nes ei bod hi'n feddal.
- Gosod y ddalen dros y 'plwg'.
- Gosod yr 'iau' dros ben yr acrylig a rhoi gwasgedd arno.
- Bydd y ddalen acrylig yn cymryd siâp y mowld.
- Yna, gadael i'r ddalen acrylig oeri, ei thynnu hi o'r mowld a'i thrimio hi.

## Plygu llinell

Mae plygu llinell gan ddefnyddio gwresogydd stribed yn ffordd effeithiol o gynhyrchu tro llinell syth mewn acrylig.

> ### Camgymeriad cyffredin
>
> Pan fydd angen i ddisgyblion ddisgrifio proses weithgynhyrchu fel ffurfio â gwactod, yn aml byddant yn cynhyrchu diagramau gwan sydd ddim yn fanwl gywir. Gwnewch yn siŵr eich bod chi'n gallu lluniadu diagramau manwl gywir wedi'u labelu'n llawn o brif brosesau ffurfio â gwactod a **chwythfowldio**.

> **Chwythfowldio:** dull o siapio polymer thermoffurfiol drwy ei chwythu i mewn i gromen.
>
> **Gwasgfowldio:** dull o siapio polymer thermoffurfiol drwy ei wresogi a'i wasgu i mewn i fowld.

Dyma broses plygu llinell:

- Rhoi'r ddalen acrylig yn union uwchben y wifren boeth.
- Gwirio'n rheolaidd i weld ydy'r acrylig wedi meddalu wrth iddo gynhesu.
- Ar ôl i'r ddalen feddalu, ei thynnu hi allan a'i phlygu hi at yr ongl addas. (Mae jig yn gallu helpu i gyflawni'r ongl gywir.)

## Papurau a byrddau

ADOLYGU

### Plygu

- Mae'n hawdd plygu papur a cherdyn tenau â llaw.
- Bydd rhicio'n helpu i blygu cerdyn mwy trwchus a sicrhau plyg glân, siarp.
- Gallwn ni blygu bwrdd ewyn drwy dorri drwy'r ewyn mewn un o ddwy ffordd:
  - ○ Mae torri colfach yn golygu torri rhan o'r ffordd drwy'r bwrdd ewyn fel bod haen isaf y cerdyn yn gweithredu fel colfach a'r cerdyn yn gallu cael ei blygu am yn ôl.
  - ○ Mae torri V yn golygu gwneud toriad siâp 'V' yn y bwrdd ewyn a thynnu'r defnydd allan. Yna gellir plygu'r bwrdd ewyn tuag i mewn â phlyg glân, taclus.
- Allwn ni ddim plygu ewyn PVC heb dorri drwyddo yn rhannol, mewn modd tebyg i fwrdd ewyn.
- Gallwn ni blygu Corriflute drwy dorri darn o'r defnydd o'r haen uchaf rhwng y rhychau.
- Does dim modd plygu Styrofoam™.

### Boglynnu a phantio

- Mae boglynnu a phantio'n creu delwedd tri dimensiwn rydyn ni'n gallu ei gweld a'i theimlo ar bapur a cherdyn.
- Mae boglynnu'n creu darn wedi'i godi ar y papur neu'r cerdyn sy'n sefyll allan ychydig bach.
- Mae pantio'n cael yr effaith groes i hyn ac yn creu darn suddedig neu is.

### Dulliau rhwymo

- Mae gwahanol ddulliau rhwymo'n cael eu defnyddio ar gyfer llyfrau, cylchgronau a chyhoeddiadau mawr eraill.
- Caiff y rhan fwyaf o gyhoeddiadau eu gwnïo at ei gilydd.
- Pwytho cyfrwy yw'r dull mwyaf cyffredin a'r rhataf; caiff hwn ei ddefnyddio ar gyfer llyfrau a chylchgronau.
- Mae pwytho dolen yn gweithio mewn ffordd debyg i bwytho cyfrwy, ond mae'n caniatáu ychwanegu tudalennau ychwanegol yn ddiweddarach.
- Mae pwytho ochr neu bwytho taro'n defnyddio gwifren, cyn ychwanegu rhan ar hyd yr ymyl i orchuddio'r wifren.
- Mae rhwymo gwniedig yn debyg i bwytho cyfrwy, ond mae'n defnyddio edau yn lle gwifren.
- Caiff dogfennau â niferoedd mawr o dudalennau eu rhwymo fesul cam. Caiff y tudalennau eu rhannu a'u pwytho mewn adrannau bach. Yna caiff un o'r dulliau isod ei ddefnyddio i uno'r adrannau at ei gilydd:
  - ○ Rhwymo perffaith yw gludo'r adrannau gyda'i gilydd mewn clawr amlap.

> **Camgymeriad cyffredin**
>
> Yn aml, dydyn ni ddim yn meddwl bod papur a chardbord yn ddefnyddiau cryf, ond drwy eu plygu neu eu siapio nhw mewn ffyrdd penodol i greu 'adeileddau' maen nhw'n anhygoel o gryf am eu pwysau.

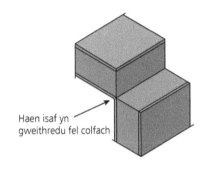

Haen isaf yn gweithredu fel colfach

**Ffigur 4.51 Torri colfach**

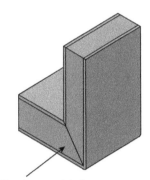

Plygu'n gornel daclus

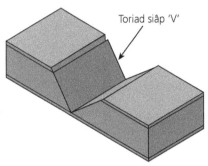

Toriad siâp 'V'

**Ffigur 4.52 Torri V**

o Mae rhwymo tâp yn debyg i rwymo perffaith ond gan lapio tâp adlynol o gwmpas yr adrannau i'w dal nhw i gyd yn eu lle.

o Mae rhwymo cas yn golygu gludo'r adrannau at bapurau pen, sy'n cael eu gludo at feingefn clawr y llyfr.

### Dulliau rhwymo eraill

● Mae rhwymo modrwy neu rwymo crib yn golygu pwnsio tyllau ar hyd ymylon y tudalennau a rhoi modrwy droellog neu rwymwr crib plastig i mewn i ddal y tudalennau at ei gilydd yn llac.

● Mae meingefn plastig yn ddarn o blastig siâp U sy'n dal y tudalennau sy'n cael eu rhoi yn y canol.

● Mae rhwymo stydiau (neu rwymo sgriwiau neu rwymo pyst) yn golygu drilio tyllau drwy'r tudalennau i gyd ac yna gwthio styden drwodd a gosod cap pen.

# 11 Triniaethau a gorffeniadau arwyneb

## Metelau

ADOLYGU

● Mae angen rhoi gorffeniad ar fetelau fferrus, neu byddan nhw'n rhydu.

● Gallwn ni roi gorffeniad ar fetelau anfferrus i wella eu hedrychiad, ond dim ond llathrydd sy'n cael ei roi ar fetelau gwerthfawr fel aur ac arian fel arfer.

● Mae pob gwaith gorffennu'n dechrau drwy baratoi'r arwyneb. Dylid sandio'r arwyneb yn lân a chadw baw, llwch ac olew oddi arno.

### Trocharaenu

● Mae trocharaenu'n gorchuddio'r metel â haen o bolyethylen.

● Mae'r metel yn cael ei lanhau'n llawn ac yna ei roi mewn ffwrn a'i wresogi at dymheredd o 200°C.

● Yna, caiff y metel ei drochi mewn baddon llifol am rai eiliadau.

● Mae'r polyethylen yn glynu ac yn toddi ar yr arwyneb poeth, gan adael araen lyfn, sgleiniog.

### Araenu â phowdr

● Mae hon yn broses sy'n debyg i drocharaenu, ond ar raddfa ddiwydiannol. Mae'r metel yn cael ei lanhau'n llawn ac yna ei roi mewn ffwrn a'i wresogi at dymheredd o 200°C.

● Mae'r metel yn cael ei chwistrellu â haen o bowdr polyethylen o wn chwistrellu electrostatig, sy'n sicrhau gorchudd gwastad dros y metel.

● Yna, caiff y metel ei roi'n ôl yn y ffwrn i'w galedu.

Ffigur 4.53 Offer â handlenni wedi'u trocharaenu

### Galfanu

● Proses ddiwydiannol yw hon lle caiff y metel ei orchuddio â sinc.

● Caiff y metel ei lanhau'n llawn ac yna ei drochi mewn baddon o sinc tawdd.

● Mae'r sinc yn darparu rhwystr gwydn iawn sy'n gwrthsefyll cyrydiad.

### Anodeiddio

● Mae anodeiddio'n broses orffennu electrolytig sy'n benodol i alwminiwm.

● Rydyn ni'n glanhau'r alwminiwm yn llawn mewn cyfres o brosesau mecanyddol a chemegol.

Ffigur 4.54 Rhwystr diogelwch o ddur galfanedig ar ochr ffordd

Atebion i'r cwestiynau Profi eich hun: www.hoddereducation.co.uk/fynodiadauadolygu

- Yna, rydyn ni'n rhoi'r alwminiwm mewn baddon cemegol i yrru cerrynt drwy'r metel, gan ffurfio haen wedi'i hocsidio.
- Mae'r haen wedi'i hocsidio'n caledu'r arwyneb ac yn darparu haen amddiffynnol sy'n gwrthsefyll cyrydu.
- Gallwn ni ychwanegu llifynnau lliw at y baddon cemegol a rhoi lliw i'r haen sydd wedi'i hocsidio.

### Enamlo

- Gallwn ni ddefnyddio enamlo i addurno gemwaith neu i amddiffyn offer y cartref.
- Mae enamlo'n golygu rhoi araen o bowdr gwydr ar fetel ac yna asio hon â'r metel drwy ei gwresogi mewn odyn at dymheredd dros 800°C.

### Gorffennu dur ag olew

- Mae gorffennu dur ag olew cynhyrchu haen denau iawn o ocsid du ar arwyneb metelau fferrus.
- Rydyn ni'n ei ddefnyddio ar offer a chydrannau peiriannau i'w hatal nhw rhag rhydu.
- Caiff cydran fetel fferrus ei gwresogi ac yna ei throchi mewn baddon olew.

### Peintio

- Mae peintio metelau'n atal cyrydiad ac yn gwella eu hedrychiad. Gallwn ni beintio metelau'n unrhyw liw.
- Mae paratoi'r arwyneb yn bwysig iawn – ni ddylai fod dim llwch, baw nac olew ar y metel.
- Yn gyntaf, mae angen cot o baent preimio, cyn llawer o haenau o baent sglein lliw.
- Gallwn ni beintio â brwsh neu chwistrellu'r paent ar arwyneb y metel.

**Ffigur 4.55** Amrywiaeth o gydrannau beic wedi'u hanodeiddio

**Ffigur 4.56 Gemwaith enamel**

**Camgymeriad cyffredin**

Os yw cwestiwn yn gofyn i chi am ddisgrifiad manwl o sut i baratoi cydran fetel a rhoi gorffeniad arni, gwnewch yn siŵr eich bod chi'n cynnwys manylion unrhyw waith sydd ei angen i baratoi'r arwyneb. Dylech chi hefyd gynnwys manylion am unrhyw faterion iechyd a diogelwch allai godi.

## Pren

ADOLYGU

Mae angen gorffeniad ar y rhan fwyaf o brennau naturiol gan fod angen eu hamddiffyn nhw rhag y tywydd. Mae angen sychu planciau pren sydd newydd gael eu trawsnewid i gael gwared â lleithder.

### Paratoi arwyneb

Mae paratoi arwyneb y pren yn rhan hanfodol o'r broses orffennu.

- Dylid sandio'r pren gan ddefnyddio amrywiaeth o raddau papur tywod i gael gwared ag unrhyw farciau ac i lyfnhau'r arwyneb.
- Ni ddylai fod dim llwch, baw nac olew ar yr arwyneb.

### Mathau o orffeniad

- Bydd staen pren yn newid lliw'r pren ond heb ei amddiffyn ryw lawer.
- Mae cadwolyn pren yn suddo i mewn i'r pren ac yn ei amddiffyn rhag lleithder a rhag ymosodiadau gan bryfed. Gall cadwolion hefyd gynnwys staen. Yn gyffredinol, byddwn ni'n defnyddio'r rhain ar siediau a ffensys yn yr ardd.
- Mae tanaleiddio'n ddull masnachol o roi cadwolyn ar bren. Caiff y pren ei drin dan wasgedd â'r cadwolyn. Mae pren wedi'i danaleiddio'n cael ei ddefnyddio'n aml i wneud deciau patio.

- Mae farneisiau'n amddiffyn y pren yn dda. Fel arfer, caiff araen glir ei ddefnyddio ond maen nhw hefyd ar gael mewn amrywiaeth o liwiau.
- Mae olewau, fel olew Danaidd ac olew tîc, yn hawdd eu rhoi ar bren ac yn ei amddiffyn ryw ychydig. Dydyn nhw ddim yn para'n arbennig o hir, fodd bynnag, a bydd angen cot newydd bob blwyddyn.
- Mae llathryddion cwyr yn rhoi lefel isel o amddiffyniad, ac fel arfer yn cael eu defnyddio dros arwyneb sydd wedi'i farneisio. Mae llathru Ffrengig yn ddull arbenigol o roi llathrydd sy'n cael ei ddefnyddio ar gyfer gorffeniadau o ansawdd da iawn yn unig.
- Mae paentiau'n amddiffyn pren yn dda, ac maen nhw ar gael mewn amrywiaeth eang o liwiau. Mae angen lefel ychwanegol o baratoi ar gyfer y rhan fwyaf o baentiau. Os oes ceinciau yn y pren mae'n rhaid paratoi'r rhain yn gyntaf, ac yna mae'n rhaid rhoi tanbaent ar arwyneb y pren cyn rhoi'r got derfynol o baent sglein/satin/mat.
- Byddwn ni'n aml yn rhoi argaen ar brennau cyfansawdd i wella eu hedrychiad.

## Polymerau

- Mae gan bolymerau eu lliw eu hunain, ac fel arfer mae ganddyn nhw orffeniad perffaith o ansawdd da.
- Maen nhw'n eithaf da am wrthsefyll traul ac nid yw dŵr na llawer o gemegion yn effeithio arnynt, felly does dim angen llawer o orffennu arnynt.

### Llathru

- Gallwn ni adfer gorffeniad da ar ymylon polymer sydd wedi'u torri drwy ddarffeilio, sandio â phapur 'gwlyb neu sych' ac yna llathru gan ddefnyddio llathrydd metel neu fwffio ar olwyn fwffio.

### Printio

- Gallwn ni addurno arwyneb neu ychwanegu gweadedd drwy ddefnyddio'r dull printio sgrin neu brintio pad.

### Decalau finyl

- Gallwn ni lynu decalau finyl gludiog ar arwyneb cynnyrch polymer.

### Gorffeniadau gweadog

- Fel arfer, caiff gorffeniad gweadog ei greu ar adeg mowldio. Byddai'r gorffeniad yn cael ei integreiddio yn siâp y mowld. Mae gorffeniadau gweadog i'w cael yn aml ar gynhyrchion polymer i roi gafael i'r arwyneb sydd fel arall yn sgleiniog ac yn llithrig.

Ffigur 4.57 **Decalau finyl**

Ffigur 4.58 **Darffeilio acrylig**

Ffigur 4.59 **Llathru acrylig**

## Profi eich hun

1 Esboniwch pam mae'n rhaid sychu pren sydd newydd gael ei dorri. [4]
2 Esboniwch pam mae rhai adlynion sy'n seiliedig ar hydoddyddion yn anaddas ar gyfer Styrofoam a bwrdd ewyn. [2]
3 Enwch ddau ddull o uno darnau metel â'i gilydd yn barhaol. [2]
4 Enwch ddau ddull amharhaol o uno darnau metel â'i gilydd. [2]
5 Defnyddiwch nodiadau a brasluniau i ddisgrifio proses ffurfio â gwactod. [6]
6 Esboniwch fanteision defnyddio gosodiadau KD i'r cwsmer a hefyd i wneuthurwr dodrefn pren. [6]
7 Defnyddiwch nodiadau a brasluniau i ddisgrifio sut byddech chi'n trocharaenu cydran fetel. [6]
8 Defnyddiwch nodiadau a brasluniau i ddisgrifio sut i gynhyrchu tro mewn pren gan ddefnyddio techneg agerblygu. [6]
9 Esboniwch pam does dim angen rhoi gorffeniad ar lawer o bolymerau. [3]
10 Esboniwch bwrpas twll arwain. [2]
11 Rhowch ddau reswm pam mae angen rhoi gorffeniad ar ddec patio. [2]
12 Defnyddiwch nodiadau a brasluniau i ddisgrifio cylchred oes tun dur. [6]
13 Disgrifiwch rai o'r rhesymau pam nad ydyn ni bob amser yn gallu ailgylchu defnydd pecynnu bwyd. [4]

## Cwestiynau enghreifftiol

1 Esboniwch fanteision defnyddio prennau cyfansawdd yn hytrach na phren naturiol. [4]
2 Cwblhewch y frawddeg ganlynol: Nitinol yw un o'r aloion sy'n cofio siâp mwyaf cyffredin. Mae wedi'i wneud o ............... a ............... [2]
3 Disgrifiwch beth sy'n digwydd i'r ffibrau mewn papur bob tro mae'n cael ei ailgylchu a sut mae hyn yn effeithio ar briodweddau'r papur wedi'i ailgylchu a sut gallwn ni ei ddefnyddio. [3]
4 Disgrifiwch gylchred oes tun diod feddal sydd wedi'i wneud o alwminiwm. [6]
5 Astudiwch y llun o gafn dŵr glaw.

(a) Enwch bolymer thermoffurfiol addas i'r cafn dŵr glaw. [1]
(b) Mae'r cafn dŵr glaw wedi'i wneud drwy allwthio. Esboniwch pam mae allwthio yn ddull cynhyrchu addas i gynhyrchu cafnau dŵr glaw. [3]
6 Esboniwch broses laminiadu a pham rydyn ni'n gwneud hyn i rai cynhyrchion papur a cherdyn. [3]

# 5 Sgiliau craidd

## 1 Deall arfer dylunio a thechnoleg

### Cyd-destun dyluniad

ADOLYGU

Mae **cyd-destun** dyluniad yn cynnwys llawer o bethau, fel:

- ○ yr amgylchoedd neu'r amgylchedd lle caiff ei ddefnyddio
- ○ y gwahanol **ddefnyddwyr** a **rhanddeiliaid**
- ○ diben y cynnyrch terfynol
- ○ ystyriaethau cymdeithasol, diwylliannol, moesol ac amgylcheddol.

- Bydd cynnyrch sydd wedi'i ddylunio'n briodol yn ei gyd-destun yn cyflawni ei ddiben yn union, gan roi'r hyn sydd ei angen i'w ddefnyddwyr a'i randdeiliaid â chyn lleied â phosibl o ryngweithio neu anghyfleustra.
- Os yw'r dylunio'n digwydd heb ystyried y cyd-destun, bydd hyn yn arwain at gynnyrch terfynol sydd ddim yn bodloni anghenion y defnyddwyr na'r rhanddeiliaid yn llawn.

> **Cyd-destun:** y lleoliadau neu'r amgylchoedd lle caiff y cynnyrch terfynol ei ddefnyddio.
>
> **Defnyddiwr:** yr unigolyn neu'r grŵp o bobl mae cynnyrch wedi'i ddylunio ar eu cyfer.
>
> **Rhanddeiliad:** rhywun heblaw'r prif ddefnyddiwr sy'n dod i gysylltiad â chynnyrch neu sydd â budd ynddo.

### Map cyd-destun/dadansoddi tasgau

ADOLYGU

Un dull defnyddiol o ystyried cyd-destun dyluniad yw creu map cyd-destun neu ddadansoddiad tasg i ddangos yr holl ffactorau posibl a allai neu a ddylai ddylanwadu ar y dyluniad, fel:

- **Pwy** yw'r defnyddwyr cynradd, y defnyddwyr eilaidd a rhanddeiliaid eraill? Er enghraifft, eu hoed, eu rhyw, eu symudedd corfforol.
- **Pam** mae angen y cynnyrch hwn? Beth yw'r broblem? Beth yw'r cyfyngiadau ar y dyluniad?
- **Ble** caiff y cynnyrch ei ddefnyddio? Ym mha fath o amgylchedd caiff ei ddefnyddio? Er enghraifft, dan do neu yn yr awyr agored?
- **Beth** mae'n rhaid i'r cynnyrch ei wneud? Beth yw ei brif swyddogaeth? Ai dim ond un prif bwrpas sydd ganddo neu oes rhaid iddo fodloni nifer o wahanol ofynion?
- **Pryd** caiff y cynnyrch ei ddefnyddio? Ydy'r cynnyrch yn cael ei ddefnyddio ar amseroedd penodol yn y dydd/nos? Ai ar adegau penodol o'r flwyddyn ac yna ei storio am gyfnodau hir rhwng yr adegau hyn?
- **Sut** mae'r cynnyrch i fod i weithio? Sut caiff ei storio, ei gludo, ei gynnal a'i gadw? Er enghraifft, a fydd rhaid iddo weithio heb wneud dim sŵn?

Bydd llawer o'r ystyriaethau hyn hefyd yn gorgyffwrdd ac yn dylanwadu ar ei gilydd.

> **Cyngor**
>
> Mae teganau'n cael eu dylunio ar gyfer plant, ond mae rhieni'n prynu'r teganau ac yn gorfod eu storio, eu cludo, eu glanhau a'u cynnal a'u cadw nhw. Er mai'r plentyn yw'r prif ddefnyddiwr, mae'r rhieni'n rhanddeiliad pwysig ac mae'n rhaid i'r dylunydd ystyried eu hanghenion hwythau.

**Ffigur 5.1 Cafodd** y tortsh ailwefradwy WOLF ei ddylunio i'w ddefnyddio mewn amgylcheddau eithriadol o oer a gwlyb

PROFI

1  Ar wahân i'r defnyddwyr a'r rhanddeiliaid, pa ffactorau eraill mae'n rhaid i ddylunydd eu hystyried?  [3]

# 2 Deall anghenion defnyddwyr

## Anghenion a dymuniadau'r defnyddiwr terfynol

ADOLYGU

- Rhaid i'r grŵp defnyddwyr a'u hanghenion fod yn un o'r prif ystyriaethau i unrhyw ddyluniad.
- Y prif unigolyn neu grŵp o bobl fydd yn defnyddio'r cynnyrch yw'r **prif ddefnyddwyr**.
- Bydd angen casglu data er mwyn asesu anghenion defnyddwyr a rhanddeiliaid.

## Data cynradd

- Caiff **data cynradd** eu casglu'n uniongyrchol gan y prif ddefnyddiwr neu randdeiliaid, er enghraifft mewn holiaduron, arolygon, cyfweliadau neu astudiaethau rydych chi'n eu cynnal eich hun.
- Os yw cynnyrch yn mynd i gael ei farchnata a'i anelu at grŵp eang o ddefnyddwyr, mae'n bosibl y bydd angen cynnal cannoedd o holiaduron, cyfweliadau a phrofion ar draws y sbectrwm o wahanol ddefnyddwyr.
- Mae methu â gwneud ymchwil digon da yn gallu arwain at ddata cynradd anghywir ac at gynnyrch sydd ddim yn bodloni holl anghenion y defnyddwyr neu'r rhanddeiliaid.

### Casglu data cynradd

- Mae arolygon a holiaduron yn ffordd effeithiol o gasglu gwybodaeth gan bobl, cyn belled â bod y cwestiynau wedi'u llunio a'u geirio'n dda.
- Gallwch chi ddefnyddio cwestiynau penagored neu amlddewis gan ddibynnu pa fath o wybodaeth sydd ei hangen.
- Mae cyfyngu'r atebion i ddewis o dri neu bedwar opsiwn hefyd yn golygu na chewch chi atebion amherthnasol.
- Mae dod o hyd i bobl yn y grwpiau defnyddwyr rydych chi'n anelu atynt i lenwi arolygon yn hollbwysig, ond mae'n gallu bod yn anodd.
- Mae'n rhaid i'r bobl sy'n llenwi eich arolwg neu holiadur berthyn i'r un grŵp defnyddwyr â'r defnyddwyr rydych chi'n eu targedu, neu byddwch chi'n casglu gwybodaeth anghywir a fydd yn arwain at gynnyrch terfynol diffygiol.
- Mae llawer o raglenni arolwg ar gael am ddim ar-lein, felly gallwch chi anfon e-bost at bobl sy'n perthyn i'r grŵp defnyddwyr rydych chi'n anelu ato.

## Data eilaidd

- **Data eilaidd** yw data 'ail-law' sydd eisoes wedi cael eu casglu gan rywun arall.
- Fel arfer, mae'n llawer haws ei ganfod na data cynradd, ond gallai fod wedi dyddio'n barod.
- Gallwn ni gasglu data eilaidd o amrywiaeth o ffynonellau, fel gwefannau, llyfrau, adroddiadau profion a chyfnodolion.

- Mae defnyddio data eilaidd yn gallu arbed amser gan ei fod yn llawer cyflymach na chynnal profion, cyfweliadau a holiaduron ac felly mae'n rhatach.
- Nid yw'r data sy'n cael eu casglu mor fanwl gywir â data cynradd – dydyn nhw ddim yn benodol i union anghenion y dylunydd neu'r defnyddiwr.

### Casglu data eilaidd

- Mae delweddau a gwybodaeth ar gynhyrchion sy'n bodoli oddi ar y rhyngrwyd yn seiliedig ar adolygiadau pobl eraill a/neu honiadau'r gwneuthurwr ei hun.
- Mae'n well dod o hyd i gynnyrch 'bywyd go iawn' i'w drin, ei ddefnyddio a'i brofi eich hun.

**Profi eich hun**                                                    PROFI

1  Nodwch dair ffordd o gasglu data cynradd.                          [3]
2  Esboniwch fanteision ac anfanteision defnyddio data eilaidd ar gyfer ymchwil.    [4]

# 3 Ysgrifennu briff dylunio a manylebau

## Briffiau dylunio                                                    ADOLYGU

- Mae briff dylunio'n rhoi disgrifiad cryno o'r dasg bydd y dylunydd yn ei chyflawni er mwyn datrys y broblem ddylunio neu gyflawni'r hyn sydd ei eisiau ar y **cleient**.
- Gall y briff dylunio gael ei bennu gan y cleient neu mewn trafodaeth rhwng y cleient a'r dylunydd.
- Dylai'r briff fod yn fyr ac amlinellu'n glir pa ganlyniadau sy'n ofynnol o'r dyluniad.
- Mae'n rhaid i'r dylunydd gyfeirio at y briff yn ystod y broses ddylunio i sicrhau ei fod yn gweithio tuag at ei gyflawni.

## Ysgrifennu briff dylunio

- Cyn dechrau mae'n bwysig archwilio'n llawn beth yw maint y broblem a'r cyd-destun.
- Nid yw beth hoffai cleient ei gael, a beth sydd ei angen mewn gwirionedd, bob amser yr un fath.
- Mae briff sy'n canolbwyntio mwy ar y cynnyrch nag ar y broblem yn gallu arwain at **obsesiwn dylunio** ac atal rhywun rhag ystyried dulliau eraill.

## Manylebau                                                    ADOLYGU

- Mae'r fanyleb yn rhoi cyfres o ofynion mae'n rhaid i'r cynnyrch eu bodloni neu gyfyngiadau mae'n rhaid iddo gadw atynt.
- Dylai ymchwil i'r broblem hefyd ddylanwadu ar beth sydd yn y fanyleb.
- Mae **manylebau agored** yn nodi **meini prawf** mae'n rhaid i'r cynnyrch eu bodloni, ond heb bennu sut mae'n rhaid cyflawni hyn.
- Mae **manylebau caeedig** yn fwy manwl ac yn nodi beth mae'n rhaid ei gyflawni a sut mae'n rhaid bodloni meini prawf penodol, er enghraifft drwy nodi pa offer, defnyddiau neu brosesau mae'n rhaid eu defnyddio.

---

**Cleient:** yr unigolyn mae'r dylunydd yn gweithio iddo (nid hwn yw'r defnyddiwr o reidrwydd).

**Obsesiwn dylunio:** pan fydd dylunydd yn cyfyngu ar ei greadigrwydd drwy ddilyn un trywydd dylunio yn unig neu ddibynnu'n rhy drwm ar nodweddion dyluniadau sy'n bodoli eisoes.

**Manyleb agored:** rhestr o feini prawf mae'n rhaid i'r cynnyrch eu bodloni, ond heb bennu sut mae'n rhaid eu cyflawni nhw.

**Meini prawf:** targedau penodol mae'n rhaid i gynnyrch eu cyrraedd er mwyn bod yn llwyddiannus.

**Manyleb gaeedig:** rhestr o feini prawf sy'n nodi beth mae'n rhaid ei gyflawni a sut mae'n rhaid gwneud hynny.

## Ysgrifennu manyleb

Bydd y fanyleb fel arfer yn rhoi sylw i feysydd fel:

- y swyddogaethau cynradd ac eilaidd mae'n rhaid i'r cynnyrch eu cyflawni (beth mae'n gorfod ei wneud)
- unrhyw ofynion penodol sydd gan y defnyddwyr/rhanddeiliaid
- defnyddiau a chydrannau mae'n rhaid eu defnyddio neu eu hosgoi
- uchafswm neu isafswm dimensiynau, pwysau a chyfyngiadau maint
- cyfyngiadau ariannol (faint dylai gostio i'w gynhyrchu)
- ffactorau esthetig (sut mae'n rhaid i'r cynnyrch edrych neu deimlo)
- gofynion anthropometrig ac ergonomig
- safonau neu gyfyngiadau amgylcheddol
- nodweddion a chyfyngiadau diogelwch
- safonau gweithgynhyrchu perthnasol
- gofynion cyfreithiol
- am ba mor hir dylid disgwyl iddo bara.

Mae amryw o wefannau a phecynnau meddalwedd ar gael i'ch cynorthwyo chi i ysgrifennu manyleb drwy roi ysgogiadau neu gwestiynau am y cynnyrch dan sylw, er enghraifft ACCESS FM, SCAMPER.

### Profi eich hun

PROFI

1 Beth yw'r prif wahaniaethau rhwng y briff a'r fanyleb? [2]
2 Beth sy'n gallu helpu i atal obsesiwn dylunio? [2]

# 4 Ymchwilio i sialensiau amgylcheddol, cymdeithasol ac economaidd

## Ystyriaethau amgylcheddol

ADOLYGU

- Tan yn ddiweddar, roedd gwneuthurwyr yn cynhyrchu cynhyrchion mor rhad ac mor gyflym â phosibl, heb bryderu rhyw lawer am yr effaith amgylcheddol.

- Mae pwysau cymdeithasol i gael y cynhyrchion diweddaraf a dylanwadau ffasiwn a thueddiadau'n golygu bod pobl yn taflu pethau i ffwrdd yn hytrach na'u trwsio nhw. Cymdeithas daflu i ffwrdd yw'r enw ar hyn.

- Mae'r **gymdeithas daflu i ffwrdd** yn dilyn **economi llinol** – gweler Adran 1, Testun 2. Pan fydd y cynnyrch yn torri, neu pan na fydd ei eisiau mwyach, caiff ei waredu.

- Mae **economi cylchol** yn defnyddio cyn lleied â phosibl o adnoddau ac yn eu defnyddio nhw i'r eithaf, am gyfnod mor hir â phosibl – gweler Adran 1, Testun 2.

Ffigur 5.2 Mae defnyddio plastig wrth ddylunio cynhyrchion yn gallu cael effeithiau niweidiol ar yr amgylchedd.

---

**Cymdeithas daflu i ffwrdd:** cymdeithas sy'n defnyddio ac yn gwastraffu gormod o adnoddau.

**Economi llinol:** defnyddio defnyddiau crai i wneud cynnyrch; taflu'r gwastraff i ffwrdd.

**Economi cylchol:** cael y gwerth mwyaf o adnoddau drwy eu defnyddio am gyfnod mor hir a phosibl, ac yna eu hadennill a'u hatgynhyrchu fel cynhyrchion newydd yn hytrach na'u taflu i ffwrdd.

## Dylunio cynhyrchion ecogyfeillgar

**Eco-ddylunio** yw dylunio cynhyrchion cynaliadwy sydd ddim yn niweidio'r amgylchedd drwy, er enghraifft:

- dewis defnyddiau cynaliadwy, diwenwyn y gellir eu hailgylchu ac sydd ddim angen cymaint o egni i'w prosesu
- dylunio cynhyrchion sydd:
  - o yn effeithlon o ran tanwydd a defnyddiau
  - o yn para mor hir â phosibl fel bod angen llai o ddarnau newydd
  - o yn gweithio at eu llawn botensial
  - o yn gallu cael eu hailgylchu'n llawn
  - o yn defnyddio defnyddiau, adnoddau a llafur lleol

Mae'r Chwe Egwyddor Sylfaenol yn gyfres syml o reolau sy'n rhoi sylw i'r uchod i gyd – gweler Adran 1, Testun 5.

## Sialensiau cymdeithasol

### Effeithiau cadarnhaol a negyddol cynhyrchion

- Gall cynhyrchion gael effaith negyddol ar gymdeithas mewn ffordd na fydd y dylunydd wedi'i rhagweld.
- Nid yw hi ddim bob amser yn hawdd rhagweld effeithiau cynnyrch, ond mae'n rhaid i ddylunwyr geisio ystyried y goblygiadau negyddol posibl a phenderfynu ydy'r cynnyrch yn werth chweil.

### Ymwybyddiaeth ddiwylliannol

- **Ymwybyddiaeth ddiwylliannol** yw ystyried sut gallai cynnyrch effeithio ar wahanol grwpiau diwylliannol. Gallai gwahanol **ddiwylliannau** weld cynhyrchion mewn ffordd wahanol gan ddibynnu ar eu credoau, eu syniadau a'u profiadau.
- Os yw cynnyrch wedi'i ddylunio ar gyfer sector penodol yn y farchnad (er enghraifft marchnad y DU), ni ddylai fod yn dramgwyddus nac yn anweddus i neb.
- Mae dylunio cynhyrchion newydd sy'n parhau â phrosesau, sgiliau a defnyddiau traddodiadol yn gallu helpu i gynnal hunaniaeth ddiwylliannol.

### Sialensiau economaidd

- Mae prosesau cynhyrchu, cludo, defnyddio a gwaredu cynnyrch yn gallu effeithio ar anghenion economaidd pobl.
- Mae cynhyrchu cynnyrch newydd yn gallu creu swyddi, gan roi hwb i economi cyffredinol yr ardal.
- Os caiff cynnyrch ei gynhyrchu gan beiriannau CAM modern yn hytrach na bodau dynol, gallai hyn arwain at golli swyddi a bydd hyn hefyd yn effeithio ar economi'r ardal.
- Caiff llawer o gynhyrchion eu gwneud dramor gan fod costau llafur yn llawer rhatach. Mae rhai gweithwyr yn y gwledydd hyn yn cael eu talu'n wael, yn gweithio mewn amodau peryglus neu afiach, ac yn gweithio oriau hir heb seibiant na gwyliau.
- Mae rhai gwledydd yn defnyddio llafur plant.
- Dylai dylunwyr wneud yn siŵr bod eu cleientiaid yn dilyn canllawiau ar gyfer trin gweithwyr yn deg a bennir gan sefydliadau fel Sefydliad Atal a Rheoli Troseddu Ewrop, yr Awdurdod Meistri Gangiau a Cham-drin Llafur (GLA) a Chynghrair y Gweithwyr yn Erbyn Gormes ym Mhobman (AWARE).
- Mae gwneuthurwyr cynhyrchion Masnach Deg yn sicrhau bod eu gweithwyr yn cael eu trin yn deg. Mae rhagor am Fasnach Deg yn Adran 1, Testun 5.

---

**Eco-ddylunio:** dylunio cynhyrchion cynaliadwy sydd ddim yn niweidiol i'r amgylchedd drwy ystyried effeithiau'r dechnoleg, y prosesau a'r defnyddiau maen nhw'n eu defnyddio.

**Ymwybyddiaeth ddiwylliannol:** deall y gwahaniaethau rhwng agweddau a gwerthoedd pobl o wledydd neu gefndiroedd eraill.

**Diwylliant:** syniadau, arferion ac ymddygiadau cymdeithasol pobl neu gymdeithas benodol.

---

Atebion i'r cwestiynau Profi eich hun: www.hoddereducation.co.uk/fynodiadauadolygu

### Materion anthropometrig ac ergonomig

- Mae **anthropometreg** yn defnyddio ystadegau a mesuriadau o wahanol rannau o'r corff dynol sydd wedi'u cymryd o bobl o wahanol oedrannau, rhywiau a hiliau.

- Caiff hyn ei ddefnyddio i benderfynu ar feintiau, siapiau a ffurfiau cynhyrchion fel eu bod nhw'n bodloni anghenion y defnyddiwr dan sylw.

- Mewn rhai achosion, caiff cynhyrchion eu dylunio i ffitio'r unigolyn cyfartalog, ac mewn eraill efallai y cân nhw eu dylunio i ffitio'r mwyaf neu'r lleiaf.

- **Ergonomeg** yw'r berthynas rhwng pobl a'r cynhyrchion y maent yn eu defnyddio.

- Gallwn ni ddefnyddio data ergonomig i wneud cynhyrchion yn fwy cyffordddus a hawdd eu defnyddio drwy ystyried siâp y corff dynol a'r grym gall unigolyn ei roi ar rywbeth.

- Rydyn ni'n defnyddio ergonomeg ac anthropometreg gyda'i gilydd wrth ddylunio cynhyrchion i wneud yn siŵr bod y canlyniad yn 'ffitio' y defnyddiwr dan sylw a hefyd mor gyffordddus a hawdd ei ddefnyddio â phosibl.

> **Anthropometreg:** astudio meintiau pobl mewn perthynas â chynhyrchion.
>
> **Ergonomeg:** y berthynas rhwng pobl a'r cynhyrchion maen nhw'n eu defnyddio.

---

**Profi eich hun** PROFI ☐

1. Beth yw'r gwahaniaeth rhwng anthropometreg ac ergonomeg? [2]
2. Disgrifiwch sut mae ffonau symudol wedi cael effaith gadarnhaol a negyddol ar ein cymdeithas . [8]

# 5 Datblygu syniadau

## Profi a gwerthuso syniadau ADOLYGU ☐

- Mae dylunio arloesol yn golygu archwilio ffyrdd newydd o wneud pethau neu geisio ymdrin â phroblemau o wahanol onglau neu safbwyntiau.

- I gael gwahanol safbwyntiau ar broblem er mwyn archwilio syniadau newydd, gall dylunwyr ddefnyddio gwahanol ffynonellau gwybodaeth:

  - Grwpiau ffocws: grŵp o wahanol bobl sy'n rhoi eu safbwyntiau a'u profiadau eu hunain o broblem neu'n trafod eu canfyddiadau a'u hagweddau tuag at gynnyrch neu syniad sy'n bodoli.

  - Datrysiadau sy'n bodoli: edrych ar ddatrysiadau sy'n bodoli i broblem neu ar gynhyrchion sydd wedi'u dylunio i ddatrys problemau tebyg, ac ystyried pa agweddau sy'n gweithio'n dda neu sydd ag angen eu gwella.

  - Bioddynwarededd: edrych ar wahanol agweddau ar y byd naturiol, fel adeileddau a nodweddion sy'n bodoli'n naturiol, yna ystyried ffyrdd o gynnwys y dulliau, y siapiau neu'r ffurfiau hyn yn y dyluniad (mae rhagor am fioddynwarededd yn Adran 1, Testun 4).

- **Datblygiad** yw'r broses o ddewis syniadau, elfennau, defnyddiau a thechnegau gweithgynhyrchu o syniadau cychwynnol a'u defnyddio nhw i archwilio a chynhyrchu dyluniadau neu syniadau gwell.

- Datblygiad yw'r rhan o'r broses dylunio creadigol lle bydd dylunwyr yn rhoi cynnig ar bethau newydd ac yn gwneud penderfyniadau creadigol yn seiliedig ar yr hyn sy'n gweithio a'r hyn sydd ddim.

- Mae **modelu**'n rhoi cyfle i ddylunwyr roi cynnig ar syniadau neu ddarnau o ddyluniadau a'u profi nhw drwy wneud modelau wrth raddfa. Mae modelu a phrofi'n caniatáu i ddylunwyr weld ydy dyluniad yn gweithio ai peidio ac yna gwneud penderfyniadau neu ddatblygiadau pellach.

> **Datblygiad:** y broses greadigol o ddewis syniadau, elfennau, defnyddiau a thechnegau gweithgynhyrchu o syniadau cychwynnol a'u defnyddio nhw mewn ffyrdd newydd i archwilio a chynhyrchu dyluniadau neu syniadau newydd a gwell.
>
> **Modelu:** rhoi cynnig ar syniadau neu ddarnau o ddyluniadau a'u profi nhw drwy wneud modelau wrth raddfa.

- Mae modelau a syniadau sydd ddim yn gweithio yr un mor ddilys, oherwydd yn aml gallwn ni ddysgu mwy o fodel sy'n methu neu'n aflwyddiannus.
- Drwy gymryd risgiau a rhoi cynnig ar bethau newydd, gall dylunwyr feddwl am syniadau arloesol. Mae pob cam ar y ffordd yn rhan hanfodol o'r broses ddatblygu.

## Dadansoddi beirniadol a gwerthuso

- Mae dadansoddi beirniadol a gwerthuso'n mynd law yn llaw â datblygu ond mae'n gallu digwydd ar unrhyw adeg yn ystod y broses ddylunio.
- Bydd dadansoddiad beirniadol yn asesu pa mor addas yw'r dyluniad yn erbyn meini prawf penodol i wirio ei fod yn bodloni'r gofynion.
- Bydd y rhestr o feini prawf yn dibynnu ar y cynnyrch ond bydd yn cynnwys pethau fel:
  - Sut mae'r cynnyrch yn gweithio: Ydy'r cynnyrch yn gwneud beth mae i fod i'w wneud? Pa mor dda mae'n gwneud hyn? Ydy hi'n hawdd ei ddefnyddio? Ydy'r cynnyrch yn gyfforddus i'w ddefnyddio?
  - Estheteg y cynnyrch: Ydy'r cynnyrch yn edrych yn ddeniadol? Ydy'r cynnyrch yn teimlo'n dda?
  - Anthropometreg ac ergonomeg: Ydy ei uchder, ei hyd, ei ddiamedr ac ati yn gywir? Ydy'r cynnyrch yn gweddu i'r holl ddefnyddwyr? Oes modd ei addasu i weddu i wahanol ddefnyddwyr? Ydy'r cynnyrch yn ffitio yn lle mae i fod?
  - Cost: Fydd y defnyddiau'n ddrud i'w prynu? Fydd y costau cynhyrchu'n dderbyniol? Fydd pris terfynol y cynnyrch yn dderbyniol?
  - Defnyddiau: Ydy'r defnyddiau sy'n cael eu defnyddio o safon uchel? Ydy'r defnyddiau'n addas i'r cynnyrch? Ydy'r defnyddiau'n hawdd cael gafael arnyn nhw/ar gael yn rhwydd?
  - Dulliau adeiladu: Ydy'r cynnyrch wedi'i wneud yn dda? Ydy'r sgiliau/ prosesau sydd eu hangen i'w wneud ar gael yn rhwydd? Ydy'r cynnyrch yn gyflym i'w gynhyrchu?
  - Iechyd a diogelwch: Ydy'r cynnyrch yn ddiogel i'w ddefnyddio? Ydy'r cynnyrch yn bodloni safonau iechyd a diogelwch perthnasol?
  - Ystyriaethau amgylcheddol: Ydy'r defnyddiau'n dod o ffynhonnell gynaliadwy? Ydy hi'n hawdd datgymalu'r cynnyrch? Oes modd ailgylchu'r defnyddiau? Ydy'r prosesau sy'n cael eu defnyddio'n niweidiol i'r amgylchedd?

### Mireinio ac addasu

- Ar ôl y dadansoddiad beirniadol, gall y dylunydd wneud newidiadau neu addasiadau pellach er mwyn rhoi sylw i unrhyw feysydd lle nad yw'r dyluniad yn bodloni'r meini prawf neu'n perfformio'n dda.
- Yna, caiff y dyluniad wedi'i addasu ei ddadansoddi eto ac os oes angen gwelliannau pellach o hyd, caiff y dyluniad ei addasu eto gan ailadrodd yr un broses.
- Enw'r cylch hwn o fireinio, dadansoddi ac ailddylunio yw **dylunio iterus**.
- Dylai pob 'ailadroddiad' newydd o'r dyluniad fod yn fersiwn ychydig bach gwell o'r un blaenorol hyd at yr ailadroddiad terfynol – dylai hwn fodloni'r holl feini prawf gymaint â phosibl a rhoi'r datrysiad gorau posibl.

> **Dylunio iterus:** cylchred ailadroddol o wneud dyluniadau neu brototeipiau'n gyflym, casglu adborth a mireinio'r dyluniad.

## Profi eich hun

1 Nodwch bedwar maen prawf fyddai'n cael eu hystyried wrth ddadansoddi cynnyrch yn feirniadol. [4]

2 Disgrifiwch enghraifft o sut gallai dylunydd ddefnyddio bioddynwarededd. [3]

# 6 Defnyddio strategaethau dylunio

## Strategaethau dylunio

### Cydweithredu

- Mae llawer o ddylunwyr yn **cydweithredu**, mewn parau neu mewn grwpiau. Fel arfer, bydd busnes dylunio'n cyflogi nifer o ddylunwyr sy'n gweithio gyda'i gilydd ar brojectau dylunio penodol.
- Drwy drafod, rhannu a gweithio gyda'i gilydd maen nhw'n bownsio syniadau yn ôl ac ymlaen, yn mireinio elfennau neu'n mynd ar drywyddion ymchwilio cwbl newydd.
- Ar ôl i ddylunydd greu rhai syniadau neu gysyniadau cychwynnol, bydd grŵp ffocws sy'n cynnwys y cleient, y defnyddiwr a'r prif randdeiliaid yn rhoi adborth am y dyluniadau.

### Dylunio sy'n canolbwyntio ar y defnyddiwr

- Mae **dylunio sy'n canolbwyntio ar y defnyddiwr** yn rhoi'r defnyddiwr yng 'nghanol' y broses ddylunio.
- Mae pedwar prif gam i'r broses:
  - Nodi'r cyd-destun defnyddio: nodi pwy yw defnyddwyr y cynnyrch, i beth byddan nhw'n ei ddefnyddio, ac o dan ba amodau caiff ei ddefnyddio.
  - Nodi'r gofynion: nodi unrhyw amcanion sydd gan y defnyddiwr y mae'n rhaid eu bodloni er mwyn i'r cynnyrch fod yn llwyddiannus.
  - Creu datrysiadau dylunio: gellir gwneud hyn gam wrth gam, gan adeiladu o gysyniad bras i ddyluniad cyflawn.
  - Gwerthuso dyluniadau: gwerthuso drwy brofi gallu defnyddwyr go iawn i ddefnyddio'r cynnyrch.

### Meddylfryd systemau

- **Meddylfryd systemau** yw meddwl am y cynnyrch rydych chi'n ei ddylunio fel rhan o system neu brofiad mwy.
- Mae agor y pecyn, cynnal a chadw'r cynnyrch, defnyddio'r cynnyrch a gwaredu neu gyfnewid y cynnyrch i gyd yn rhan o'r profiad o fod yn berchen ar gynnyrch.
- Mae meddylfryd systemau'n ystyried y broblem cyfan a sut i roi'r gwasanaeth gorau i'r defnyddiwr.

> **Cydweithredu:** nifer o ddylunwyr yn gweithio gyda'i gilydd ar brojectau dylunio penodol.
>
> **Dylunio sy'n canolbwyntio ar y defnyddiwr:** ystyried a gwirio anghenion, dymuniadau a gofynion y defnyddiwr ar bob cam yn y broses ddylunio.
>
> **Meddylfryd systemau:** ystyried problem ddylunio fel profiad cyfan i'r defnyddiwr.

### Profi eich hun

1. Disgrifiwch fanteision ac anfanteision posibl cydweithredu wrth ddylunio. [4]
2. Enwch bedwar prif gam dylunio sy'n canolbwyntio ar y defnyddiwr. [4]

# 7 Cyfathrebu syniadau

## Lluniadau 2D a 3D ffurfiol ac anffurfiol

- Mae lluniadau dau ddimensiwn yn ddefnyddiol i ddangos proffiliau (siapiau) syml, cynllun darnau o fewn dyluniad, neu drawstoriadau drwy ddyluniad.
- Mae lluniadau tri dimensiwn yn ddefnyddiol er mwyn dangos syniadau dylunio.

## Braslunio llawrydd

- Mae braslunio llawrydd yn cyfeirio at wneud brasluniau heb ddefnyddio templedi, gridiau na chymhorthion lluniadu eraill.
- Gellir braslunio llinellau ysgafn i ffurfio 'cawell' siapiau bloc syml cyn i'r dylunydd eu mireinio nhw i'r siâp gofynnol yn ddiweddarach.
- Gall lluniadau fod yn 2D neu'n unrhyw arddull 3D.
- Gellir defnyddio anodi cryno.

## Lluniadu arosgo

- Mae **lluniad arosgo** yn fath sylfaenol o luniad tri dimensiwn, a does dim angen llawer o sgìl i'w ffurfio.
- Caiff proffil dau ddimensiwn ei estyn i siâp 3D drwy dynnu llinellau ar 45°.
- Fel arfer, caiff sgwâr profi 45° ei ddefnyddio i sicrhau manwl gywirdeb.

## Lluniadu isometrig

- Mae hwn yn ddull lluniadu 3D sy'n cynrychioli siâp yn fwy manwl gywir.
- Caiff ongl o 30° ei defnyddio ar gyfer y llinellau estynedig.
- Fel arfer, caiff sgwâr profi 30° neu bapur grid isometrig ei ddefnyddio i sicrhau manwl gywirdeb.
- Caiff pob llinell ei lluniadu at ei hyd llawn.
- Mae siâp lluniadau isometrig mawr yn gallu edrych yn afluniedig gan nad oes 'persbectif' iddynt.

## Lluniadu mewn persbectif

- Mae **lluniad mewn persbectif** yn ddull lluniadu 3D sy'n cyflawni cynrychioliad realistig iawn.
- Ar gyfer persbectif dau bwynt, caiff dau 'ddiflanbwynt' eu lluniadu ar ddau ben gorwel dychmygol.
- Mae'r llinellau sy'n cael eu hestyn o ymylon blaen y lluniad i gyd yn symud tuag at y diflanbwyntiau, fel eu bod nhw'n cydgyfeirio.

## Techneg llinellau trwchus a thenau

- Mae hwn yn ddull syml i wella effaith braslun 3D.
- Caiff llinell fwy trwchus a thrwm (gan ddefnyddio beiro neu bensil dywyll) ei defnyddio i 'fynd dros' holl ymylon y lluniad lle nad yw'r manylion ar ymyl gyfagos yn y golwg.

**Ffigur 5.3 Lluniad tafluniad arosgo**

**Lluniadu arosgo:** dull lluniadu 3D sylfaenol sy'n defnyddio llinellau wedi'u hestyn ar 45°.

**Lluniadu mewn persbectif:** dull lluniadu 3D realistig.

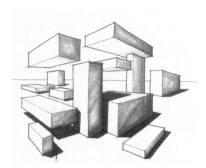

**Ffigur 5.4 Lluniad persbectif dau bwynt**

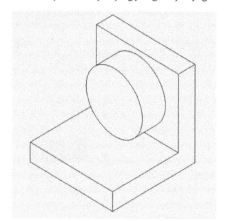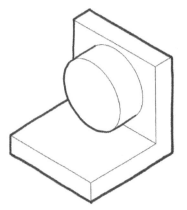

**Ffigur 5.5 Defnyddio techneg llinellau trwchus a thenau ar luniad isometrig**

## Lliw a chysgod

- Mae hon yn dechneg i ddangos patrymau, gweadedd a dyfnder arwynebau, ac mae angen cryn dipyn o sgìl.
- Mae'n hanfodol i gynrychioli tecstilau a ffabrigau.
- Mae cysgodion ac arlliwiau'n gallu dangos dyfnder a siâp arwyneb.
- Gellir defnyddio gwahanol dechnegau **rendro**.
- Mae rhaglenni CAD 3D yn gallu cynhyrchu lluniadau realistig iawn wedi'u rendro.

## Diagramau system a chynllunio

- Mae'r diagramau hyn yn aml yn cael eu defnyddio mewn systemau electronig.
- Rydyn ni'n defnyddio **diagram system** (neu ddiagram blociau) i ddangos yr is-systemau gweithredol, sut maen nhw wedi'u cysylltu a'r signalau sy'n llifo o un i'r llall.
- Rydyn ni'n rhannu diagramau system yn fras i is-systemau mewnbwn, proses ac allbwn.
- Mae **diagram cynllunio** (sy'n aml yn cael ei alw'n ddiagram cylched) yn dangos y cysylltiadau rhwng cydrannau electronig unigol a gwerthoedd y cydrannau.

> **Rendro:** y dull o ddefnyddio lliwiau a thywyllu i gynrychioli natur arwyneb.
>
> **Diagram system:** diagram sy'n dangos y cydgysylltiadau rhwng is-systemau mewn system electronig.
>
> **Diagram cynllunio:** diagram cylched sy'n dangos y cysylltiadau rhwng cydrannau unigol.

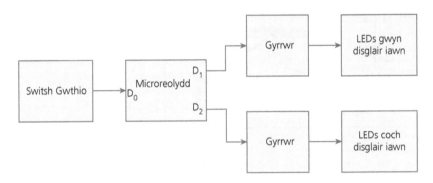

**Ffigur 5.6 Diagram system electronig**

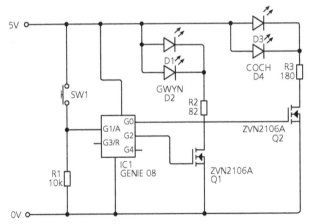

**Ffigur 5.7 Diagram cynllunio electronig**

> **Cyngor**
>
> Dylech chi ddysgu adnabod a lluniadu'r symbolau cylched sylfaenol sy'n cael eu defnyddio mewn diagramau cynllunio cylched.

## Brasluniau anodedig

Dylid anodi brasluniau i ychwanegu gwybodaeth sydd ddim yn amlwg, er enghraifft:

- saethau i ddangos symudiad
- pa ddefnydd sy'n cael ei ddefnyddio

- gorffeniad arwyneb
- dull adeiladu neu gynhyrchu
- swyddogaeth
- cyfeirio at ymadroddion cyfarwydd, fel 'jac clustffonau', neu 'atodiad Velcro'
- manylder cudd, er enghraifft 'lle i roi batri oddi tanodd'
- sôn am bwysau neu gydbwysedd
- samplau o liwiau, patrymau neu ffabrig ar gyfer tecstilau.

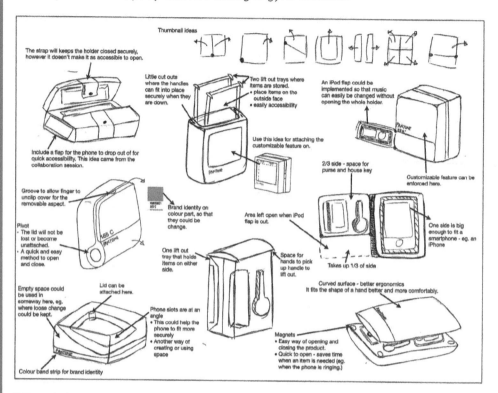

**Ffigur 5.8 Braslunio anodedig**

## Lluniad taenedig

- Mae **lluniad taenedig** yn ddull lluniadu 3D sy'n cael ei ddefnyddio i ddangos sut mae cydrannau mewn cydosodiad yn ffitio at ei gilydd.
- Byddwn ni'n defnyddio **lluniadu isometrig** fel arfer.
- Caiff y darnau eu gwahanu ar hyd y llinellau isometrig 30°, gan ddefnyddio saethau neu linellau toredig i ddangos sut mae'r darnau'n ffitio'n ôl at ei gilydd.
- Gall rhaglenni CAD gynhyrchu lluniadau taenedig yn ddigon syml.

> **Lluniadu taenedig**: dull lluniadu 3D sy'n cael ei ddefnyddio i ddangos sut mae darnau mewn cydosodiad yn ffitio at ei gilydd.
>
> **Lluniadu isometrig**: dull lluniadu 3D sy'n defnyddio onglau 30° ar gyfer estyniadau dyfnder.

## Darluniadau ffasiwn neu luniadau ffasiwn

- Gallwn ni gyflwyno darluniadau ffasiwn neu luniadau ffasiwn fel lluniad CAD neu eu lluniadu nhw â llaw.
- Mae rhai lluniadau ffasiwn yn cyfleu cysyniad dylunio – mwy o fynegiad creadigol llawrydd na lluniad manwl o'r cynnyrch.
- Mae darluniadau ffasiwn yn aml yn gwneud y Ffigur yn anarferol o hir, yn enwedig y coesau, i greu effaith fwy dramatig.
- Gallwn ni gyflwyno darluniadau a lluniadau ffasiwn mewn unrhyw gyfrwng – mae rhyddid mynegiant yn bwysig i gyfleu manylion fel sut mae ffabrigau posibl yn gorwedd ac yn disgyn. Yn aml, caiff samplau a thrimiau ffabrig eu cyflwyno ochr yn ochr â darluniad.

# Modelau

Gallwn ni ddefnyddio modelau i gynhyrchu fersiwn maint llawn neu lai o'r holl gysyniad, neu i brofi darn bach o'r dyluniad, fel sut mae cydran yn gweithio neu'r gorffeniad ar ddefnydd.

## Modelau cardbord

- Mae cardbord yn hawdd ei dorri ac yn rhad.
- Gallwn ni ei ricio, ei blygu a'i uno ag amrywiaeth o adlynion.
- Mae'r modelau'n anhyblyg ac ar gael mewn gwahanol drwch.
- Gallwn ni eu torri nhw â laser oddi ar luniad CAD.
- Mae'r modelau hyn yn ddefnyddiol i brofi cysyllteddau a mecanweithiau dau ddimensiwn.

## Modelau ewyn

- Mae craidd ewyn (neu fwrdd ewyn) yn debyg i gardbord ond yn llai hyblyg. Mae ganddo wyneb o bapur gwyn neu ddu, felly mae ei arwyneb yn llyfn iawn, a gallwn ni ei rendro i wneud iddo edrych yn realistig.
- Rydyn ni'n defnyddio ewyn polywrethan i greu modelau 3D solet y gallwn ni ryngweithio â nhw, er enghraifft eu dal nhw yn nwylo'r defnyddiwr. Mae ar gael mewn amrywiaeth o ddwyseddau sy'n hawdd eu torri a'u siapio gan ddefnyddio offer llaw neu beiriannau CNC.
- Gallwn ni orffennu a chwistrellu modelau ewyn fel eu bod nhw'n edrych yn realistig iawn.

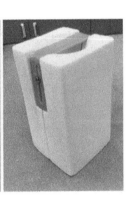

**Ffigur 5.9 Defnyddio ewyn glas i fodelu cysyniad handlen y gellir ei thynnu i mewn**

## Toiles

- Model tecstilau maint llawn, wedi'i gynhyrchu o ffabrig rhatach, yw toile.
- Mae'n caniatáu i'r dylunydd archwilio dyluniad y dilledyn neu sut mae'n ffitio, a phenderfynu ble i osod sipiau, botymau ac ati.

## Cylchedau electronig

**Gallwn ni ddefnyddio byrddau bara** i adeiladu cylched dros dro i brofi:

- Does dim angen sodro.
- Gallwn ni eu defnyddio nhw i wirio gwerthoedd cydrannau, fel gwrthyddion.
- Gallwn ni eu defnyddio nhw i brofi sut mae rhaglen microreolydd yn gweithio.

> **Bwrdd bara: dull dros dro o adeiladu cylchedau electronig i'w profi.**

# Cyflwyniadau

Efallai y bydd angen i ddylunydd gyflwyno syniadau dylunio i drydydd parti. Gallai wneud hyn gan ddefnyddio:

- cyflwyniadau digidol, gan gynnwys sleidiau, lluniau, fideos, sain ac animeiddiadau
- byrddau cyflwyniad fformat mawr wedi'u mowntio ar arddangosfa, gan ddangos brasluniau, diagramau a delweddau wedi'u rendro o'r cynnyrch.

## Nodiadau ysgrifenedig

- Rydyn ni'n defnyddio nodiadau ysgrifenedig i ffurfioli syniadau dylunio ac i esbonio penderfyniadau dylunio.
- Maent yn ddefnyddiol i esbonio'r broses greadigol i drydydd parti.

## Siartiau llif

- Cynrychioliad graffigol o broses yw siart llif.
- Rydyn ni'n defnyddio gwahanol symbolau i gynrychioli gwahanol weithredoedd yn y siart llif –gweler Ffigur 2.6 yn Adran 2, Testun 3.
- Rydyn ni'n aml yn defnyddio siartiau llif i esbonio proses, fel dilyniant o gamau gweithgynhyrchu.
- Mewn siart llif gweithgynhyrchu, yn aml archwiliadau rheoli ansawdd fydd y penderfyniadau.
- Gallwn ni ddefnyddio siartiau llif i ddangos rhaglen microreolydd.

> **Cyngor**
>
> Efallai y bydd cwestiynau'n gofyn i chi luniadu siart llif i esbonio proses weithgynhyrchu (e.e. ffurfio â gwactod), gan ddefnyddio blychau penderfyniad i gynnwys archwiliadau ansawdd.

> **Camgymeriadau cyffredin**
>
> Gofalwch nad ydych chi'n drysu rhwng siart llif proses weithgynhyrchu a siart llif rhaglen microreolydd.
>
> Dylech chi ddeall y gwahaniaethau rhwng diagram system, diagram cynllunio a siart llif.

# Lluniadau gweithio

Mae'r rhain yn lluniadau ffurfiol sy'n cynnwys digon o wybodaeth fanwl i ganiatáu i drydydd parti gynhyrchu'r dyluniad yn fanwl gywir. Weithiau rydyn ni'n galw lluniadau gweithio'n lluniadau peirianegol.

- Yn aml, lluniadau orthograffig 2D fydd y rhain, yn dangos blaenolwg, ochrolwg ac uwcholwg.
- Gallant gynnwys trawstoriadau neu olygon o fanylion cudd.
- Maent yn cynnwys gwybodaeth fel dimensiynau, graddfa a defnyddiau a manylion am baramedrau (gwerthoedd) cydrannau.
- Gallant gynnwys rhestr darnau.
- Dylid defnyddio symbolau a dulliau'r Safonau Prydeinig i'w lluniadu nhw.
- Weithiau, byddwn ni'n galw lluniad gweithio tecstilau'n 'fflat'.

## Amserlenni

- Diagram yw amserlen i ddangos sut gellir cwblhau proses o fewn cyfnod penodol er mwyn gorffen o fewn terfyn amser.
- Mae siart Gantt yn ffordd gyffredin o ddangos amserlen.
- Mewn diwydiant, gallwn ni ddefnyddio amserlenni i gynllunio pryd bydd angen peiriant penodol, neu i ganfod pryd bydd angen danfon defnyddiau.

## Recordiadau sain a gweledol

Gallwn ni ddefnyddio'r rhain i gofnodi a chyflwyno:

- canfyddiadau grŵp ffocws
- defnyddwyr yn rhyngweithio â dyluniad prototeip
- adborth a barn am fodel neu ddyluniad
- tystiolaeth o'r dyluniad yn gweithio yn y sefyllfa a fwriadwyd.

### Modelu mathemategol

Mae'r math hwn o fodelu'n arbennig o ddefnyddiol wrth ddefnyddio meddalwedd CAD. Gallwn ni ddefnyddio modelu mathemategol i wneud y canlynol:

- efelychu effaith rhoi grymoedd ar y dyluniad, er enghraifft adeiledd
- profi sut mae cydran yn ymateb i wres ac yn ei ddargludo
- profi dyluniadau mewn rhith amgylchedd, i arbed amser a gwariant.

### Offer cyfrifiadurol

- Fel arfer, rydyn ni'n defnyddio meddalwedd CAD i ddatblygu a mireinio syniadau cychwynnol.
- Mae'n bosibl golygu'n gyflym, ac mae'n hawdd dadwneud newidiadau.
- Mae dyluniadau CAD 2D yn gallu allbynnu i beiriannau CAM, fel torrwr laser.
- Mae modelau CAD 3D yn gallu cynrychioli lliw a gweadedd y defnyddiau sy'n cael eu defnyddio.
- Mae meddalwedd CAD yn gallu rendro'r dyluniad i wneud iddo edrych yn ffotorealistig.
- Gallwn ni ddewis cydrannau cyffredin, er enghraifft ffasnyddion neu golfachau, o lyfrgell darnau.

## Profi eich hun

PROFI

1 Enwch dri math o dechnegau lluniadu 3D mae dylunwyr yn eu defnyddio. [3]
2 Esboniwch y gwahaniaeth rhwng diagram system a diagram cynllunio mewn dyluniad electronig. [3]
3 Rhowch dair mantais i ddylunydd o wneud model wrth ddatblygu dyluniad. [3]
4 Lluniadwch y symbolau siart llif ar gyfer:
   (i) mewnbwn/allbwn
   (ii) penderfyniad
   (iii) proses. [3]
5 Disgrifiwch ddwy fantais i ddylunydd o ddefnyddio meddalwedd CAD. [4]

# 8 Datblygu prototeip

## Prototeipiau

ADOLYGU

- Mae prototeipio'n golygu gwneud fersiwn untro o'r cynnyrch cyfan neu o ddarn penodol o'r dyluniad.
- Gallwn ni ddefnyddio **prototeipiau** i brofi rhannau o'r dyluniad, dod o hyd i farn y defnyddwyr a chanfod unrhyw broblemau.
- Mae prototeipiau'n gallu tynnu sylw at ddiffygion pwysig mewn dyluniad fel bod modd rhoi sylw i'r rhain cyn dechrau cynhyrchu'r cynnyrch ar y raddfa lawn.

> **Prototeip:** model cynnar o gynnyrch neu ddarn o gynnyrch i weld sut bydd rhywbeth yn edrych neu'n gweithio.
>
> **Prototeip syml:** prototeip cyflym sy'n rhoi syniad sylfaenol o sut mae cynnyrch yn edrych neu'n gweithio.

### Prototeipiau syml

- Mae **prototeipiau syml** yn cael eu cynhyrchu'n gynnar yn y broses ddylunio.
- Maen nhw'n gallu bod yn fodelau sylfaenol o sut bydd cynnyrch yn edrych, neu'n fodelau wrth raddfa o ddarn (fel mecanwaith neu nodwedd) i ddangos neu brofi sut mae'n gweithio.

- Gall modelau prototeip fod wedi'u gwneud o ddefnyddiau symlach fel papur neu gerdyn yn lle llenfetel, ac o blastisin neu glai modelu yn lle polymer neu blastig.
- Mae modelau syml yn rhad ac yn gyflym i'w gwneud, ac yn rhoi cyfle i ddylunwyr brofi elfennau hanfodol ar eu dyluniad a chael canlyniadau cyflym.

## Prototeipiau manwl gywir

- Mae **prototeipiau manwl gywir** yn cael eu gwneud pan fydd dyluniad wedi'i ddatblygu'n sylweddol neu ar ôl penderfynu ar y dyluniad terfynol.
- Bydd y rhain yn edrych, yn teimlo ac yn gweithio mor debyg i'r cynnyrch gorffenedig â phosibl ac yn cael eu gwneud gan ddefnyddio'r un defnyddiau a phrosesau cyn belled ag sy'n ymarferol.
- Mae prototeipiau manwl gywir yn cymryd llawer mwy o amser i'w cynhyrchu ac yn ddrutach, ond maen nhw'n rhoi syniad mwy realistig o sut beth fydd y cynnyrch gorffenedig.

Wrth wneud prototeipiau i ddatblygu eich syniadau, cofiwch y canlynol:

- Bydd gwneud rhywbeth yn hytrach na dim ond ei luniadu yn eich helpu chi i weld eich syniad mewn ffordd wahanol ac ystyried sut gallwch chi ei wella eto.
- Peidiwch â threulio amser hir yn adeiladu prototeip oherwydd bydd hyn yn arafu'r broses feddwl a byddwch chi'n llai tebygol o newid rhywbeth os ydych chi wedi treulio oriau yn ei wneud.
- Peidiwch ag anghofio beth mae'r prototeip i fod i'w brofi a cheisiwch adael i'r defnyddiwr brofi'r cynnyrch os oes modd.
- Peidiwch ag ofni methu! Os nad yw'r prototeip yn gwneud beth sydd ei eisiau, defnyddiwch y wybodaeth hon i newid neu ddatblygu'ch dyluniad.

**Ffigur 5.10 Prototeip syml**

> Prototeip manwl gywir: prototeip manwl a chywir iawn, sy'n debyg i'r cynnyrch terfynol.

## Estheteg

ADOLYGU

- Estheteg yw'r ffordd mae rhywun yn canfod rhywbeth (fel cynnyrch), ar sail sut mae'n edrych, yn teimlo, yn swnio, yn arogli neu'n blasu.
- Wrth ddylunio cynnyrch, mae dylunwyr yn ceisio ystyried sut bydd pobl yn canfod y cynnyrch ac yn ceisio ei wneud yn esthetig ddymunol i gynifer o bobl â phosibl.
- Mae estheteg yn effeithio ar agweddau at gynnyrch – mae bod yn berchen ar rywbeth sy'n edrych, yn teimlo neu'n arogli'n dda'n creu teimlad cadarnhaol ac yn gwneud cynhyrchion yn fwy gwerthfawr, er enghraifft delweddau brand penodol.

**Tabl 5.1 Agweddau ar estheteg**

| Math o estheteg | Ffactorau i'w hystyried |
|---|---|
| **Estheteg weledol**<br><br>Yr argraff gyntaf o gynnyrch, ydy'r cynnyrch yn dal y llygad ai peidio | Siâp |
| | Ffurf |
| | Lliw |
| | Patrwm |
| | Cyfran |
| | Cymesuredd |

| Math o estheteg | Ffactorau i'w hystyried |
|---|---|
| **Estheteg defnydd**<br><br>Sut mae cynnyrch yn teimlo i'w gyffwrdd neu i afael ynddo | Gwead |
| | Cysur |
| | Pwysau |
| | Tymheredd |
| | Dirgryniad |
| | Siâp |
| **Estheteg sain**<br><br>Y sain mae rhywbeth yn ei wneud, e.e. y larwm ar gloc neu'r tonau ar ffôn symudol | Alaw |
| | Traw |
| | Curiad |
| | Ailadrodd |
| | Patrwm |
| | Sŵn |
| **Blas ac arogl**<br><br>Ystyriaethau pwysig wrth ddylunio cynhyrchion cartref a bwyd | Cryfder |
| | Melyster |
| | Surni |
| | Gwead (blas yn unig) |

## Marchnadwyedd

ADOLYGU

- Caiff y rhan fwyaf o gynhyrchion eu dylunio ar gyfer cynulleidfa eang.
- Marchnadwyedd cynnyrch yw ei allu i apelio at brynwyr a gwerthu digon am y pris i wneud elw. Mae angen i ddylunwyr a gwneuthurwyr wybod pa mor farchnadwy yw cynnyrch er mwyn penderfynu a yw'n werth ei lansio.
- Caiff cynhyrchion prototeip eu gwerthuso gan ddefnyddio nifer o ddulliau profi (gweler Adran 5, Testun 9) i weld a oes digon o alw am y cynnyrch.
- Ar ôl y gwerthusiad, os nad yw'r cynnyrch yn ddigon marchnadwy, gellir ei ddatblygu ymhellach neu roi'r gorau iddi.

### Nodweddion arloesol

- Mae datblygiadau technoleg yn caniatáu i ni ddatblygu cynhyrchion newydd ac arloesol.
- Er enghraifft, mae datblygiad defnyddiau clyfar wedi arwain at gynhyrchion newydd fel gwydr sy'n glanhau ei hun.
- Mae datblygiadau fel Bluetooth ac adnabod llais yn awtomatig wedi ychwanegu at alluoedd dyfeisiau electronig.
- Mae nifer o ffyrdd o ddefnyddio ffabrigau clyfar mewn dillad a meddygaeth (gweler Adran 3, Testun 4).

### Profi eich hun

PROFI

1   Esboniwch y term 'prototeip'.                                              [2]
2   Esboniwch y gwahaniaeth rhwng prototeipiau syml a phrototeipiau manwl gywir.   [4]

# 9 Gwneud penderfyniadau

- Mae dylunwyr yn gwneud penderfyniadau drwy gydol y broses ddylunio.
- Bydd prototeipio a gofyn am adborth gan ddefnyddwyr yn profi agweddau ar ddyluniad a gall hyn helpu'r dylunydd i wneud penderfyniadau pwysig.
- Dylai'r briff dylunio a'r fanyleb fod yn sail i'r holl benderfyniadau a dylai'r dylunydd gyfeirio'n ôl at y rhain yn gyson.
- Daw'r adborth mwyaf effeithiol a defnyddiol am brototeip gan y defnyddiwr dan sylw.

## Profion defnyddwyr

- **Mae profion defnyddwyr** yn golygu gwylio defnyddiwr yn rhyngweithio â'ch cynnyrch ac yn ei ddefnyddio at ei ddiben priodol i weld pa mor dda mae'n gweithio, pa mor hawdd yw ei ddefnyddio ac ydy'r defnyddiwr wir yn ei hoffi.

**Profion defnyddwyr:** profi drwy arsylwi defnyddiwr yn rhyngweithio â'ch cynnyrch ac yn ei ddefnyddio at ei ddiben priodol.

## Grwpiau ffocws

- Mae **grŵp ffocws** yn caniatáu i bobl ofyn cwestiynau a dweud sut hoffen nhw i'r cynnyrch gael ei wella.
- Mae hyn yn gyfle i gael amrywiaeth eang o ymatebion, ond gallai barn gwahanol ddefnyddwyr amrywio a gwrthddweud ei gilydd oherwydd eu gwahanol anghenion.

**Grŵp ffocws:** grŵp o bobl sy'n cael eu defnyddio i wirio a ydy dyluniad cynnyrch ar y trywydd cywir.

## Profi A/B

- Rydyn ni'n defnyddio **profi A/B** i ddewis rhwng dau wahanol syniad dylunio.
- Mae'r canlyniadau'n dangos pa ddyluniad sy'n cyflawni'r dasg gyflymaf neu fwyaf effeithlon.
- Mae'r math hwn o brofi'n cael ei ddefnyddio'n aml i gymharu fersiwn newydd o gynnyrch â'r fersiwn presennol i weld a yw'n gweithio'n well.

**Profi A/B:** prawf defnyddwyr i ddewis rhwng dau syniad dylunio gwahanol.

## Arolygon a holiaduron

- Mae arolygon a holiaduron yn ffordd hawdd o gasglu gwybodaeth.
- Mae'n rhaid i'r arolwg ofyn cwestiynau fydd yn rhoi gwybodaeth fanwl gywir am y cynnyrch.
- Gall holiadur ddatgelu pa mor dda mae'r cynnyrch yn bodloni anghenion y defnyddwyr, ac mae hyn yn caniatáu i'r dylunydd wneud penderfyniadau gwybodus am addasiadau i'r dyfodol.
- Mae'r gwahanol fathau o adborth yn darparu data ansoddol a meintiol:
  - Mae **data meintiol** yn golygu data sy'n rhoi cyfrifon a gwerthoedd penodol mewn termau rhifiadol, fel mesuriadau taldra, pwysau, maint, lleithder, buanedd ac oed. Gallwn ni gasglu data o arolygon, arbrofion neu arsylwadau a'u cyflwyno nhw ar ffurf siartiau, graffiau, tablau ac ati.
  - Allwn ni ddim mesur **data ansoddol** yn benodol ond gallwn ni ei arsylwi fel ymddangosiad, blas, teimlad, gwead, rhywedd, cenedligrwydd ac ati. Gallwn ni eu casglu nhw o arsylwadau, grwpiau ffocws, cyfweliadau a deunydd archif. Caiff y data eu cyflwyno fel geiriau llafar neu ysgrifenedig yn hytrach na rhifau.

**Data meintiol:** data mesuradwy penodol wedi'u rhoi ar ffurf rhifau.

**Data ansoddol:** arsylwadau a barnau am gynnyrch.

- Dylai'r dylunydd ddefnyddio'r holl ddata mae'n eu casglu i wneud y canlynol:
  - gwerthuso perfformiad ac addasrwydd y cynnyrch
  - gwneud penderfyniadau ynghylch beth mae angen ei wella
  - gwneud yr addasiadau a'r newidiadau sydd eu hangen i'r dyluniad
  - profi eto a gwerthuso i weld pa mor effeithiol yw'r newidiadau.

PROFI

1 Nodwch dair ffordd o gyflwyno data meintiol. [3]

2 Nodwch ddwy ffordd o gasglu data ansoddol. [2]

## Cwestiynau enghreifftiol

1 (a) Rhowch un o fanteision defnyddio lluniadu mewn persbectif yn hytrach na lluniadu isometrig wrth fraslunio syniadau dylunio. [1]

(b) Mae dylunwyr yn aml yn cynhyrchu modelau tri dimensiwn a modelau CAD wrth ddatblygu syniadau. Disgrifiwch un o fanteision defnyddio modelau tri dimensiwn yn hytrach na modelau CAD. [2]

(c) Esboniwch beth yw ystyr lluniad gweithio o gynnyrch. [3]

2 Mae gan ddylunwyr gyfrifoldeb i ddatblygu cynhyrchion sydd mor gynaliadwy â phosibl. Esboniwch dair ffordd gall dylunwyr wneud cynhyrchion yn fwy cynaliadwy. [6]

3 Caiff llawer o gynhyrchion eu dylunio gyda darfodiad wedi'i gynllunio neu'n 'annatod'.

(a) Diffiniwch y term 'darfodiad bwriadus'. [2]

(b) Gan ddefnyddio enghraifft, esboniwch pam caiff cynhyrchion eu gweithgynhyrchu â darfodiad bwriadus. [4]

4 Yn aml byddwn ni'n defnyddio symbolau ar gynhyrchion neu eu defnydd pecynnu. Enwch y symbol isod ac esboniwch ei ystyr. [3 marc]

AR-LEIN

# Llwyddo yn yr arholiad

## Pryd caiff yr arholiad ei gwblhau?

Byddwch chi'n sefyll yr arholiad yng nghyfnod arholiadau haf eich blwyddyn olaf, fel arfer ym mis Mai neu Fehefin.

## Faint o amser fydd gennyf i gwblhau'r gwaith?

- Mae'r arholiad yn ddwy awr o hyd.
- Dylech chi ymarfer gweithio ar gyn-bapurau arholiad a chwestiynau enghreifftiol o fewn yr amser a ganiateir.

## Pa fath o gwestiynau fydd yn ymddangos yn y papur arholiad?

Bydd y papur yn cynnwys chwech o gwestiynau a phob un wedi'i rannu'n rhannau llai o'r cwestiwn. Bydd amrywiaeth o gwestiynau atebion byr, strwythuredig ac ysgrifennu estynedig yn profi eich gwybodaeth a'ch dealltwriaeth graidd.

| Cwestiynau tariff isel sy'n dibynnu ar alw i gof | | |
|---|---|---|
| Rhowch, nodwch, enwch, tanlinellwch | 1+ marc | Mae'r cwestiynau hyn yn gofyn am ddatganiad syml, ymadrodd byr, tic neu danlinell. |
| **Mae cwestiynau tariff uwch yn fwy heriol ac wedi'u llunio i roi prawf ar wybodaeth a dealltwriaeth** | | |
| Disgrifiwch, amlinellwch, esboniwch, cyfiawnhewch | 2+ farc | Mae'r cwestiynau hyn yn gofyn i chi ddisgrifio rhywbeth yn fanwl. Bydd yr ateb mewn brawddegau a/neu mewn rhestr. Bydd angen ateb manwl a bydd angen ymhelaethu ar bethau. |
| | | Weithiau bydd y cwestiynau hyn hefyd yn gofyn i chi ddefnyddio nodiadau a brasluniau; mae hyn yn golygu y byddai **braslun neu ddiagram wedi'i labelu**'n glir yn ennill y marciau. |
| **Mae'r cwestiynau tariff uchel wedi'u llunio i roi prawf ar, ymestyn a herio'r dysgwr mwy galluog; bydd angen ysgrifennu estynedig ac efallai y caiff ACY ei asesu** | | |
| Gwerthuswch | 5+ marc | Mae **gwerthuso'n** golygu asesu neu arfarnu sefyllfa, cynnyrch neu ddefnydd, gan roi rhesymau i ategu atebion. |
| Dadansoddwch | | Mae **dadansoddi'n** golygu archwilio a datgymalu sefyllfa neu gynnyrch, gan roi rhesymau priodol ac ystyriol i ategu'r atebion. Mae'n bosibl y bydd angen cadwyn resymegol o ymresymu. |

## Gwybodaeth a dealltwriaeth graidd

### Cwestiwn enghreifftiol

Astudiwch y lluniau isod sy'n dangos gwahanol ffynonellau egni – glo (Ffynhonnell A) a gwynt (Ffynhonnell B).

(a) Cwblhewch y tabl isod drwy nodi pa ffynhonnell egni sy'n adlewyrchu'r gosodiad. [2]

| Gosodiad | Ffynhonnell A neu Ffynhonnell B |
|---|---|
| Mae hon yn ffynhonnell egni adnewyddadwy. | |
| Mae hon yn ffynhonnell egni gyfyngedig. | |

(b) Trafodwch fanteision amgylcheddol ffynhonnell egni B dros ffynhonnell egni A. [4]

AR-LEIN ☐

### Ateb yr ymgeisydd

(a)

| Gosodiad | Ffynhonnell A neu Ffynhonnell B |
|---|---|
| Mae hon yn ffynhonnell egni adnewyddadwy. | *Ffynhonnell B* |
| Mae hon yn ffynhonnell egni gyfyngedig. | *Ffynhonnell A* |

(b) Mae gwynt yn adnodd egni glanach sydd ddim yn creu llygredd wrth gael ei drawsnewid yn drydan, yn wahanol i lo sy'n rhyddhau llygryddion i'r amgylchedd wrth gael ei losgi yn ystod y broses drawsnewid. Mae egni gwynt yn well i'r amgylchedd gan ei fod ar gael yn rhwydd ac yn gynaliadwy, ac ni fydd yn disbyddu mwy o adnoddau'r byd.

Un marc am bob ateb cywir – yn yr achos hwn, mae'r ddau ateb yn gywir.

Mae angen trafod manteision amgylcheddol egni gwynt yn llawn, gan gynnwys cymhariaeth â glo.

Mae'r manteision wedi'u trafod yn gryno, ac mae cymariaethau â glo wedi'u cynnwys. I ennill marciau ychwanegol, gallai'r ymgeisydd fod wedi esbonio ymhellach bod llygredd o losgi glo'n cynnwys rhyddhau nwyon gwenwynig fel $CO_2$ i'r atmosffer, gan ychwanegu at gynhesu byd-eang. Mae hyn yn ychwanegu'r manylder sydd ei angen. Mae'r ail fantais hefyd yn gywir, ond nid yw wedi'i hesbonio'n llawn. Gallai fod wedi cyfeirio ymhellach at y ffaith na allwn ni gael mwy o adnoddau fel tanwyddau ffosil (gan gynnwys glo) pan fyddwn ni wedi eu defnyddio nhw i gyd. Fel arall, gallai fod wedi dweud bod cloddio glo hefyd yn cael effaith negyddol ar yr amgylchedd, yn wahanol i osod tyrbinau gwynt.

# Gwybodaeth a dealltwriaeth fanwl

Dylunio peirianyddol

## Cwestiwn enghreifftiol

Gallwn ni ddefnyddio gwahanol ddulliau i adeiladu cylchedau electronig gan ddibynnu ar eu cymhwysiad.

Mae Ffigur A yn dangos cylched syml wedi'i hadeiladu ar fwrdd prototeip. Mae Ffigur B yn dangos bwrdd cylched brintiedig, wedi'i weithgynhyrchu drwy gyfrwng swp-gynhyrchu i'w ddefnyddio mewn cynnyrch electronig.

**Ffigur A** Bwrdd prototeip

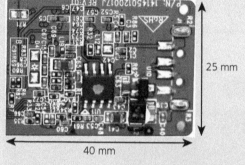

25 mm

40 mm

**Ffigur B** Bwrdd cylched brintiedig

Astudiwch y ffotograffau a disgrifiwch **dair** ffordd mae'r bwrdd cylched brintiedig wedi'i ddylunio i'w wneud yn addas ar gyfer swp-gynhyrchu i'w ddefnyddio mewn cynnyrch electronig. [6]

### Ateb yr ymgeisydd

Mae'r cydrannau mor fach, allwn ni ddim eu sodro nhw â llaw. Maen nhw wedi cael eu rhoi ar y bwrdd cylched brintiedig gan robot sy'n gweithio'n gyflym heb wneud camgymeriadau, felly gallwn ni wneud llawer o PCBs yn gyflym iawn mewn swp. Mae gan y PCB lawer o gydrannau wedi'u pacio mewn man bach. Mae hyn yn golygu y gallwch chi wneud cylchedau cymhleth yn fach iawn, sy'n dda mewn cynhyrchion i'w dal mewn llaw. Mae'r ysgrifennu gwyn ar y PCB yn dweud wrth y gweithiwr robot ble i roi pob darn fel nad oes dim yn cael eu gwastraffu.

Byddai ymateb yr ymgeisydd yn sgorio 4 marc. Mae'r sylw cyntaf am sodro'n gywir, ond nid yw wedi'i esbonio yn nhermau pam mae hyn yn ein helpu ni i swp-gynhyrchu'r PCB ac ni fyddai'n ennill dim marciau. Mae'r sylw am y robot yn rhoi'r cydrannau yn eu lle yn werth 1 marc, ac mae'r ail farc am esbonio bod hyn yn cyflymu proses swp-gynhyrchu. Rhoddir un marc am y sylw am bacio llawer o gydrannau mewn lle bach, a marc arall am ddweud bod hyn yn dda ar gyfer cynhyrchion i'w dal â llaw. Mae'r sylw olaf am yr ysgrifennu gwyn yn anghywir ac nid yw'n ennill dim marciau.

Byddai defnyddio geirfa dechnegol yn well (e.e. 'technoleg mowntio ar yr arwyneb', 'peiriannau codi a gosod') wedi gwella ansawdd yr ateb hwn.

## Cynllun marcio

Mae tri phwynt i'w gwneud: 1 marc am bwynt dilys, 1 marc am esbonio pam mae'r pwynt hwnnw'n gwneud y PCB yn addas i swp-gynhyrchu, neu i'w ddefnyddio mewn cynnyrch. Rhowch farciau am gyfeirio at unrhyw rai o'r pwyntiau canlynol:

- Mae technoleg mowntio arwyneb (SMT) yn golygu bod peiriant robotig codi a gosod yn gallu cynhyrchu'r PCB.
- Mae cydosod codi a gosod yn gyflym, felly gallwn ni gynhyrchu PCBs yn gyflym.
- Mae cydosod codi a gosod yn broses fanwl gywir a dibynadwy.
- Bydd y sodro'n digwydd mewn ffwrn ail-lifo, gan gynhyrchu uniadau dibynadwy o safon uchel.
- Mae cydrannau bach yn caniatáu dwysedd cydrannau uchel er mwyn gallu gwneud y cynnyrch yn fach iawn.
- Mae'n debyg y bydd y PCB yn ddwyochrog (traciau ar y ddwy ochr) er mwyn gallu dylunio cylchedau cymhleth heb i'r traciau groesi.
- Bydd CAD wedi cael ei ddefnyddio i ddylunio a modelu'r PCB, ac mae hyn yn cysylltu â'r peiriannau CAM sy'n cael eu defnyddio i gynhyrchu'r PCB.

Caniatewch unrhyw bwynt dilys arall.

Atebion i'r cwestiynau Profi eich hun: **www.hoddereducation.co.uk/fynodiadauadolygu**

## Cwestiwn enghreifftiol

Mae dylunwyr ffasiwn a thecstilau'n defnyddio amrywiaeth o brosesau a thechnegau i wella cryfder adeileddol cynhyrchion.

(a) Rhowch un rheswm manwl dros ddefnyddio wynebyn cudd ar linell gwddf siâp calon fel yr un isod. [2]

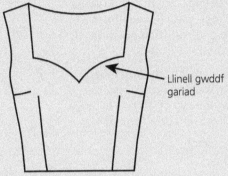

Llinell gwddf gariad

(b) Gwerthuswch ddefnyddio atodion peipio a chyfnerthu fel dulliau i wella cryfder adeileddol cynhyrchion tecstilau. [6]

AR-LEIN ☐

### Ateb yr ymgeisydd

(a) Wrth i'r llinell gwddf gariad gael ei siapio, bydd yr wynebyn cudd yn sefydlogi'r ffabrig ac yn atal ymyl y ffabrig rhag ystumio allan o'i siâp.

(b) Mae'r rhan fwyaf o ffabrigau'n hyblyg ac yn gorwedd yn dda; fodd bynnag, mae hyn yn aml yn golygu ei bod hi'n anodd creu siâp ac adeiledd da mewn rhai cynhyrchion tecstilau. Mae atodion peipio'n gydrannau cortyn sy'n gallu cael eu mewnosod yn semau cynhyrchion tecstilau. Mae hyn yn gwneud semau'n gryfach ac yn helpu i sefydlogi'r sêm. Mae'r cortyn yn yr atodion peipio'n atgyfnerthu siâp y sêm.

Caiff cyfnerthydd ei roi mewn casin sydd wedi'i wnïo ar y ffabrig ble bynnag mae angen cynnal y cynnyrch dan sylw. Mae'r cyfnerthydd yn anhyblyg felly bydd yn cadw ei siâp wrth gael ei ddefnyddio. Mae staesiau, lle mae angen siâp anhyblyg i'w cynnal, yn enghraifft nodweddiadol o ddefnyddio cyfnerthu.

Mae atodion peipio'n sefydlogi a chryfhau semau, ac mae cyfnerthu'n creu adeiledd mwy anhyblyg. Fodd bynnag, mae'r ddau'n gwella cryfder adeileddol cynhyrchion tecstilau.

Mae'r cyfeiriad at atodion peipio'n galw ffeithiau i gof heb esbonio sut mae atodion peipio'n cryfhau ac yn atgyfnerthu sêm. Mae angen esboniad pellach – er enghraifft, mae'r ffabrig ychwanegol yn yr atodion peipio a'r pwythi ychwanegol yn gwneud y sêm yn gryfach. Mae'r cortyn yn yr atodion peipio'n aml yn eithaf trwchus a byddai'n atal sêm ymyl rhag plygu drosodd – mae hyn yn helpu i gynnal siâp.

Mae'n esbonio cyfnerthu'n gliriach gan gyfeirio at ei ddefnyddio'n ymarferol mewn cynhyrchion. Gallai'r ymgeisydd fod wedi cynnwys enghraifft debyg ar gyfer atodion peipio – er enghraifft, i wneud ochrau bag cario'n fwy anhyblyg.

Mae pwrpas yr wynebyn wedi'i nodi'n glir (sefydlogi'r ffabrig) a'r rheswm dros ei ddefnyddio (i atal ystumio) wedi'i gynnwys – ateb manwl sy'n haeddu'r 2 farc sydd ar gael.

Wrth ateb cwestiynau 'Gwerthuswch', mae angen tystiolaeth glir o arfarnu neu wneud dyfarniad. Ceir rhywfaint o dystiolaeth o hyn yn yr ateb hwn. Byddai'r ateb yn ennill marciau llawn o fewn band 2.

Mae'r ymgeisydd yn dangos gwybodaeth dda am ddefnyddio atodion peipio a chyfnerthu i wella cryfder adeileddol cynhyrchion tecstilau ac yn nodi rheswm clir pam byddai angen y dulliau hyn.

## Cynllun marcio

| Band 3 | Ateb cydlynol yn dangos gwybodaeth a dealltwriaeth fanwl a pherthnasol i werthuso sut gall dylunwyr ddefnyddio atodion peipio a chyfnerthu i wella cryfder adeileddol cynhyrchion tecstilau. Bydd yr ateb wedi'i strwythuro'n rhesymegol ac yn rhoi tystiolaeth o enghreifftiau perthnasol a dyfarniadau wedi'u cyfiawnhau a'u datblygu'n dda. | 5–6 |
|---|---|---|
| Band 2 | Ateb cydlynol i raddau, yn dangos gwybodaeth a dealltwriaeth rannol, i werthuso sut mae dylunwyr yn defnyddio atodion peipio a chyfnerthu i wella cryfder adeileddol cynhyrchion tecstilau. Bydd yr ateb wedi'i strwythuro'n dda ar y cyfan, ac yn rhoi rhywfaint o dystiolaeth o enghreifftiau perthnasol gan fwyaf a dyfarniadau wedi'u cyfiawnhau'n rhannol. | 3–4 |
| Band 1 | Dim ond gwybodaeth a dealltwriaeth sylfaenol sydd yn yr ateb i werthuso sut mae dylunwyr yn defnyddio atodion peipio a chyfnerthu i wella cryfder adeileddol cynhyrchion tecstilau. Bydd diffyg strwythur yn yr ateb, a bydd yn rhoi tystiolaeth gyfyngedig o enghreifftiau perthnasol neu ddyfarniadau. | 1–2 |
|  | Rhowch 0 marc am atebion anghywir neu amherthnasol. |  |

## Dylunio cynnyrch

ADOLYGU

## Cwestiwn enghreifftiol

Astudiwch y llun o'r rhesel sbeisys. Mae'r rhesel sbeisys wedi'i gwneud o bren ffawydd.

Mae'n bwysig bod dylunwyr yn ystyried y byd rydyn ni'n byw ynddo ac anghenion cenedlaethau'r dyfodol. Gwerthuswch sut gall dylunwyr leihau'r effaith ar ein hamgylchedd wrth ddylunio a gwneud cynhyrchion pren fel y rhesel sbeisys.

[6]

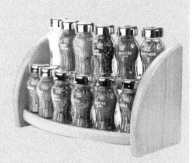

AR-LEIN

### Ateb yr ymgeisydd

Dylai dylunwyr wneud y dyluniad mor gryno â phosibl, gan ddefnyddio cyn lleied â phosibl o ddefnydd. Dylent wneud yn siŵr bod y pren maen nhw wedi'i ddewis ar gael yn rhwydd a'i fod yn dod o ffynhonnell gynaliadwy sydd wedi'i rheoli.

Dylai dylunwyr feddwl am sut i gynhyrchu'r rhesel sbeisys a cheisio lleihau gwastraff. Dylent anelu i ddefnyddio ffynonellau egni adnewyddadwy yn ystod y broses gynhyrchu.

Dylai dylunwyr ystyried gwneud y rhesel sbeisys yn gynnyrch 'pecyn fflat'. Bydd hyn yn lleihau effaith amgylcheddol negyddol pecynnu a chludo.

Dylai dylunwyr ystyried pa fath o orffeniad i'w roi ar y rhesel sbeisys. Dylai fod yn wydn i sicrhau bod y rhesel sbeisys yn para mor hir â phosibl a hefyd yn seiliedig ar ddŵr fel nad yw'n niweidio'r amgylchedd wrth ei lanhau â brwshys/gynnau chwistrellu.

Dylai'r rhesel sbeisys fod wedi'i labelu'n glir â gwybodaeth am ailgylchu i annog pobl i'w gwaredu hi mewn modd amgylcheddol ddiogel ar ddiwedd ei hoes.

Mae'r ymgeisydd wedi cynhyrchu ateb cydlynol sy'n dangos gwybodaeth a dealltwriaeth berthnasol ynglŷn â sut gall dylunwyr leihau'r effaith ar yr amgylchedd wrth ddylunio a gwneud cynhyrchion pren naturiol fel y rhesel sbeisys.

Mae wedi cynnwys manylion am ddefnyddio llai o ddefnydd a manylion am sut i gyrchu defnyddiau o ffynonellau cynaliadwy. Mae'r ymgeisydd wedi gwneud sylw am y dull cynhyrchu a'r angen i ddefnyddio pŵer o ffynhonnell adnewyddadwy. Mae wedi awgrymu defnyddio'r dull cydosod 'pecyn fflat' i leihau defnydd pecynnu ac i'w gwneud yn haws cludo'r cynnyrch. Mae'r ymgeisydd wedi trafod defnyddio gorffeniadau ecogyfeillgar a'r angen i annog ailgylchu.

# Cynllun marcio

| Band | Disgrifydd |
|------|-----------|
| 5–6 | Ateb cydlynol yn dangos gwybodaeth a dealltwriaeth fanwl a pherthnasol i werthuso sut gall dylunwyr leihau'r effaith ar yr amgylchedd wrth ddylunio a gwneud cynhyrchion pren fel y rhesel sbeisys. Bydd yr ateb yn rhoi tystiolaeth o enghreifftiau perthnasol a dyfarniadau wedi'u cyfiawnhau a'u datblygu'n dda. |
| 3–4 | Ateb â rhywfaint o strwythur, yn dangos gwybodaeth a dealltwriaeth rannol i werthuso sut gall dylunwyr leihau'r effaith ar yr amgylchedd wrth ddylunio a gwneud cynhyrchion pren fel y rhesel sbeisys. Bydd yr ateb yn rhoi rhywfaint o dystiolaeth o enghreifftiau perthnasol a dyfarniadau wedi'u cyfiawnhau'n rhannol. |
| 1–2 | Ateb yn dangos gwybodaeth a dealltwriaeth sylfaenol yn unig i werthuso sut gall dylunwyr leihau'r effaith ar yr amgylchedd wrth ddylunio a gwneud cynhyrchion pren fel y rhesel sbeisys. Bydd tystiolaeth o ddyfarniadau neu enghreifftiau perthnasol yn gyfyngedig. |
| 0 | Dim ymateb. |

# Geirfa

**adborth:** sicrhau rheolaeth fanwl drwy fwydo gwybodaeth o allbwn yn ôl i mewn i fewnbwn system reoli.

**adeiladwaith ffabrig:** sut mae ffabrig wedi cael ei wneud.

**addurniadau:** nodweddion i addurno arwyneb fel brodwaith a gleiniau.

**algorithm:** trefn resymegol ar gyfrifiadur i ddatrys problem.

**allwthiad:** hyd o bolymer â thrawstoriad cyson.

**amledd:** nifer y curiadau sy'n cael eu cynhyrchu bob eiliad, mewn hertz (Hz).

**anelio:** trin metel â gwres mewn ffordd sy'n ei wneud mor feddal â phosibl ac yn lleihau cracio wrth blygu metel.

**anffurfio:** newid siâp defnydd drwy ddefnyddio grym, gwres neu leithder.

**anhyblyg:** ddim yn plygu, stiff.

**anthropometreg:** astudio meintiau pobl mewn perthynas â chynhyrchion.

**anwe:** edafedd sy'n mynd ar draws y ffabrig.

**ar archeb:** wedi'i wneud at fesuriadau cleient unigol.

**araen:** haen allanol ychwanegol sy'n cael ei hychwanegu at gynnyrch.

**argaen:** dalen denau o bren naturiol.

**atgyfnerthu:** ychwanegu defnydd ychwanegol i gynyddu cryfder.

**awtomeiddio:** defnyddio cyfarpar awtomatig ar gyfer gweithgynhyrchu.

**baddon llifol:** chwythu aer drwy bowdr i wneud iddo ymddwyn fel hylif.

**bioddiraddadwy:** defnydd fydd yn pydru i mewn i'r Ddaear.

**bioddynwarededd:** cymryd syniadau o fyd natur a dynwared ei nodweddion.

**bocsit:** mwyn sy'n cynnwys alwminiwm.

**brithweithio:** siapiau sydd wedi'u trefnu i ffitio'n agos at ei gilydd mewn patrwm sy'n ailadrodd heb ddim bylchau na gorgyffwrdd i ddefnyddio cyn lleied â phosibl o ffabrig.

**bwrdd bara:** dull dros dro o adeiladu cylchedau electronig i'w profi.

**bwrdd cylched brintiedig (PCB):** bwrdd â phatrwm o draciau copr sy'n cwblhau'r gylched ofynnol pan gaiff cydrannau eu sodro arno.

**CAD:** dylunio drwy gymorth cyfrifiadur.

**Cadwolion:** triniaeth gemegol ar gyfer pren er mwyn atal pydredd biolegol.

**caledu:** dull o drin metel â gwres sy'n ei wneud yn galed ond yn frau.

**cam:** cydran sy'n cael ei defnyddio gyda dilynwr i drawsnewid mudiant cylchdro yn fudiant cilyddol.

**CAM:** gweithgynhyrchu drwy gymorth cyfrifiadur.

**carbon niwtral:** dim carbon deuocsid net yn cael ei ryddhau i'r atmosffer – mae carbon yn cael ei wrthbwyso.

**cerrynt:** mesur y trydan sy'n llifo mewn gwirionedd, mewn amperau (A).

**cleient:** yr unigolyn mae'r dylunydd yn gweithio iddo (nid hwn yw'r defnyddiwr o reidrwydd).

**coedwig dan reolaeth:** coedwig lle caiff coed newydd eu plannu pryd bynnag caiff un ei thorri i lawr.

**crimp:** pa mor donnog yw ffibr.

**cyd-destun:** y lleoliadau neu'r amgylchoedd lle caiff y cynnyrch terfynol ei ddefnyddio.

**cydweithredu:** nifer o ddylunwyr yn gweithio gyda'i gilydd ar brojectau dylunio penodol.

**cyflymder cylchdro:** nifer y cylchdroeon y munud (c.y.f.) neu yr eiliad (c.y.e.).

**cyfoes:** ffasiwn a steiliau sy'n boblogaidd ar hyn o bryd.

**cyfraddiad:** y mesur penodol mwyaf mae cydran wedi'i dylunio i ymdopi ag ef.

**Cyngor Stiwardiaeth Coedwigoedd (FSC):** sefydliad sy'n hyrwyddo rheoli coedwigoedd y byd mewn modd amgylcheddol briodol, cymdeithasol fuddiol ac economaidd ddichonadwy.

**cylched gyfannol (IC):** cylched fach ond cymhleth iawn o fewn un gydran.

**cylchred oes:** y camau mae cynnyrch yn mynd drwyddyn nhw o'r dechrau (echdynnu defnyddiau crai) hyd at y diwedd (gwaredu).

**cymdeithas daflu i ffwrdd:** cymdeithas sy'n defnyddio ac yn gwastraffu gormod o adnoddau.

**cymhareb cyflymder:** y ffactor mae system fecanyddol yn ei defnyddio i leihau'r cyflymder cylchdro.

**cynaliadwyedd:** bodloni anghenion heddiw heb beryglu anghenion cenedlaethau'r dyfodol.

**cynhyrchu adiol:** cynhyrchu gwrthrych 3D dan reolaeth cyfrifiadur drwy adio defnyddiau at ei gilydd fesul haen.

Atebion i'r cwestiynau Profi eich hun: **www.hoddereducation.co.uk/fynodiadauadolygu**

**cynhyrchu awtomataidd:** defnyddio cyfarpar neu beiriannau wedi'u rheoli gan gyfrifiadur i weithgynhyrchu cynhyrchion.

**cynhyrchu llif parhaus:** gwneud cynhyrchion unfath yn gyson oherwydd y galw mawr.

**cynhyrchu unigryw:** proses sy'n cael ei defnyddio wrth wneud cynnyrch prototeip.

**cynllun gosod:** sut caiff patrymluniau eu gosod ar ffabrig.

**cynnydd foltedd:** ffactor mwyhau is-system mwyhadur.

**cynnyrch chwiw:** cynnyrch sy'n boblogaidd iawn am gyfnod byr iawn yn unig.

**cysylltedd:** cydran sy'n cyfeirio grymoedd a symudiad i'r lle mae eu hangen.

**chwythfowldio:** dull o siapio polymer thermoffurfiol drwy ei chwythu i mewn i gromen.

**darfodiad:** pan fydd cynnyrch yn hen neu pan nad oes modd ei ddefnyddio mwyach.

**darffeilio:** dull o lyfnhau ymylon metel.

**dargludol:** y gallu i drawsyrru gwres neu drydan.

**data ansoddol:** arsylwadau a barnau am gynnyrch.

**data cynradd:** ymchwil wedi'i gasglu'n 'uniongyrchol' gennych chi.

**data eilaidd:** ymchwil wedi'i gasglu gan bobl eraill.

**data meintiol:** data mesuradwy penodol wedi'u rhoi ar ffurf rhifau.

**datblygiad:** y broses greadigol o ddewis syniadau, elfennau, defnyddiau a thechnegau gweithgynhyrchu o syniadau cychwynnol a'u defnyddio nhw mewn ffyrdd newydd i archwilio a chynhyrchu dyluniadau neu syniadau newydd a gwell.

**datgoedwigo:** cael gwared ar goed o ddarn o dir heb blannu rhai newydd yn eu lle.

**defnyddiau cyfansawdd twnelu cwantwm:** defnyddiau sy'n gallu troi o fod yn ddargludyddion i fod yn ynysyddion pan maen nhw dan wasgedd.

**defnyddiau gweddnewidiol:** defnynnau wedi'u mewngapsiwleiddio ar ffibrau a defnyddiau sy'n newid rhwng hylif a solid o fewn amrediad tymheredd.

**defnyddiwr:** yr unigolyn neu'r grŵp o bobl mae cynnyrch wedi'i ddylunio ar eu cyfer.

**diagram cynllunio:** diagram cylched sy'n dangos y cysylltiadau rhwng cydrannau unigol.

**diagram system:** diagram sy'n dangos y cydgysylltiadau rhwng is-systemau mewn system electronig.

**didreiddedd:** rhywbeth sydd ddim yn dryloyw nac yn dryleu.

**diwylliant:** syniadau, arferion ac ymddygiadau cymdeithasol pobl neu gymdeithas benodol.

**dull gwrthsefyll:** ffordd o atal llifyn neu baent rhag treiddio i ddarn o'r ffabrig. Mae hyn yn creu'r patrymau.

**dylunio cynhyrchiol:** proses ddylunio ailadroddus ar gyfrifiadur sy'n cynhyrchu nifer o bosibiliadau sy'n bodloni cyfyngiadau penodol, gan gynnwys dyluniadau posibl na fyddai neb wedi meddwl amdanynt o'r blaen.

**dylunio iterus:** cylchred ailadroddol o wneud dyluniadau neu brototeipiau'n gyflym, casglu adborth a mireinio'r dyluniad.

**dylunio sy'n canolbwyntio ar y defnyddiwr (USD):** ystyried a gwirio anghenion, dymuniadau a gofynion y defnyddiwr ar bob cam yn y broses ddylunio.

**eco-ddylunio:** dylunio cynhyrchion cynaliadwy sydd ddim yn niweidiol i'r amgylchedd drwy ystyried effeithiau'r dechnoleg, y prosesau a'r defnyddiau maen nhw'n eu defnyddio.

**economi cylchol:** cael y gwerth mwyaf o adnoddau drwy eu defnyddio am gyfnod mor hir a phosibl, ac yna eu hadennill a'u hatgynhyrchu fel cynhyrchion newydd yn hytrach na'u taflu i ffwrdd.

**economi llinol:** defnyddio defnyddiau crai i wneud cynnyrch; taflu'r gwastraff i ffwrdd.

**ecsbloetio:** trin rhywun yn annheg er mwyn elwa o'i waith.

**edau:** edefyn wedi'i nyddu sy'n cael ei defnyddio i wau, gwehyddu neu wnïo.

**electro-ymoleuol:** defnyddiau sy'n darparu golau pan maen nhw mewn cerrynt.

**ergonomeg:** y berthynas rhwng pobl a'r cynhyrchion maen nhw'n eu defnyddio.

**ffibr aramid:** ffibr anfflamadwy sy'n gwrthsefyll gwres ac sydd o leiaf 60 gwaith cryfach na neilon.

**ffibr:** adeiledd main, tebyg i flewyn.

**ffibrau cellwlosig:** ffibrau naturiol sy'n dod o blanhigion.

**ffibrau protein:** ffibrau naturiol sy'n dod o anifeiliaid.

**ffilament:** edau fain a thenau iawn.

**ffugiad:** dynwarediad o rywbeth, sy'n cael ei werthu â'r bwriad o dwyllo rhywun.

**ffurfio â gwactod:** dull o siapio dalen o bolymer thermoffurfiol drwy ei wresogi o gwmpas ffurfydd.

**ffwlcrwm:** y pwynt colyn ar lifer.

**foltedd:** y 'gwasgedd' trydanol mewn pwynt mewn cylched, mewn foltiau (V).

**g.e.m. ôl:** pigyn o foltedd uchel sy'n cael ei gynhyrchu wrth ddefnyddio moduron, solenoidau neu releiau.

**geotecstilau:** tecstilau sy'n gysylltiedig â phridd, adeiladu a draenio.

**gêr gyredig:** y gêr allbynnu o drên gêr.

**gêr gyrrwr:** y gêr fewnbynnu ar drên gêr.

**gêr sbardun:** olwyn gêr a dannedd o gwmpas ei hymyl.

**gerau befel:** system i drosglwyddo cyfeiriad cylchdroi drwy 90°.

**gloywedd:** sglein neu dywyn ysgafn.

**goddefiant:** lwfans sydd wedi'i gynnwys o fewn y lwfans sêm, i sicrhau cysondeb wrth gydosod cynnyrch.

**golau uwchfioled (UV):** y tu allan i'r sbectrwm sy'n weladwy i fodau dynol, ar y pen fioled.

**gorffeniadau:** caiff y rhain eu hychwanegu at ffabrigau i wella eu hestheteg, eu cyfforddusrwydd neu eu hymarferoldeb. Gall y gorffeniadau hyn gael eu rhoi yn fecanyddol, yn gemegol neu'n fiolegol.

**graen croes:** mynd yn llorweddol ar draws y ffabrig yn baralel â'r edau anwe.

**graen union:** yn dynodi cryfder y ffabrig yn baralel â'r edafedd ystof.

**grŵp ffocws:** grŵp o bobl sy'n cael eu defnyddio i wirio a ydy dyluniad cynnyrch ar y trywydd cywir.

**grym:** gwthiad, tyniad neu dro.

**gsm:** gramau y fetr sgwâr – fel hyn rydyn ni'n mesur pwysau papur.

**gwasgfowldio:** dull o siapio polymer thermoffurfiol drwy ei wresogi a'i wasgu i mewn i fowld.

**gwastraff:** y broses o siapio defnydd drwy dorri defnydd gwastraff i ffwrdd.

**gwehyddiad:** y patrwm sy'n cael ei wehyddu wrth gynhyrchu ffabrig.

**gwthiad technoleg:** datblygu cynhyrchion o ganlyniad i dechnoleg newydd.

**gyriant cripian:** system gêr gryno sy'n cyrraedd cymhareb cyflymder uchel iawn.

**gyrrwr:** is-system sy'n cyfnerthu signal er mwyn iddo allu gweithredu dyfais allbwn.

**haematit:** mwyn sy'n cynnwys haearn.

**hunan-orffennu:** defnydd does dim angen rhoi gorffeniad arno i'w amddiffyn neu i wella ei edrychiad.

**hydwythedd:** priodwedd defnydd i allu cael ei estyn yn barhaol heb gracio.

**iawndal:** taliad sy'n cael ei roi i rywun o ganlyniad i golled.

**is-reolwaith:** is-raglen fach o fewn rhaglen fwy.

**is-system:** y rhannau rhyng-gysylltiedig mewn system.

**jig:** cymorth mecanyddol sy'n cael ei ddefnyddio i weithgynhyrchu cynhyrchion yn fwy effeithlon.

**LDR:** gwrthydd golau-ddibynnol. Cydran analog i synhwyro lefel y golau.

**lifer:** bar anhyblyg sy'n colynnu ar ffwlcrwm.

**lwfans sêm:** y pellter rhwng ymyl grai'r ffabrig a'r llinell bwytho.

**llifo fesul darn:** llifo hyd cyfan o ffabrig.

**llinell gydosod:** llinell o gyfarpar/peiriannau a gweithwyr yn gweithio arni, gan gydosod cynnyrch yn raddol wrth iddo symud ar hyd y llinell.

**lluniadu arosgo:** dull lluniadu 3D sylfaenol sy'n defnyddio llinellau wedi'u hestyn ar 45°.

**lluniadu isometrig:** dull lluniadu 3D sy'n defnyddio onglau 30° ar gyfer estyniadau dyfnder.

**lluniadu mewn persbectif:** dull lluniadu 3D realistig.

**lluniadu taenedig:** dull lluniadu 3D sy'n cael ei ddefnyddio i ddangos sut mae darnau mewn cydosodiad yn ffitio at ei gilydd.

**llwyth:** y grym allbwn o lifer.

**mantais fecanyddol:** y ffactor mae system fecanyddol yn ei defnyddio i gynyddu'r grym.

**manyleb agored:** rhestr o feini prawf mae'n rhaid i'r cynnyrch eu bodloni, ond heb bennu sut mae'n rhaid eu cyflawni nhw.

**manyleb ffabrig:** amlinellu gofynion y ffabrigau sydd eu hangen ar gyfer cynnyrch.

**manyleb gaeedig:** rhestr o feini prawf sy'n nodi beth mae'n rhaid ei gyflawni a sut mae'n rhaid gwneud hynny.

**màs:** gwneud niferoedd mawr iawn o gynhyrchion yn barhaus dros gyfnodau hir.

**masgynhyrchu:** cynhyrchu cannoedd neu filoedd o gynhyrchion unfath ar linell gynhyrchu.

**masgynhyrchu:** cynhyrchu symiau mawr o gynhyrchion unfath.

**mecanwaith:** cyfres o ddarnau sy'n gweithio gyda'i gilydd i reoli grymoedd a mudiant.

**meddylfryd systemau:** ystyried problem ddylunio fel profiad cyfan i'r defnyddiwr.

**meini prawf:** targedau penodol mae'n rhaid i gynnyrch eu cyrraedd er mwyn bod yn llwyddiannus.

**melino:** torri rhychau a rhigolau mewn metel.

**microfewngapsiwleiddio:** rhoi defnynnau microsgopig sy'n cynnwys gwahanol sylweddau ar ffibrau, edafedd a defnyddiau, gan gynnwys papur a cherdyn.

**microffibr:** ffibr hynod o fain wedi'i beiriannu'n arbennig; mae tua 100 gwaith teneuach na blewyn dynol.

**micron:** milfed ran o filimetr (0.001mm) – rydyn ni'n defnyddio'r rhain i bennu trwch cerdyn.

**microreolydd:** cyfrifiadur bach sydd wedi'i raglennu i gyflawni tasg benodol a'i fewnblannu mewn cynnyrch.

**modelu:** rhoi cynnig ar syniadau neu ddarnau o ddyluniadau a'u profi nhw drwy wneud modelau wrth raddfa.

**monomer:** moleciwl sy'n gallu bondio ag eraill i ffurfio polymer.

**mudiant cilyddol**: symudiad yn ôl ac ymlaen mewn llinell syth.

**mudiant cylchdro**: symudiad mewn llwybr crwn.

**mudiant llinol**: symudiad mewn llinell syth.

**mudiant osgiliadol**: symudiad yn ôl ac ymlaen ar lwybr crwn.

**mudiant**: pan fydd safle gwrthrych yn symud dros amser.

**mwydion pren**: defnydd crai o goed sy'n cael ei ddefnyddio i wneud papur.

**mwyhadur gweithredol (op-amp)**: cydran mwyhadur arbenigol mewn cylched gyfannol.

**mwyhadur**: is-system i gynyddu osgled signal analog.

**mwyn**: craig sy'n cynnwys metel.

**mwyndoddi**: y broses o echdynnu metel o fwyn.

**obsesiwn dylunio**: pan fydd dylunydd yn cyfyngu ar ei greadigrwydd drwy ddilyn un trywydd dylunio yn unig neu ddibynnu'n rhy drwm ar nodweddion dyluniadau sy'n bodoli eisoes.

**paent preimio**: y got isaf o baent sy'n cael ei rhoi'n syth ar arwyneb y defnydd.

**PAR**: wedi'i blaenio i gyd.

**PBS**: wedi'i blaenio ar y ddwy ochr.

**pilen hydroffilig**: adeiledd solid sy'n atal dŵr rhag mynd drwyddo ond ar yr un pryd yn gallu amsugno a thryledu moleciwlau mân o anwedd dŵr.

**polymer thermoffurfiol**: polymer sy'n gallu cael ei ailgynhesu a'i ailffurfio.

**polymer thermosodol**: polymer sydd ddim yn gallu cael ei ailffurfio â gwres.

**polymerau naturiol**: polymerau sy'n tarddu o blanhigion.

**polymerau synthetig**: polymerau sy'n tarddu o olew crai.

**polymeriad**: adwaith cemegol sy'n achosi i lawer o foleciwlau bach ymuno a'i gilydd a gwneud moleciwl mwy.

**pren cyfansawdd**: dalen o bren sydd wedi cael ei gweithgynhyrchu i roi priodweddau penodol.

**pren gwyrdd**: pren sydd newydd gael ei dorri ac sy'n cynnwys llawer o leithder.

**pren meddal**: pren sy'n dod o goed conwydd ac sydd fel arfer yn rhatach na phren caled.

**prennau caled**: pren sy'n dod o goed collddail ac sydd fel arfer yn galetach na phren meddal.

**prif ddefnyddiwr**: defnyddiwr pennaf y cynnyrch.

**Profi A/B**: prawf defnyddwyr i ddewis rhwng dau syniad dylunio gwahanol.

**profion defnyddwyr**: profi drwy arsylwi defnyddiwr yn rhyngweithio â'ch cynnyrch ac yn ei ddefnyddio at ei ddiben priodol.

**prototeip manwl gywir**: prototeip manwl a chywir iawn, sy'n debyg i'r cynnyrch terfynol.

**prototeip syml**: prototeip cyflym sy'n rhoi syniad sylfaenol o sut mae cynnyrch yn edrych neu'n gweithio.

**prototeip**: model cynnar o gynnyrch neu ddarn o gynnyrch i weld sut bydd rhywbeth yn edrych neu'n gweithio.

**PSE**: wedi'i blaenio ymyl sgwâr.

**rendro**: y dull o ddefnyddio lliwiau a thywyllu i gynrychioli natur arwyneb.

**rîm**: pecyn o 500 dalen.

**rhaglen**: cyfres o gyfarwyddiadau sy'n dweud wrth y microreolydd beth i'w wneud.

**rhanddeiliad**: rhywun heblaw'r prif ddefnyddiwr sy'n dod i gysylltiad â chynnyrch neu sydd â budd ynddo.

**rheolydd rhyngwyneb rhaglenadwy (PIC)**: cylched gyfannol microreolydd sy'n cael ei defnyddio mewn llawer o gynhyrchion.

**selfais**: ymyl seliedig y ffabrig.

**siart lif**: cynrychioliad graffigol o raglen.

**siotsgwrio**: defnyddio grut, wedi'i danio ar wasgedd uchel, i lanhau arwyneb drwy sgrafellu.

**swp**: nifer cyfyngedig o fewn amser penodol.

**swp-gynhyrchu**: cynhyrchu nifer o gynhyrchion unfath neu debyg.

**sychu**: y broses o dynnu lleithder o blanciau sydd newydd gael eu trawsnewid.

**synhwyrydd analog**: synhwyrydd i fesur pa mor fawr yw mesur ffisegol.

**synhwyrydd digidol**: synhwyrydd i ganfod sefyllfa ie/na neu ymlaen/i ffwrdd.

**synthetig**: yn deillio o betrocemegion neu wedi'i wneud gan ddyn.

**system resbiradol**: set o ddarnau sy'n gweithio gyda'i gilydd i roi ymarferoldeb i gynnyrch.

**tanwyddau ffosil cyfyngedig**: swm penodol o adnoddau a does dim modd cael mwy ohonynt.

**technoleg mowntio arwyneb (SMT)**: y dull diwydiannol o fowntio cydrannau bach ar PCB gan ddefnyddio peiriannau robotig.

**technoleg yn y cwmwl**: technoleg sy'n galluogi dylunwyr i rannu cynnwys dros y rhyngrwyd.

**tecstilau rhyngweithiol**: ffabrigau sy'n cynnwys dyfeisiau neu gylchedau sy'n ymateb i'r defnyddiwr.

**teimlad**: sut mae ffabrig yn teimlo wrth i chi afael ynddo.

**trawsffeilio**: dull o siapio metel gan ddefnyddio ffeiliau.

**trawsnewid**: y broses o dorri boncyff yn blanciau.

**trên gêr cyfansawdd**: mwy nag un cam trên gêr yn gweithio gyda'i gilydd i gyflawni cymhareb cyflymder uchel.

**trên gêr syml**: dau gêr sbardun wedi'u cysylltu â'i gilydd.

**trorym**: grym troi.

**turnio**: dull o gynhyrchu silindrau a chonau ar durn canol.

**tymheru**: dull o drin metel â gwres sy'n ei wneud yn llai brau.

**tyniad y farchnad**: datblygu cynnyrch newydd fel ymateb i alw gan y farchnad neu ddefnyddwyr.

**thermistor**: cydran analog i synhwyro tymheredd.

**unigryw**: un cynnyrch unigol.

**ymdrech**: y grym mewnbwn ar lifer.

**ymwybyddiaeth ddiwylliannol**: deall y gwahaniaethau rhwng agweddau a gwerthoedd pobl o wledydd neu gefndiroedd eraill.

**ymylon crai**: ymylon ffabrig sydd ddim wedi'u tacluso – heb eu gorffennu.

**ystof**: edafedd sy'n mynd ar hyd y ffabrig.

# Cydnabyddiaeth

## Cydnabyddiaeth ffotograffau

Ffig.1.1 © Stepan Popov/123 RF; Ffig.1.3 © Lucadp/stock.adobe.com; Ffig.1.4 © Ulldellebre/stock.adobe.com; Ffig.1.5 © Dee Cercone/Everett Collection/Alamy Stock Photo; Ffig.1.6 © Simon Belcher/Alamy Stock Photo; t.13 *t* © petovarga/123 RF; *g* © petovarga/123 RF; Ffig.1.7 © Plus69/stock.adobe.com; Ffig.1.9 © Alexandr Bognat/stock.adobe.com; Ffig.1.10 © dpa picture alliance/Alamy Stock Photo; Ffig.1.11 © Andreas von Einsiedel/Alamy Stock Photo; Ffig.1.12 © Dyson; Ffig.1.13 Ruby Tree Collection wedi'i ddylunio gan Bethan Gray; Ffig.2.8 Dan Hughes; Ffig.2.13 © Nikkytok/stock.adobe.com; Ffig.2.14 © Vladimir/stock.adobe.com; Ffig.2.22 © Andrey Popov/stock.adobe.com; Ffig.2.25 © Raymond McLean/123RF; Ffig.3.7 © Sergofoto/123RF; Ffig.3.8 © Chamillew/stock.adobe.com; Ffig.3.10 © Colin Moore/123 RF; Ffig.3.11 © RichLegg/E+/Getty Images; Ffig.3.13 © Andreja Donko/stock.adobe.com; Ffig.3.15 © Anton Oparin/123RF; Ffig.3.16 © Nataliia Pyzhova/stock.adobe.com; Ffig.3.17 © Cherryandbees/stock.adobe.com; Ffig.3.18 Jacqui Howells; Ffig.3.19 © Pincasso/stock.adobe.com; Ffig.3.23 Jacqui Howells; Ffig.3.24 Jacqui Howells; Ffig.3.25 © Tapui/stock.adobe.com; Ffig.3.26 Jacqui Howells; Ffig.3.29 © vvoe/stock.adobe.com; Ffig.3.30 © Claudette/Stockimo/Alamy Stock Photo; Ffig.4.4 © Wichien Tepsuttinun/Shutterstock.com; Ffig.4.8 © Unkas Photo/Shutterstock.com; Ffig.4.9 © Anton Starikov/Shutterstock.com; Ffig.4.14–Ffig. 4.19 Ian Fawcett; Ffig.4.20 © Treboreckscher/123 RF; Ffig.4.22 © C R CLARKE & CO (UK) LIMITED; Ffig.4.23 © Oleg/stock.adobe.com; Ffig.4.32 © Alexlmx/stock.adobe.com; Ffig.4.35 © Hoda Bogdan/stock.adobe.com; Ffig.4.42 © Andrey Eremin/123RF; Ffig.4.43 © Shaffandi/123 RF; Ffig.4.44 © Barylo Serhii/123RF; Ffig.4.45 © Bravissimos/stock.adobe.com; Ffig.4.46 © Sorapol Ujjin/123RF; Ffig. 4.47 © Okinawakasawa/stock.adobe.com; Ffig.4.53 © Showcake/stock.adobe.com; Ffig.4.54 © © gl0ck33/123 RF; Ffig.4.55 © Paul Broadbent/Alamy Stock Photo; Ffig.4.56 © Belchonock/123RF; Ffig.4.57 © Ajay Shrivastava/stock.adobe.com; Ffig.4.58 Ian Fawcett; Ffig.4.59 Ian Fawcett; t.121 © Aleksandr Rado/123RF; Ffig.5.1 © Wolf Safety Lamp Company; Ffig.5.2 © Pixtour/stock.adobe.com; Ffig.5.9 Dan Hughes; Ffig.5.10 Andy Knight; t.139 © Atgynhyrchir KITEMARK a dyfais y Nod Barcud gyda chaniatâd caredig y Sefydliad Safonau Prydeinig. Mae'r rhain yn nodau masnach cofrestredig yn y Deyrnas Unedig ac mewn rhai gwledydd eraill; t.141 *ch* © pixelrobot/stock.adobe.com; *d* © Rafa Irusta/stock.adobe.com; t.142 *ch* Chris Walker; *d* © Arvind Balaraman/123 RF; t.144 © Michał Dzierżyński/123 RF.